跟我一起学人工智能

深度学习
从算法本质、系统工程到产业实践

王书浩　徐罡◎编著

清华大学出版社
北京

内 容 简 介

本书介绍了深度学习的基本理论、工程实践及其在产业界的部署和应用。在深度学习框架方面，结合代码详细讲解了经典的卷积神经网络、循环神经网络和基于自注意力机制的 Transformer 网络及其变体，并介绍了这些模型在图像分类、目标检测、语义分割、欺诈检测和语音识别等领域的应用。此外，书中还涵盖了深度强化学习和生成对抗网络的前沿进展。在系统工程和产业实践方面，解释了如何使用分布式系统训练和部署模型处理大规模数据。本书系统介绍了构建深度学习推理系统的过程，并结合代码讲解了分布式深度学习推理系统需要考虑的工程化因素，例如分布式问题和消息队列，以及工程化的解决方法。本书提供了每个经典模型和应用实例的 TensorFlow 和 PyTorch 版本代码，为深度学习初学者和算法开发者提供理论学习、代码实践和工程落地的指导与帮助。

本书适合计算机、自动化、电子、通信、数学、物理等相关专业的研究生和高年级本科生使用，也适合希望从事或准备转向人工智能领域的专业技术人员与医学研究人员阅读，还可作为高等院校、医疗系统和培训机构相关专业的教学参考书。

本书封面贴有清华大学出版社防伪标签，无标签者不得销售。
版权所有，侵权必究。举报：010-62782989，beiqinquan@tup.tsinghua.edu.cn。

图书在版编目（CIP）数据

深度学习：从算法本质、系统工程到产业实践/王书浩，徐罡编著. —北京：清华大学出版社，2024.3
（跟我一起学人工智能）
ISBN 978-7-302-65749-1

Ⅰ. ①深… Ⅱ. ①王… ②徐… Ⅲ. ①机器学习 Ⅳ. ①TP181

中国国家版本馆 CIP 数据核字（2024）第 052360 号

责任编辑：赵佳霓
封面设计：刘 键
责任校对：时翠兰
责任印制：沈 露

出版发行：清华大学出版社
网　　址：https://www.tup.com.cn, https://www.wqxuetang.com
地　　址：北京清华大学学研大厦 A 座　　邮　编：100084
社 总 机：010-83470000　　邮　购：010-62786544
投稿与读者服务：010-62776969，c-service@tup.tsinghua.edu.cn
质 量 反 馈：010-62772015，zhiliang@tup.tsinghua.edu.cn
课 件 下 载：https://www.tup.com.cn,010-83470236

印 装 者：三河市科茂嘉荣印务有限公司
经　　销：全国新华书店
开　　本：186mm×240mm　　印　张：23　　字　数：530 千字
版　　次：2024 年 4 月第 1 版　　印　次：2024 年 4 月第 1 次印刷
印　　数：1～1500
定　　价：89.00 元

产品编号：100705-01

赞 誉
PRAISE

当前，人工智能正以前所未有的速度和广度改变着人们的生活和未来，对医学领域尤其是医学影像产生了重大影响。深度学习作为人工智能领域的核心技术之一，具备强大的建模和学习能力，正在推动着医学影像人工智能的快速发展。本书从医学角度全面深入地探讨了深度学习的理论与实践，为读者提供了一本实用的指南，帮助读者真正掌握深度学习这个艰深的领域。本书的作者不仅具备丰富的学术研究经验，还具有丰富的医疗产业实践背景。他们以自己的亲身经历为基础，结合前沿的模型和工程实践，全面介绍了深度学习的基本理论、系统工程和产业应用。在医学领域，我们鼓励医务人员和研究人员积极学习和应用人工智能技术，充分发挥深度学习在医学影像方面的重要作用。人工智能与医学影像的紧密结合将开创医疗领域的新时代，通过不断探索和创新，医师可以更准确、更高效地诊断疾病，提供更个性化的治疗方案，从而为患者的健康带来更大的保障。

——**梁智勇** 北京协和医院病理科主任、教授、博士生导师

深度学习作为当今人工智能领域的重要分支，已经在各个领域取得了巨大的成功，然而，要真正驾驭深度学习，并将其应用于实际项目中，需要对其算法本质和系统工程有全面的了解。本书是一本独具深度和广度的著作，它为读者提供了一条全面而系统学习深度学习的路径。在本书中，作者不仅详尽地介绍了深度学习的基本理论，如神经网络、卷积神经网络、循环神经网络和 Transformer 等，而且通过丰富的实践案例，帮助读者培养工程化的能力。本书对于想要掌握深度学习的本质、培养工程化能力及在人工智能领域取得成功的读者来讲，无疑是一本不可或缺的参考书。展望未来，人工智能将会让医师有更多的时间进行复杂疾病的诊治和前沿领域的研究，推动医疗技术的发展。

——**石怀银** 中国人民解放军总医院病理科主任、教授、博士生导师

深度学习在医学图像分析领域具有巨大潜力，能够快速准确地提供诊断和预测结果，为医生的决策提供强有力的支持。作为一项前沿技术，深度学习不仅在学术研究中具有重要意义，更重要的是其在产业实践中的应用。本书以真实世界病理影像数据集为案例，通过代码讲解了医学图像语义分割模型训练的实际案例。书中系统地介绍了构建深度学习推理系统的过程，并结合相应的代码，讲解了分布式深度学习推理系统所需考虑的工程化因素，这些工程实践经验有助于将训练好的模型应用于真实的医疗环境。本书将为人工智能与医学专业人

员提供深入的理论学习和实践经验，相信本书一定会成为医学人工智能研究者们的教学参考书。

——钟定荣　中日友好医院病理科主任、教授、博士生导师

本书旨在帮助高年级本科生、研究生与算法开发人员理解和应用深度学习，不仅涵盖了深度学习的基本知识，还为读者提供了理论学习、代码实践和工程落地方面的指导。作者通过详细介绍TensorFlow和PyTorch版本的经典模型代码，使读者能够深入理解卷积神经网络、循环神经网络及基于自注意力机制的Transformer网络及其变体等经典框架。此外，书中还探讨了强化学习、生成对抗网络等前沿进展。在系统工程和产业实践方面，本书着重介绍了分布式系统训练和部署深度学习模型的方法，以及如何构建深度学习推理系统。通过真实案例和相应的代码示例，读者将了解如何处理海量数据、训练医学图像分割模型及解决工程化环境中的分布式问题和消息队列等挑战。本书内容全面、实用，讲述清晰易懂，既包括深入的理论知识，又涵盖了作者的一线实践经验和工程化见解。本书不仅可以作为学术界和产业界的技术人员学习深度学习的入门书籍，也可以作为有经验的开发者的参考资料。

——徐葳　清华大学交叉信息研究院副教授、博士生导师

本书深入阐述了深度学习的基本概念、关键技术和前沿进展，并将其与实际应用相结合，为实践应用指引了方向，明确了路径。深度学习的工程化及其在医学图像领域的应用不仅是算法问题，更是一个涉及计算速度、规模化能力和稳健性等方面的系统工程，面临着一系列机遇和挑战。本书通过丰富的工程实践案例，向读者展示了如何将深度学习算法应用于实际项目中，对于那些希望深入了解深度学习并将其应用于实际项目的医工交叉融合领域的读者来讲尤为有益。本书为读者提供了关于深度学习理论与应用的系统而全面的指南，有助于读者真正掌握深度学习的核心概念并拥有深度学习的工程化能力。本书将对人工智能技术的发展、高素质人才培养和人工智能产业的蓬勃发展起到积极的推动作用。

——赵锡海　清华大学医学院副教授、博士生导师

在过去的十几年里，深度学习及相关技术推动了人工智能的巨大发展。与此同时，也涌现了许多优秀的著作。本书深入浅出地讲解了各种主要模型，更重要的是，作者从实际应用的角度出发，系统地介绍了如何设计和实现一个人工智能产品。特别地，在病理影像分割初探中，通过介绍一个成功的人工智能产品，使读者了解如何收集数据，训练和验证模型等。此外，本书提供了详细的代码和注释，使读者更能理解算法和参数的选择。作者以解决实际问题为出发点，涵盖了算法和人工智能系统设计，无论是初学者还是从事人工智能研究多年的专业人士都能获益匪浅。

——陈昕　英特尔机器学习软件工程师

当今世界，深度学习技术正日益渗透到各行各业，引领着人工智能的浪潮。本书作者精心设计了一套系统化的学习路径，通过详细介绍经典模型代码，使读者能够深入理解卷积神经网络、循环神经网络和 Transformer 等重要框架。本书还探讨了前沿进展，如强化学习和生成对抗网络，为读者拓展了学习的视野。更值得一提的是，本书对系统工程和产业实践方面进行了重点介绍。本书作者以清晰易懂的语言和丰富的案例，将复杂的理论和技术讲解得浅显易懂。随书提供的代码示例和真实案例，使读者可以立即动手实践，从中获得实战经验。本书不仅是一本学习深度学习的工具书，更是一本培养深度学习实践能力的指南。借助这本书，读者将能够驾驭深度学习的魔力，掌握未来的核心竞争力。无论读者怀揣着学术梦想，还是热衷于解决实际问题都请毫不犹豫地翻开这本书，开启深度学习之旅！

——胡光　海贼宝藏创始人、ACM/ICPC 全球排名第 74 位

前言
PREFACE

党的二十大报告指出：教育、科技、人才是全面建设社会主义现代化国家的基础性、战略性支撑。必须坚持科技是第一生产力、人才是第一资源、创新是第一动力，深入实施科教兴国战略、人才强国战略、创新驱动发展战略，这三大战略共同服务于创新型国家的建设。高等教育与经济社会发展紧密相连，对促进就业创业、助力经济社会发展、增进人民福祉具有重要意义。

在本书中，笔者将带领广大读者一起踏上一段奇妙而充满挑战的人工智能之旅，揭示人工智能的神秘面纱。无论读者是刚刚踏入人工智能领域的初学者，还是已经在这个领域探索多年的专业人士，本书都将为大家提供全面而深入的指导。

深度学习作为人工智能领域的重要分支，正以其卓越的能力和广泛的应用引领着科技的未来，然而，要想在这个领域取得真正突破和应用创新，仅仅依靠对理论知识的理解是远远不够的。作为一位专业的人工智能从业者，需要掌握工程化的技能，理解人工智能系统的整体架构和开发流程。本书通过深入浅出的方式，结合丰富的实际案例和工程实践，让读者能够真正上手完整的人工智能项目，掌握将深度学习理论应用于实际生产的关键技能。

在笔者的职业经历中，学术研究和产业实践是紧密结合的。要将先进的深度学习模型转换为可行的人工智能产品，需要克服许多技术难题和工程挑战。除了模型本身的优化和创新，深度学习系统的整体性能也是至关重要的，包括运算速度、规模化能力和稳健性等。本书不仅对深度学习的基础理论进行了深入浅出的讲解，还通过真实案例的工程实践，向读者展示了构建完整人工智能系统的方法和技巧。

本书共 10 章，旨在帮助读者逐步掌握深度学习的核心知识和实际应用技能。第 1~8 章详细讲解深度学习的基本概念，包括神经网络、卷积神经网络、循环神经网络、Transformer 及深度学习的前沿技术。通过逐层深入的讲解，读者将从根本上了解这些概念的起源、发展和应用。第 9 章和第 10 章着眼于真实世界的分布式系统与应用案例，通过具体的项目实践，引导读者了解深度学习系统的构建过程，并将其应用于实际场景中。全书突出了深度学习技术在医疗领域的应用，并搭配有真实项目案例。本书特别强调实践的重要性，为读者提供丰富的图示、示例代码和视频，帮助读者快速掌握基本概念，并展开大规模实践。通过这些实战案例，读者将学会如何处理真实世界中的数据集、设计高效的模型架构，并解决实际应用中的挑战。本书第 4 章的语音识别与语音评测部分及第 8 章的大部分内容由徐罡博士撰写，以期为读者提供全面、前沿的深度学习理论知识。

为了保证全书的权威性，全部课程代码均经过严格审阅。由于篇幅的局限性，本书所呈现的代码没有严格遵守PEP 8规范，更加规范的代码可参考随书代码库。

资源下载提示

素材（源代码）等资源：扫描目录上方的二维码下载。

在本书的写作过程中，中国运载火箭技术研究院的李旗挺教授、透彻实验室的王伟研究员、北京航空航天大学的张泽文同学、加州大学圣地亚哥分校的杨若淇同学对本书的内容进行了审阅，并贡献了部分模型代码，非常感谢他们的鼎力相助。与此同时还得到了清华大学出版社赵佳霓编辑的帮助，在这里笔者对她表示由衷的感谢。

希望读者通过本书的学习和实践，掌握人工智能的核心知识和技能，成为行业中的领军人物，为未来的科技创新做出贡献。期待与每位读者共同探究人工智能的奥秘，开创美好的未来。让笔者带领大家一同踏上人工智能的征程，探索无尽的可能性。

王书浩

2024年1月于北京

目 录
CONTENTS

本书源代码

第 1 章 神经网络深入 1
  1.1 打开深度学习之门 1
  1.2 从优化问题讲起 6
     1.2.1 牛顿与开普勒的对话 6
     1.2.2 拟合与分类的数学模型 6
     1.2.3 通过训练数据优化模型参数 8
     1.2.4 优化方法 13
  1.3 深度神经网络 16
     1.3.1 谁来做特征提取 16
     1.3.2 人工神经元与激活函数 17
     1.3.3 神经网络及其数学本质 21
  1.4 正则化方法 29
     1.4.1 欠拟合与过拟合 29
     1.4.2 正则化方法 31
     1.4.3 一些训练技巧 35
  1.5 模型评价 36
     1.5.1 评价指标的重要性 36
     1.5.2 混淆矩阵 36
     1.5.3 典型评价指标 38
  1.6 深度学习能力的边界 39
     1.6.1 深度学习各领域的发展阶段 39
     1.6.2 不适用现有深度学习技术的任务 39
     1.6.3 深度学习的未来 40
  本章习题 41

第 2 章 卷积神经网络——图像分类与目标检测 42
  2.1 卷积的基本概念 42

- 2.1.1 卷积的定义 ... 42
- 2.1.2 卷积的本质 ... 43
- 2.1.3 卷积的重要参数 ... 43
- 2.1.4 池化层 ... 45
- 2.2 卷积神经网络 ... 46
  - 2.2.1 典型的卷积神经网络 ... 47
  - 2.2.2 LeNet ... 50
  - 2.2.3 AlexNet ... 53
  - 2.2.4 VGGNet ... 57
  - 2.2.5 ResNet ... 63
  - 2.2.6 能力对比 ... 75
- 2.3 目标检测 ... 76
  - 2.3.1 R-CNN ... 76
  - 2.3.2 Fast R-CNN ... 78
  - 2.3.3 Faster R-CNN ... 79
  - 2.3.4 YOLO ... 79
- 本章习题 ... 81

第 3 章 卷积神经网络——语义分割 ... 82

- 3.1 语义分割基础 ... 82
  - 3.1.1 语义分割的应用领域 ... 82
  - 3.1.2 全卷积神经网络 ... 83
  - 3.1.3 反卷积与空洞卷积 ... 83
  - 3.1.4 U-Net ... 85
  - 3.1.5 DeepLab v1 和 v2 ... 90
  - 3.1.6 DeepLab v3 ... 95
  - 3.1.7 两种架构的融合——DeepLab v3+ ... 101
- 3.2 模型可视化 ... 108
  - 3.2.1 卷积核可视化 ... 109
  - 3.2.2 特征图可视化 ... 109
  - 3.2.3 表征向量可视化 ... 109
  - 3.2.4 遮盖分析与显著梯度分析 ... 109
- 3.3 病理影像分割初探 ... 110
  - 3.3.1 病理——医学诊断的"金标准" ... 110
  - 3.3.2 病理人工智能的挑战 ... 111
  - 3.3.3 真实模型训练流程 ... 112

3.4 自监督学习 117
3.4.1 方法概述 117
3.4.2 自监督学习算法介绍 118
3.5 模型训练流程 123
3.5.1 成本函数 123
3.5.2 自动调节学习速率 123
3.5.3 模型保存与加载 123
本章习题 124

第 4 章 高级循环神经网络 125

4.1 自然语言处理基础 125
4.1.1 时间维度的重要性 125
4.1.2 自然语言处理 125
4.1.3 词袋法 126
4.1.4 词嵌入 127
4.2 循环神经网络 128
4.2.1 时序数据建模的模式 128
4.2.2 循环神经网络基本结构 128
4.2.3 LSTM 131
4.2.4 GRU 134
4.3 基于会话的欺诈检测 137
4.3.1 欺诈的模式 137
4.3.2 技术挑战 138
4.3.3 数据预处理 138
4.3.4 实践循环神经网络 140
4.4 语音识别与语音评测 148
4.4.1 特征提取 148
4.4.2 模型结构 149
4.4.3 CTC 损失函数 151
本章习题 152

第 5 章 分布式深度学习系统 153

5.1 分布式系统 153
5.1.1 挑战与应对 153
5.1.2 主从架构 154
5.1.3 Hadoop 与 Spark 154

5.2 分布式深度学习系统 157
   5.2.1 CPU 与 GPU 157
   5.2.2 分布式深度学习 160
   5.2.3 通信——对参数进行同步 164
5.3 微服务架构 165
   5.3.1 微服务的基本概念 166
   5.3.2 消息队列 167
5.4 分布式推理系统 167
   5.4.1 深度学习推理框架 167
   5.4.2 推理系统架构 169
本章习题 171

第 6 章 深度学习前沿 173

6.1 深度强化学习 173
   6.1.1 强化学习概述 173
   6.1.2 深度强化学习概述 174
   6.1.3 任天堂游戏的深度强化学习 175
6.2 AlphaGo 176
   6.2.1 为什么围棋这么困难 176
   6.2.2 AlphaGo 系统架构 177
   6.2.3 AlphaGo Zero 181
6.3 生成对抗网络 182
   6.3.1 生成对抗网络概述 182
   6.3.2 典型的生成对抗网络 182
6.4 未来在哪里 207
本章习题 210

第 7 章 专题讲座 211

7.1 DenseNet 211
7.2 Inception 216
7.3 Xception 230
7.4 ResNeXt 236
7.5 Transformer 240
本章习题 242

第 8 章 Transformer 和它的朋友们 243

8.1 注意力模型 243

8.1.1　看图说话 243
　　　8.1.2　语言翻译 245
　　　8.1.3　几种不同的注意力机制 246
　8.2　Transformer 250
　　　8.2.1　自注意力机制和 Transformer 250
　　　8.2.2　Transformer 在视觉领域的应用 278
　本章习题 293

第 9 章　核心实战 294

　9.1　图像分类 295
　　　9.1.1　ImageNet 数据集概述 295
　　　9.1.2　ImageNet 数据探索与预处理 295
　　　9.1.3　模型训练 299
　　　9.1.4　模型测试 304
　　　9.1.5　模型评价 307
　　　9.1.6　猫狗大战数据集 309
　　　9.1.7　模型导出 310
　9.2　语义分割 311
　　　9.2.1　数字病理切片介绍 311
　　　9.2.2　数字病理切片预处理 314
　　　9.2.3　样本均衡性处理 317
　　　9.2.4　模型训练 319
　　　9.2.5　模型测试 324
　　　9.2.6　模型导出 331
　本章习题 332

第 10 章　深度学习推理系统 333

　10.1　整体架构 333
　10.2　调度器模块 334
　10.3　工作节点模块 340
　10.4　日志模块 347
　本章习题 349

参考文献 350

扩展资源二维码 351

第 1 章 神经网络深入

1.1 打开深度学习之门

在"人工智能"的概念家喻户晓之前,大家耳熟能详的词叫作大数据。大数据和人工智能之间有什么关系呢?可以说,大数据是人工智能必要的基础之一。基于累计的海量数据,人工智能通过技术手段,对数据进行学习,从而为人类的决策和预测提供帮助。

在 1950 年前后,就已经出现了"人工智能"的概念,当时人们使用专家系统实现人工智能。所谓专家系统,就是通过一些规则来定义系统的运作方式。需要注意的是,这里面只有规则,系统几乎没有学习能力。人们需要把自己头脑中的规则提取出来,编成代码,从而形成专家系统。例如,要判别一个物体是否为红苹果,就可以定义一套规则:首先,颜色是红色的;其次,形状是不规则的圆形;此外,有绿色的叶子。符合以上规则的物体被叫作红苹果,如图 1-1 所示。可以看出,这类规则很难制定,人们很难把头脑中对不同事物的全部判断规则抽取出来,转变成数理逻辑,因此,专家系统所定义的规则经常是不完整的,可推广性较差。例如在刚才的例子中,如果一个红苹果恰好没有绿色的叶子,则规则便会完全失效。

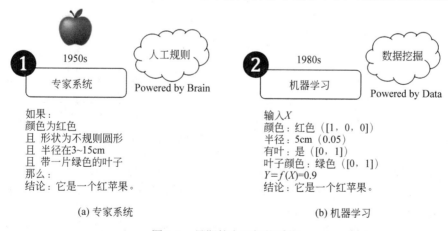

图 1-1 早期的人工智能系统

早期的计算机翻译软件基本基于专家系统,有时会输出匪夷所思的语句。例如在将英文翻译成中文的过程中，系统首先通过语法规则对完整的句子进行分词，然后逐词翻译，最后通过既定规则对这些词进行重新排序，获得翻译后的文本，如图1-2所示。这套系统缺少随数据增加而不断进化的能力，即缺少学习的能力，这导致其内部规则越来越复杂，最终无法继续更新和维护。

于是在1980年左右，出现了机器学习的概念，人工智能的研究范式从人工规则进入数据挖掘时代。换句话说，之前是大脑驱动（Powered by Brain），现在是数据驱动（Powered by Data）。机器学习模型能够从数据中进行学习，自动总结出自然规律。需要注意的是，深度学习也是机器学习技术的一种，因此在这里，我们将这里提到的机器学习技术称为传统机器学习。例如在红苹果的识别过程中，传统机器学习的执行过程如下：首先对数据进行编码，将物体从不同层面抽象出多个维度的特征，包括颜色、半径、有没有叶子、叶子的颜色等，然后将其数字化，从而把这个物体转换为一个长向量。假如有多个物体的样本及其对应的标签（是否为红苹果，"是"则为1，"否"则为0），那么就可以建立机器学习模型。当有新物体需要预测时，将其编码成向量后便能够依靠建立的机器学习模型，预测该物体是红苹果的概率。再进一步通过经验设置特定的阈值，预测概率只要大于这个阈值，就可以被认定为红苹果，如图1-1（b）所示。

此处，以医学影像识别为例，简要介绍传统机器学习模型的建立与应用流程。人们期望利用放射学影像（例如X光片等）预测患者是否感染肺炎，从而为资源短缺地区的放射学医师提供帮助。第1步，收集训练数据；第2步，对放射学影像进行色彩均一化，并通过公开算法提取肺部区域；第3步，计算影像多方面的特征，包括但不限于形状、边缘、颜色等；第4步，根据提取特征训练的数据转化成对应的数学向量，利用机器学习进行模型构建，如图1-3所示。

图1-2 基于专家规则的自然语言翻译

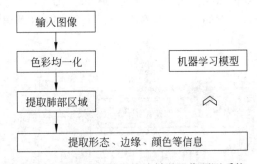

图1-3 基于机器学习的放射学影像预测系统

读者可能会问，这些特征是从天而降的吗？事实上，这些特征主要基于人们的经验，需要人工去定义，因此，虽然传统机器学习技术在模型层面拥有了从数据中学习的能力，但是其特征定义仍然严重依赖于专家的经验。

随着深度学习技术的不断发展，人们可以直接通过原始数据来完成模型的建立，最大化地降低对特征的依赖。为了实现深度学习系统的建立，直接将是否为红苹果的图像输入模型中进行学习，便可完成深度学习模型的训练，如图1-4所示。当有新的图像需要分析时，只需将原始图像直接输入模型中,便能够输出是否为红苹果的预测概率。

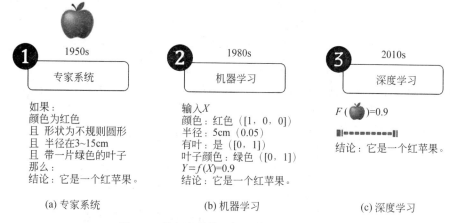

(a) 专家系统　　　　　(b) 机器学习　　　　　(c) 深度学习

图 1-4　从专家系统、机器学习到深度学习

深度学习技术得益于海量数据的积累和计算能力的提升。随着数据量的不断积累,人们步入了大数据时代。大数据包括 4 个主要的特性,可简称为 4V,即容量(Volume)、多样性(Variety)、价值(Value)和速度(Velocity)。以深度学习为代表的新时代人工智能技术,不仅依赖于大数据,而且得益于对大数据的驾驭能力。

首先,介绍数据的容量。大部分人对数据的理解往往集中在结构化数据(Structured Data)上面,所谓结构化数据,就是能够放入关系型数据库中的数据。举个简单的例子,一个班级的学生成绩所对应的数据表,就是典型的结构化数据,包含姓名、性别、年龄、各科成绩等信息。从图 1-5 中可以看出,结构化数据在 2000 年之前基本统治了数据世界,那时由于存储成本的原因,非结构化数据(Unstructured Data),包括图像、视频、声频等,很难被存储下来。从 2000 年开始,随着互联网的发展和存储成本的降低,越来越多的非结构化数据被存储下来。如今,非结构化数据已经占据主导地位,为人工智能技术的发展提供了数据根基。

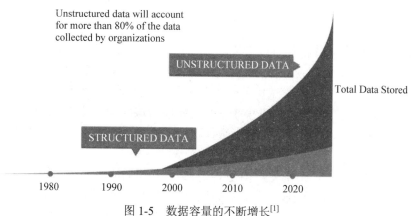

图 1-5　数据容量的不断增长[1]

其次，关于大数据的多样性，此处用典型的医疗数据为例，展示各种各样的非结构化数据，如图1-6所示。心电图的原始数据是持续的文本数据，无固定长度，只要把时间作为横轴，把幅度作为纵轴，就可以得到信息可视化的二维平面图。作为肺部肿瘤筛查的初步手段，X光检查能够呈现肺部的大致形态，更加精细的诊断可通过计算机断层扫描（Computed Tomography，CT）来完成。CT影像不仅能反映肺部的炎症病变，而且可以通过断层成像，展现肺部的立体结构，判断罹患肿瘤的可能性。从原始数据来看，CT影像是由几百张截面图组成的，通过插值算法可以获得肺部的三维成像。对于筛查发现肺小结节的患者，可能会接受穿刺检查，以进一步判断肿瘤的性质，判断是否需要手术切除。穿刺后的标本会被送到病理科，经过取材、切片、染色、扫描后获得病理影像。一张典型的病理影像拥有巨大的空间尺寸，通常在10万×10万像素的量级，放大后能够看到单个细胞及其结构，因此，病理报告被认为是肿瘤诊断的金标准，对于临床治疗至关重要。

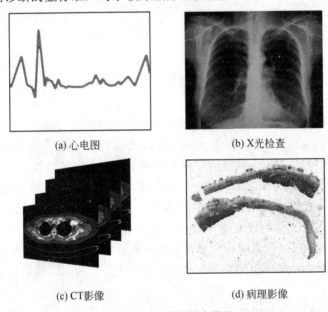

图1-6 医疗数据的多样性

大数据的价值通过图1-7便可以直观地反映出来，这幅图展示的是谷歌（Google）不同的业务线上深度学习技术的应用情况，横轴代表时间，纵轴代表项目数。可以看到，自2012年起，谷歌开始在多个业务线尝试使用深度学习来代替原有的专家系统或者机器学习模型，到了2015年，谷歌内部已经有1000多个项目开始应用深度学习技术，包括谷歌邮箱、谷歌地图等。谷歌的研究人员发现，当拥有大数据这一重要的基础后，大规模应用深度学习技术能给公司带来巨大的价值提升。

最后介绍大数据的生成速度。随着信息传播方式的多元化，用户生成内容（User Generated Content，UGC）已经成为主流的信息源，不断地为互联网贡献数据。除了人之外，手机、仪器、物联网设备也在不断地将数据传输到互联网，数据的生成速度越来越快。

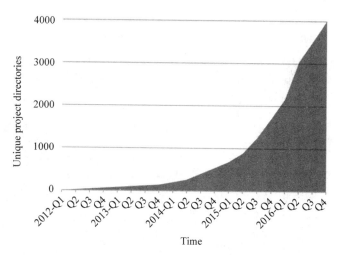

图 1-7　谷歌应用深度学习业务线数目的变化

除了大数据，计算机系统的发展也是深度学习技术大规模普及的重要推动力量。如今，异构计算越来越普遍，一台计算机中同时装有中央处理器（Central Processing Unit，CPU）与图形处理器（Graphics Processing Unit，GPU）的情况也愈发常见，有的机器甚至还装有专门的人工智能计算芯片。CPU 的典型代表是英特尔的酷睿（CORE）和智强（XEON）系列芯片，主要用于家用和工业场景。游戏玩家对 RPU 不会感到陌生，以家用芯片 GTX 系列和企业级芯片 A/T/P/K/V 为主，是深度学习重要的驱动力。2016 年，谷歌推出了人工智能计算芯片张量处理器（Tensor Processing Unit，TPU），截至 2022 年，已经进化到第 4 代。从指令集的角度进行比较，CPU 最为丰富，GPU 次之，TPU 最少。换句话说，CPU 能够支持各种场景的计算逻辑，GPU 适合于矩阵运算的场景，而 TPU 擅长深度学习的场景。用一句话概括，这 3 种芯片对深度学习的支持越来越专，因此，在同等成本投入下，TPU 的性能通常优于 GPU，而 GPU 则优于 CPU。当然，以英特尔为代表的 CPU 厂家也在着力优化深度学习的场景，上述结论未来或许会被推翻。

除了计算芯片的演进之外，人们对于计算机系统的驾驭能力也在不断提升。在传统计算机系统设计中，想要提升系统的计算性能，一般会采用所谓向上扩展（Scale Up）的方式，即在系统中放入更好的计算芯片。人们慢慢发现，这一操作的成本越来越高，当计算机系统的配置达到一定水平时，继续提高其性能所付出的成本可能会与获得的性能提升呈指数关系，因此人们开始思考如何用线性的成本增量来获得性能提升。以谷歌为首的大型互联网公司开始将普通配置的计算机通过网线或者光纤进行连接，构成集群，并通过一个复杂的系统软件将这个数据中心的所有机器看作一个大资源池，如图 1-8 所示。这就是数据中心即计算机（Data Center as a Computer）的思想[2]，这一做法被定义为向外扩展（Scale Out）。这样的系统软件能够虚拟化每台计算机的资源，进行计算任务的有序调度，对计算机可能的硬件事故进行容错，在保障稳定的前提下最大化地利用所有计算机的计算性能。如今，这种分布式系统的方法论已经成为行业的最佳实践，将会在量子计算机大规模普及前，定型为大型互联网公司的普遍做法。当然，这一做法也让国内外的互联网公司拥有了海量的固定资产，其拥有的计算机数量能够达到甚至超过 100 万台。

图 1-8　谷歌数据中心[3]

1.2　从优化问题讲起

深度学习是机器学习的一个分支，拥有在海量数据中学习的能力，其核心在于通过神经网络和优化算法，对数据进行建模。

1.2.1　牛顿与开普勒的对话

人类的大脑本身就是一台拟合的机器，早在 16 世纪 80 年代，艾萨克·牛顿（Isaac Newton）通过观察力与加速度的关系，提出了著名的牛顿第二定律，即

$$a = \frac{F}{m} \tag{1-1}$$

其中，a 为加速度，F 是力的大小，m 代表物体的质量，如图 1-9 所示。这是一个线性拟合的模型，直线的斜率（Gradient）为 $1/m$，偏移（Bias）为 0。

在牛顿第二定律提出之前，约翰尼斯·开普勒（Johannes Kepler）于 16 世纪初，基于太阳与火星的轨迹观测数据，提出了开普勒定律，即行星沿椭圆轨道围绕太阳旋转，太阳处于椭圆的一个焦点，这成为非线性拟合问题的典型案例，如图 1-10 所示。有趣的是，在随后的研究中，艾萨克·牛顿通过牛顿第二定律与万有引力定律，从数学上推导出了开普勒定律，完成了两位物理学巨星的梦幻联动。

1.2.2　拟合与分类的数学模型

大家在生活中经常会遇到优化问题，例如进行投资时，找到最佳的投资组合。所谓最佳的投资组合就是最大化收益的投资过程，如果将各种基金作为模型的输入，则优化过程就是

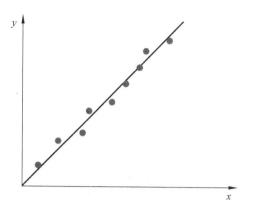

图1-9 加速度与力的关系符合线性拟合问题　　图1-10 行星与太阳的位置关系

通过学习找到最优的基金组合,从而最大化投资收益。有了计算机后,便能够通过计算机来自动化地帮助大家求解一个问题的答案。为了做到这一点,就要最大化或者最小化某个目标函数。这里提出成本函数的概念,代表损失或者错误的大小,因此优化的目标就是最小化成本函数。

对于线性拟合问题,直线的表达式定义为

$$y = \boldsymbol{w} \cdot \boldsymbol{x} \tag{1-2}$$

这里没有明确地写出它的偏移 b,而是把它隐含在了 $\boldsymbol{w}$ 中,即

$$\begin{cases} x_0 = 1 \\ b = w_0 \end{cases} \tag{1-3}$$

对于这样一个问题,该如何定义成本函数呢?成本函数衡量的应该是拟合出来这条线有多"不好"。一般地,可以用均方误差(Mean Squared Error,MSE)来刻画预测值与真实值的距离,即

$$J(\boldsymbol{w}) = \frac{1}{n} \sum_{i=1}^{n} (y_i - \boldsymbol{w} \cdot \boldsymbol{x}_i)^2 \tag{1-4}$$

其中,n 为总样本数。

进一步地,如果所要拟合的不是直线,而是更加复杂的曲线,则可以用 $h_{\boldsymbol{w}}$ 来表示它,其中所有的权重隐含在 $\boldsymbol{w}$ 中。在这种情形下,成本函数的定义也是类似的,即

$$J(\boldsymbol{w}) = \frac{1}{n} \sum_{i=1}^{n} (y_i - h_{\boldsymbol{w}}(\boldsymbol{x}_i))^2 \tag{1-5}$$

这样便把线性拟合问题推广到了非线性拟合的情形。

除了拟合问题,还有分类问题。以二分类为例,模型输出的是预测为两种类型的概率 p_0 和 p_1,二者满足

$$\begin{cases} 0 \leqslant p_0 \leqslant 1 \\ 0 \leqslant p_1 \leqslant 1 \\ p_0 + p_1 = 1 \end{cases} \tag{1-6}$$

假设阈值（Threshold）定为 0.5，那么当 $p_1 \geq 0.5$ 时，模型预测为 1，反之预测为 0。

交叉熵（Cross Entropy）是分类问题最常用的成本函数，其定义为

$$J(\boldsymbol{w}) = -\frac{1}{n}\sum_{i=1}^{n}(\delta(y_i = 1) * \log(h_w(\boldsymbol{x}_i)) + \delta(y_i = 0) * (1 - \log(h_w(\boldsymbol{x}_i)))) \tag{1-7}$$

其中

$$\delta(y_i = 1) = \begin{cases} 1, & y_i = 1 \\ 0, & y_i \neq 1 \end{cases} \tag{1-8}$$

因此，当数据 x_i 的标签为 1 时，成本函数只有前面一项，否则将只有后面一项。

交叉熵有着鲜明的物理含义。当 $y_i=1$ 时，理想的模型预测应该是 $h_w(x_i)=1$，这一条数据对成本函数的贡献即为 $-\log 1=0$，代表模型预测完全正确。最离谱的模型意味着 $h_w(x_i)=0$，其对成本函数的贡献为 $-\log 0=+\infty$，如图 1-11 所示。可以看到，交叉熵对于预测错误的惩罚是非常严厉的。同理，对于 $y_i=0$ 的数据也有类似的惩罚机制。这样的成本函数能够让模型将两种类型的数据尽可能地分开，这正是分类任务的目标所在。

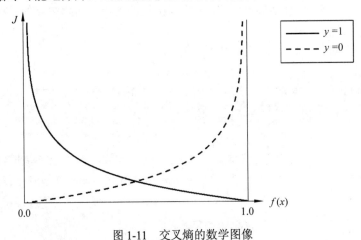

图 1-11　交叉熵的数学图像

1.2.3　通过训练数据优化模型参数

有了拟合和分类的成本函数，接下来的目标就变得很简单，那就是对其进行最小化，即 $\min\{J(\boldsymbol{w})\}$，这一过程便需要进行参数优化。

通过数据来优化模型参数，分为全批次（Full-Batch）、部分批次（Mini-Batch）及单样本（Online）这几种形式，如图 1-12 所示。所谓全批次，就是每次在进行参数迭代时，用所有的数据来构造成本函数，进而对参数进行优化。其优点在于，每次的参数迭代考虑了所有数据所带来的成本，优化过程更加稳定。当然，它的缺点也非常明显，每次迭代时需要对每条数据进行成本计算，耗费大量的计算资源。如果数据集只包含几百条数据，则计算量尚可接受，但是如果数据集中有上亿条数据，则每次迭代可能需要超过一天的时间，而参数只优化了一次，那就非常不划算了。

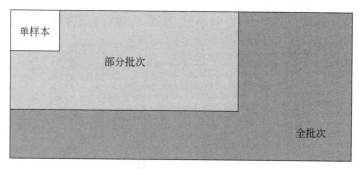

图 1-12　全批次、部分批次与单样本

针对全批次的另一种极端,就是每次只用一条数据对模型进行优化,这种方法叫作单样本。虽然这种方法运算的效率非常高,但是由于各条数据间的方差较大,会给优化过程带来较大的震荡,导致其应用的场景比较局限。大家肯定会有一个疑问,为什么这种方法的英文叫作 Online?这与单样本方法的主要应用场景有关。当模型在一定程度上满足需要时,人们通常可以对它进行上线,但上线之后发现还需要用新的数据对它进行迭代,但是新数据产生的速度比较慢,就用一条一条的数据对模型进行迭代,这就叫作 Online。这种迭代存在非常大的风险,在实践过程中,需要加入很多与模型质量管理相关的工作。

因此人们只能折中,去选择部分批次方法,每次迭代既不使用所有的数据,也不仅使用一条数据,而是使用指定个数的数据对参数进行优化。这里的数据条数,就是模型训练中常见的批次大小(Batch Size)。

实现部分批次有很多方式,这里给出一种经典的做法。在训练之初,对全量数据进行随机化(Shuffle)操作,随后的每次迭代(Iteration),依次使用批次大小条数据对参数进行优化,如图 1-13 所示。当全量数据被基本取完时,这一周期被定义为一个迭代轮次(Epoch),而后对数据再次进行随机化。以上步骤不断重复,直至模型参数优化完成。每个迭代轮次所包含的迭代次数,可以用总数据条数除以批次大小向下取整来求得,可以把迭代轮次大致等同为模型学习了多少遍训练数据。

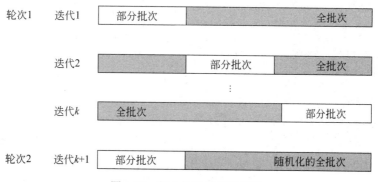

图 1-13　部分批次的实现逻辑

使用部分批次,实现的是所谓的统计机器学习,其典型的成本下降曲线并不是光滑的,往往呈现抖动下降的趋势，如图 1-14 所示，因此，在进行模型训练的过程中，一定要关注大局，不要因为短时间内成本的跌宕起伏影响了自己的心情。

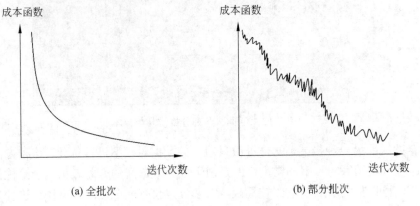

图 1-14 成本函数随迭代次数的典型变化关系

通过 Keras，可以方便地实现线性拟合模型，代码如下：

```
//chapter1/regression_keras.py

import numpy as np
import keras
import matplotlib.pyplot as plt

train_X = np.asarray([30.0, 40.0, 60.0, 80.0, 100.0, 120.0, 140.0])
train_Y = np.asarray([320.0, 360.0, 400.0, 455.0, 490.0, 546.0, 580.0])
train_X /= 100.0  #对数据进行简单的规范化处理
train_Y /= 100.0

#用于对数据点进行可视化
def plot_points(x, y, title_name):
    plt.title(title_name)
    plt.xlabel('x')
    plt.ylabel('y')
    plt.scatter(x, y)
    plt.show()

#用于对线性拟合模型进行可视化
def plot_line(W, b, title_name):
    plt.title(title_name)
    plt.xlabel('x')
    plt.ylabel('y')
    x = np.linspace(0.0, 2.0, num=100)
    y = W * x + b
    plt.plot(x, y)
    plt.show()
```

```
plot_points(train_X, train_Y, title_name='Training Points')

#建立线性拟合模型,由斜率和偏移两个参数构成,相当于神经元数为1的一层全连接
model = keras.models.Sequential()
model.add(keras.layers.Dense(units=1, input_dim=1))

#成本函数采用均方误差,优化方法使用随机梯度下降
model.compile(optimizer='sgd', loss='mean_squared_error')

#模型迭代10个轮次,用单样本的方式进行优化
history = model.fit(x=train_X, y=train_Y, batch_size=1, epochs=10)

plot_line(model.get_weights()[0][0][0], model.get_weights()[1][0], title_name='Current Model')
```

程序的输出如下:

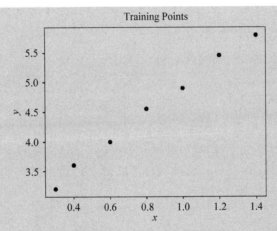

```
Epoch 1/10
7/7 [==============================] - 0s 2ms/step - loss: 29.5485
Epoch 2/10
7/7 [==============================] - 0s 3ms/step - loss: 18.0761
Epoch 3/10
7/7 [==============================] - 0s 2ms/step - loss: 11.0753
Epoch 4/10
7/7 [==============================] - 0s 2ms/step - loss: 6.8093
Epoch 5/10
7/7 [==============================] - 0s 2ms/step - loss: 4.2001
Epoch 6/10
7/7 [==============================] - 0s 3ms/step - loss: 2.6116
Epoch 7/10
7/7 [==============================] - 0s 3ms/step - loss: 1.6422
Epoch 8/10
7/7 [==============================] - 0s 3ms/step - loss: 1.0434
```

```
Epoch 9/10
7/7 [==============================] - 0s 2ms/step - loss: 0.6749
Epoch 10/10
7/7 [==============================] - 0s 2ms/step - loss: 0.4507
```

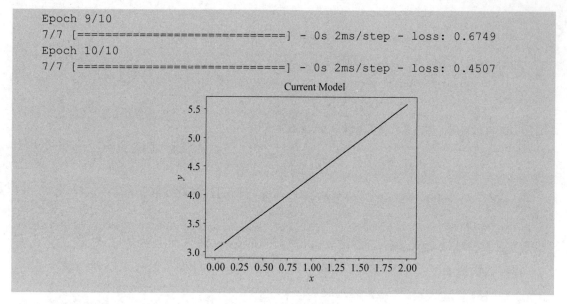

线性拟合模型的 PyTorch 实现，代码如下：

```
//chapter1/regression_pytorch.py

import torch
import torch.nn as nn
import torch.optim as optim

#将训练数据转换为 PyTorch 的张量
train_X = torch.tensor([30.0, 40.0, 60.0, 80.0, 100.0, 120.0, 140.0], dtype=torch.float32).unsqueeze(1)
train_Y = torch.tensor([320.0, 360.0, 400.0, 455.0, 490.0, 546.0, 580.0], dtype=torch.float32).unsqueeze(1)
train_X /= 100.0    #对数据进行简单的规范化处理
train_Y /= 100.0

#建立线性拟合模型，由斜率和偏移两个参数构成，相当于神经元数为 1 的一层全连接
class LinearRegression(nn.Module):
    def __init__(self):
        super(LinearRegression, self).__init__()
        self.fc = nn.Linear(1, 1)

    def forward(self, x):
        return self.fc(x)

model = LinearRegression()

#定义损失函数和优化器
criterion = nn.MSELoss()
```

```
optimizer = optim.SGD(model.parameters(), lr=0.1)

#模型训练
for epoch in range(10):
    #前向传播
    outputs = model(train_X)
    #计算损失
    loss = criterion(outputs, train_Y)
    #反向传播
    optimizer.zero_grad()
    loss.backward()
    optimizer.step()
    #打印当前轮次的损失
    print('Epoch [{}/{}], Loss: {:.4f}'.format(epoch + 1, 10, loss.item()))
```

程序的输出如下:

```
Epoch [1/10], Loss: 26.1087
Epoch [2/10], Loss: 11.2137
Epoch [3/10], Loss: 4.8177
Epoch [4/10], Loss: 2.0713
Epoch [5/10], Loss: 0.8919
Epoch [6/10], Loss: 0.3855
Epoch [7/10], Loss: 0.1680
Epoch [8/10], Loss: 0.0746
Epoch [9/10], Loss: 0.0345
Epoch [10/10], Loss: 0.0173
```

1.2.4 优化方法

了解完优化的基本概念之后,接下来查看手头有哪些工具可用来解决优化问题。人们常用的优化方法大致可以概括为两种,分别叫作一阶和二阶优化方法。这里的一阶和二阶指的是,在优化过程中,需要计算成本函数的一阶和二阶导数。

从时间复杂度的角度对其进行简单分析,假设单次求导的时间复杂度是 $O(1)$,对于有 n 个权重参数的模型,进行一阶求导的时间复杂度即为 $O(n)$。二阶优化方法中最著名的算法叫作牛顿法,需要计算黑塞(Hessian)矩阵,其中包含大量二阶导数的计算。由于二阶求导涉及交叉项的计算,所以时间复杂度会大幅增加,为 $O(n^2)$。

一个典型的神经网络可能会有千万甚至千亿个参数,其二阶导数计算的时间复杂度非常高,在实践中通常是不可行的,因此人们一般采用一阶优化方法。常用的一阶优化方法有 3 类,包括随机梯度下降、带动量的随机梯度下降及 Adam 方法。

随机梯度下降(Stochastic Gradient Descent,SGD)是最经典的一阶优化方法,它的定义为

$$w_{t+1}=w_t-\alpha\nabla_w J(w_t) \tag{1-9}$$

先来复习一下梯度 $\nabla_w J(w_t)$，成本函数 $J(w_t)$ 为一个标量，如果令它对所有的参数 w_t 求梯度，就获得了一个向量，其元素分别对应成本函数对各个参数的偏导数。梯度刻画了成本函数在各个参数方向上的斜率，假设从成本函数的"山顶"上扔了一个小球，人们想要做的就是让它运动到山底，那里对应的正是成本函数的最小值，如图 1-15 所示。通过每个点上求梯度的方式，便可以让小球越来越接近山底。

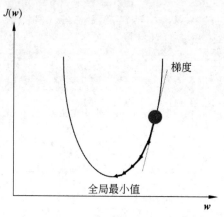

图 1-15 随机梯度下降

在式(1-9)中，α 表示学习速率（Learning Rate），它决定了小球每次下降的幅度权重。学习速率并不是越大越好，当它非常大时，小球每次运动的步长会很大，很有可能就会在"山谷"中震来震去，永远到不了山底，如图 1-16 所示。学习速率也不宜太小，如果太小会使优化的速度变得非常慢。

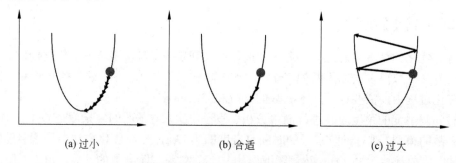

图 1-16 学习速率对训练的贡献

学习速率是模型优化过程中非常关键的影响因素，它的选取是一个艺术活。从实践的角度来讲，大致有两种学习速率的调整方法。第 1 种方法就是手工调节，这是最靠谱的一种方法。所谓手工调节，就是人工观察成本函数的变化，从而确定在当前时刻要增大还是减少学习速率，这是典型的人类智能（Human Intelligence）。第 2 种方法即通过自动化的方式，实现可变的学习速率。例如可以每 k 次迭代将现在的学习速率减半，从而实现学习速率自动下降的过程，当然这里的 k 需要依赖于人工的经验。

在很多论文中,大家会看到类似的成本函数变化趋势。图 1-17 中存在一些拐点,这并不是什么魔法,而是因为学习率的下降,进而让成本函数"走"到了一个更低的值。

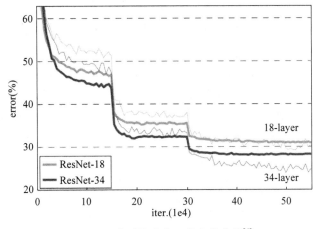

图 1-17　典型的成本函数变化曲线[4]

随机梯度下降有一个比较明显的缺点,就是优化速度比较慢。真实的物理图景是,当小球从山坡滑落时,在运动的中间阶段除了具有加速度外,还有初速度,即物理上的"动量"(Momentum),如图 1-18 所示。在优化的过程中加入动量因素,不仅能大幅加速优化过程,而且可以防止小球掉入极小值点中。基于此,人们提出了带动量的随机梯度下降方法,定义为

$$\Delta w_{t+1} = \alpha(\nabla_w J(w_t) + \gamma \Delta w_{t+1}) \tag{1-10}$$

其中,γ 代表动量的权重。动量能够让小球"冲"出较小值点区域,继续向山下运动。

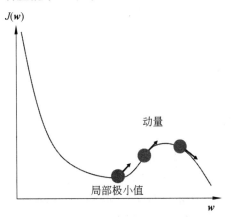

图 1-18　带动量的随机梯度下降

最后一种常用的优化方法叫作 Adam(Adaptive Moment Estimation)[5],是一种自适应的方法。Adam 的表达式比较复杂,大家不必过多了解,只需知道它是一种较为"活泼"的优化方法。在容易跳出极小值点的同时,也容易获得较大的梯度,给优化带来麻烦,因此在

使用 Adam 时，要足够小心。一个非常重要的实践经验是在使用 Adam 时，进行梯度范围的"剪裁"（Gradient Clip），即为梯度设置一个上限，当梯度超过这个上限时，将其强行设置为上限值，防止数值溢出，避免训练过程陷入僵局。

Keras 中对各种优化方法均有完善的支持，代码如下：

```python
//chapter1/optimization_keras.py

from keras import optimizers

#带动量的随机梯度下降
sgd = optimizers.SGD(lr=0.01, momentum=0.9)
#lr 为学习速率，momentum 为动量的权重

#Adam
adam = optimizers.Adam(lr=0.001, beta_1=0.9, beta_2=0.999)
#lr 为学习速率，beta_1 和 beta_2 分别为第 1 个动量和无穷大范数的衰减因子
```

在 PyTorch 中，也有类似的实现：

```python
//chapter1/optimization_pytorch.py

import torch.optim as optim

#带动量的随机梯度下降，注意这里需要传入 model.parameters()，其中 model 为当前模型
sgd = optim.SGD(model.parameters(), lr=0.01, momentum=0.9) #lr 为学习速率，
                                                          #momentum 为动量的权重

#Adam
adam = optim.Adam(model.parameters(), lr=0.001, betas=(0.9, 0.999)) #lr 为
                                    #学习速率，betas 为第 1 个动量和无穷大范数的衰减因子
```

1.3 深度神经网络

1.3.1 谁来做特征提取

传统机器学习需要进行特征定义，通过定义好的特征来从数据中学习。深度学习有一个非常关键的特性，便是其强大的特征提取能力。在很多问题的建模过程中，只需把领域知识融入输入数据中，保持原始形态的输入数据，就能够使用深度学习完成建模，如图 1-19 所示。

这里做一个有意思的类比，假设有两位小朋友，一位比较聪明，另一位相对来讲就愚笨一些，聪明的孩子不需要去做太多的指导，就能够完成很多学习任务，但是愚笨一点的孩子需要进行大量指导才能更好地学习。特征提取可以看作指导孩子的过程，告诉他哪些地方是学习的重点，这是传统机器学习所需要的，而深度学习更像是聪明的孩子，能够自己通过原始学习资料进行总结和归纳。

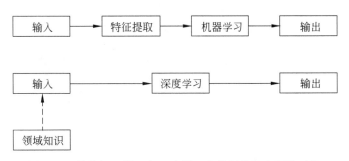

图 1-19　传统机器学习与深度学习在特征提取方面的对比

在深度学习发展的早期阶段，手工设计的特征融合了大量专业领域的知识，其性能更占优势，如语音识别中的 Mel 频率倒谱系数（Mel-Frequency Cepstral Coefficients，MFCC）特征，其广泛应用于对语音信息的特征表示。随着深度学习领域的发展，模型参数及训练数据的飞速提升，直接将语音信号作为输入，让模型自己进行特征提取才逐渐成为主流。

当数据量很大时，传统机器学习的效果会随着数据量的增加呈现平缓的趋势，但是深度学习依然能从这样大量的数据中学到更多的知识，如图 1-20 所示。

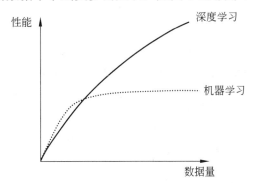

图 1-20　传统机器学习与深度学习模型性能随数据量的变化

1.3.2　人工神经元与激活函数

接下来了解一下深度学习的基本单元——人工神经元。人工神经元是对人类神经元的模拟，在人类神经元的模型中，之前的研究人员认为神经元会接收来自其他神经元的信号，然后对信号进行处理，把加工后的信号传递到下一级的神经元。将这样一个模型进行数学化之后，就得到了如图 1-21 所示的模样。可以注意到，连接到人工神经元的所有输入都有一个权重，加权之后神经元做了一个求和操作，最后进行激活（Activation）。经过激活函数的作用之后，将加工后的信号传递给下一级人工神经元。虽然人工神经元里面都是简单的数学运算，但是当把这些神经元组合起来时，这些简单的运算就变成了复杂的运算。

人工神经元中有多种激活函数可供选择，最早也是以往最常见的两种激活函数，一种叫作 S 型函数（sigmoid）；另一种叫作双曲正切函数（tanh），这两种优美的激活函数在早期的

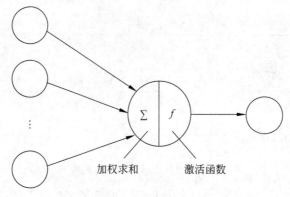

图 1-21 人工神经元

人工智能研究中被大量使用，其定义为

$$\begin{cases} \text{sigmoid}(x) = \dfrac{1}{1+e^{-x}} \\ \tanh(x) = \dfrac{e^x - e^{-x}}{e^x + e^{-x}} \end{cases} \tag{1-11}$$

两个函数有一定的相关性，即

$$\tanh(x) = 2 \times \text{sigmoid}(2x) - 1 \tag{1-12}$$

变换带来了值域的变化，即 sigmoid 函数分布在 0～1，而 tanh 的值域为-1～1，如图 1-22 所示。这两个函数定义非常接近人类的直觉，以 sigmoid 为例，当输入特别小或者特别大时，其结果趋近于 0 或者趋近于 1。当输入接近于 0 附近的区间时，函数与输入基本呈现线性关系。当时的研究人员是这么认为的，一旦信号的绝对值特别大，输入下一级人工神经元时，可能会伤害到它们。人们需要把信号限制到一个区间内,直接能想到的就是将输出限制到 0～1，或者-1～1。当然，这个限制没有理论依据，是经验性的。

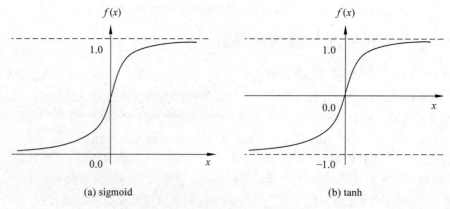

图 1-22 sigmoid 与 tanh 激活函数

不知大家是否注意到，这两个函数本身有很大的问题。如果对两个函数求导，则在 0 附近的区间内,其形状类似于直线,导数接近于 1,但是当输入的绝对值特别大时($x \gg 0$ 或者 $x \ll 0$),其导数就变成了接近 0,因此在梯度计算的过程中,就会出现梯度消失的现象,也就是模型在训练时忽然就"死掉"了。

为了解决这个问题,研究人员提出线性整流(Rectified Linear Unit,ReLU)激活函数,即

$$\text{ReLU}(x) = \max\{0, x\} \tag{1-13}$$

这个激活函数非常简单,当输入小于 0 时,ReLU 等于 0;当输入大于 0 时,ReLU 就是输入本身,如图 1-23 所示。这个函数是不连续的,在 0 附近,其左右导数分别是 0 和 1,二者不相等,在数学上并不优雅,这就是为什么之前人们从未考虑过这样的激活函数,但在计算机的世界中,可以通过规则来指定函数的输出。经过优化后,当输入大于 0 时,ReLU 的导数保持为 1,避免了梯度消失的发生。

在真实的训练数据上,ReLU 的表现也是很棒的。在图 1-24 的曲线中,两个相同结构的模型采用了不同的激活函数,虚线代表 tanh,实线代表 ReLU。在同样的迭代次数下,ReLU 的收敛速度明显快于 tanh,因此,ReLU 激活函数就开始流行起来。总体来讲,如果大家没有更好的激活函数可供选择,则默认使用 ReLU 就可以了。

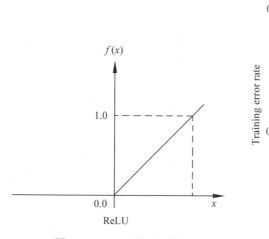

图 1-23 ReLU 激活函数

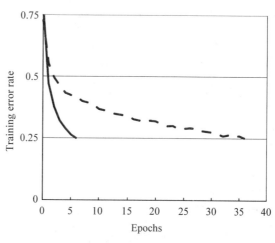

图 1-24 ReLU 能够加速模型训练[6]

在后续的研究中,人们还提出了更多类型的激活函数,例如漏 ReLU(Leaky ReLU),当输入大于 0 时,导数是 1;当输入小于 0 时,导数为一个固定的值,如图 1-25 所示。也可以把输入小于 0 时的导数作为一个参数来学习,这就是参数 ReLU(Parametric ReLU,PReLU)。

可以很方便地通过 Keras 实现不同的激活函数,代码如下:

```
//chapter1/activation_keras.py

import keras

#Sigmoid
```

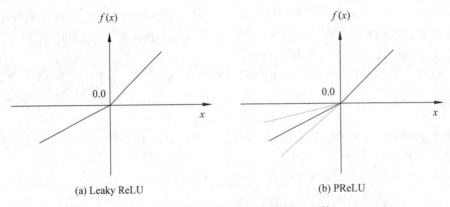

图 1-25　Leaky ReLU 与 PReLU 激活函数

```
Sigmoid = keras.activations.sigmoid(x)
#Tanh
tanh = keras.activations.tanh(x)
#ReLU
relu = keras.activations.relu(x)
#LeakyReLU
lkrelu = keras.layers.LeakyReLU(alpha=0.3)
#注意这里是层，参数alpha代表输入小于0时的梯度
#PReLU
prelu = keras.layers.PReLU(alpha_initializer='zeros')
#注意这里是层，其中参数alpha_initializer表示输入小于0时梯度的初始化值
```

其 **PyTorch** 版本如下：

```
//chapter1/activation_pytorch.py

import torch.nn as nn

#Sigmoid
sigmoid = nn.Sigmoid()

#Tanh
tanh = nn.Tanh()

#ReLU
relu = nn.Relu()

#LeakyReLU
leaky_relu = nn.LeakyReLU(negative_slope=0.3)

#PReLU
prelu = nn.PReLU(num_parameters=1, init=0.0)
#num_parameters表示输入小于0时梯度的参数个数，init表示初始化的值
```

1.3.3 神经网络及其数学本质

当把人工神经元组合在一起时便形成神经网络（Neural Network），这样就构建出了深度学习的基础架构。神经网络大致可以划分为 3 部分，左边是输入层，中间是隐藏层，右边是输出层，如图 1-26 所示。输入层用来做数据输入，隐藏层是所有运算的单元，输出层代表着模型的预测结果。

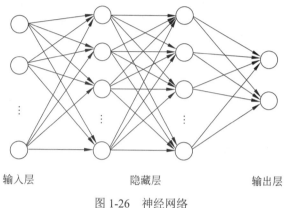

图 1-26　神经网络

神经网络中最重要的组成部分便是隐藏层，它们通过若干神经元堆叠而成，相邻层的神经元都存在连接，这就是"网络"一词的来源。基于这样一种特性，这种类型的神经网络也被称为全连接神经网络（Fully Connected Neural Network）。神经元之间连接的权重，就是要学习的模型参数。

一般地，人们把神经网络的层数称为"深度"，把每层人工神经元的个数称为"宽度"。初学者有时会问一个非常可爱的问题，到底多深多宽才叫深度学习呢？其实这个问题是没有标准答案的，只要大家使用神经网络进行建模，一般就可以称使用了深度学习技术。

从数学上讲，神经网络是逐层的数学运算，经过套娃，最终的输出就是关于输入的函数。如果人工神经元中没有激活函数，则整个神经网络就是关于输入的线性运算，激活函数为神经网络引入了非线性运算，使其成为关于输入的复杂函数，因此，神经网络就是关于输入数据到输出目标的函数映射，这就是它的数学本质。

如果细想一下，就能够发现所有事物的运行规律几乎可以使用数学表达式进行表示，而神经网络正是建立了一种数学表达式，以此来对世界进行建模。神经网络让人们拥有了一个相对通用的解题器，能够自动化地完成建模过程。研究人员已经通过理论证明，具有单个不限制宽度隐藏层的神经网络，就能够拟合任意的函数。通过增加神经网络的深度，可以节约指数级的人工神经元。

一般来讲，神经网络的宽度决定着它的记忆力，而深度决定着其推广能力。换句话说，更深的网络学习能力较强，能够举一反三，将学习到的知识应用在新的数据当中；更宽的网络记忆力非常强，能够记住训练集中更多的东西，在相似的场景下能够更快地进行运用。在一些推荐系统的研究中，流行着宽深（Wide & Deep）神经网络，通过较宽的网络获得更好的记忆力，同时用深度提高其泛化性。

在接下来的代码实践中，将通过神经网络来训练和识别 MNIST 数据集。MNIST 是一个手写数字数据集，来自美国国家标准技术研究所（National Institute of Standards and Technology，NIST）的员工和学校的高中生。它包含 7 万张 28×28 像素的灰度图像，每幅图像都包含一个 0~9 的数字，其中 6 万张图像用作训练数据，1 万张图像用作测试数据。MNIST 数据集相对较小且易于使用，这使它成为机器学习和深度学习的基准数据集之一。

在使用神经网络对 MNIST 进行建模的过程中，可将 28×28 像素的灰阶图像看作 784 维的向量。通过 Keras 实现全连接神经网络的代码如下：

```python
//chapter1/fcnn_keras.py

import numpy as np
import matplotlib.pyplot as plt
from keras.utils import to_categorical
from keras.datasets import mnist
from keras import layers, models

%pylab inline

#用于可视化 MNIST 图像数据
def imshow(img):
    plt.imshow(np.reshape(img, [28, 28]))
    plt.show()

#读取 MNIST 数据集
(x_train, y_train), (x_test, y_test) = mnist.load_data()

#可视化 MNIST 前 5 个图像数据
for index in range(5):
    print(x_train[index].shape)
    print(y_train[index])
    imshow(x_train[index])

#建立神经网络模型
def fcnn(image_batch):
    h_fc1 = layers.Dense(200, input_dim=784)(image_batch)
    h_fc2 = layers.Dense(200)(h_fc1)
    _y = layers.Dense(10, activation='softmax')(h_fc2)
    return _y
```

```python
x_train = x_train.reshape(60000, 784)
x_test = x_test.reshape(10000, 784)
x_train = x_train.astype('float32')
x_test = x_test.astype('float32')
x_train /= 255.  #训练数据归一化
x_test /= 255.  #测试数据归一化
y_train = to_categorical(y_train, 10)    #将训练数据标签进行独热编码
y_test = to_categorical(y_test, 10)      #将测试数据标签进行独热编码

#Keras 中通过 Input 层进行数据输入
x = layers.Input(shape=(784,))
y_ = layers.Input(shape=(10,))
y = fcnn(x)
model = models.Model(x, y)
print(model.summary())

#使用交叉熵作为成本函数,优化方法采用随机梯度下降,以准确率作为监控指标
model.compile(optimizer='sgd', loss='categorical_crossentropy', metrics=['accuracy'])
#模型训练,迭代 5 个轮次,使用部分批次,批次为 64,将上述测试数据作为验证集
model.fit(x_train, y_train, batch_size=64, epochs=5, validation_data = (x_test, y_test))
```

程序的输出如下:

```
(28, 28)
5
```

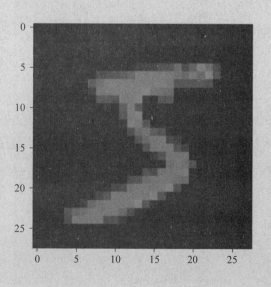

```
(28, 28)
0
```

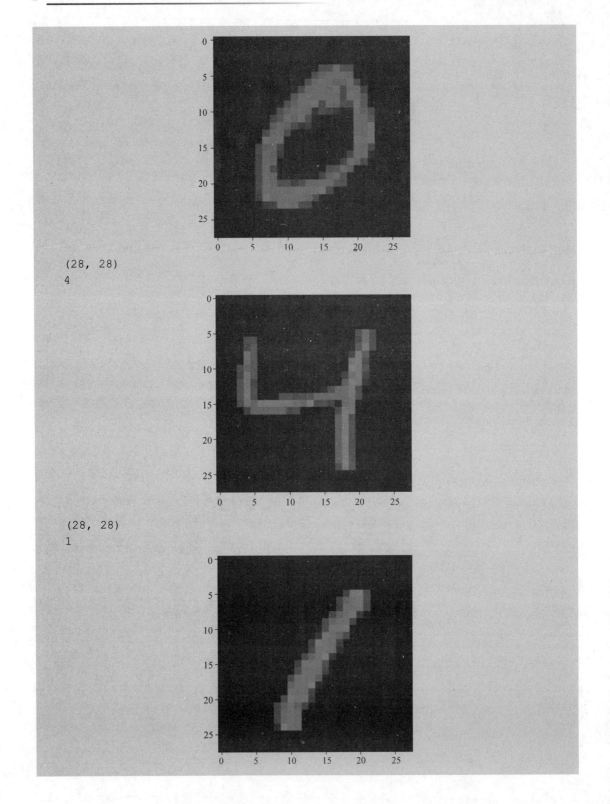

```
(28, 28)
9
```

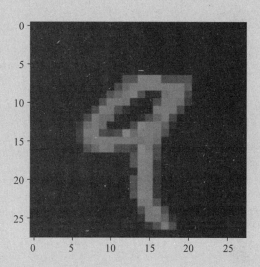

```
Model: "model_1"
_____
 Layer (type)                Output Shape              Param #
=================================================================
 input_3 (InputLayer)        [(None, 784)]             0

 dense_3 (Dense)             (None, 200)               157000

 dense_4 (Dense)             (None, 200)               40200

 dropout_1 (Dropout)         (None, 200)               0

 dense_5 (Dense)             (None, 10)                2010

=================================================================
Total params: 199,210
Trainable params: 199,210
Non-trainable params: 0
_____
None
Epoch 1/5
938/938 [==============================] - 2s 2ms/step - loss: 0.6886 - accuracy: 0.7962 - val_loss: 0.3728 - val_accuracy: 0.8966
Epoch 2/5
938/938 [==============================] - 2s 2ms/step - loss: 0.4144 - accuracy: 0.8783 - val_loss: 0.3259 - val_accuracy: 0.9073
Epoch 3/5
938/938 [==============================] - 2s 2ms/step - loss: 0.3769 - accuracy: 0.8900 - val_loss: 0.3070 - val_accuracy: 0.9134
```

```
Epoch 4/5
938/938 [==============================] - 2s 2ms/step - loss: 0.3584 - accuracy: 0.8972 - val_loss: 0.3001 - val_accuracy: 0.9156
Epoch 5/5
938/938 [==============================] - 1s 2ms/step - loss: 0.3476 - accuracy: 0.9013 - val_loss: 0.2934 - val_accuracy: 0.9168
```

通过 PyTorch 亦可方便地实现全连接神经网络，其代码如下：

```
//chapter1/fcnn_pytorch.py

import torch
import torch.nn as nn
import torch.optim as optim
from torchvision import datasets, transforms

#定义全连接神经网络模型
class FCNN(nn.Module):
    def __init__(self):
        super(FCNN, self).__init__()
        self.fc1 = nn.Linear(784, 200)
        self.fc2 = nn.Linear(200, 200)
        self.fc3 = nn.Linear(200, 10)

    def forward(self, x):
        x = torch.relu(self.fc1(x))
        x = torch.relu(self.fc2(x))
        x = torch.softmax(self.fc3(x), dim=1)
        return x

#转换MNIST数据集
transform = transforms.Compose([
    transforms.ToTensor(),
    transforms.Normalize((0.5,), (0.5,))
])

train_dataset = datasets.MNIST(root='./data', train=True, transform=transform, download=True)
test_dataset = datasets.MNIST(root='./data', train=False, transform=transform, download=True)

train_loader = torch.utils.data.DataLoader(dataset=train_dataset, batch_size=64, shuffle=True)
test_loader = torch.utils.data.DataLoader(dataset=test_dataset, batch_size=64, shuffle=False)

#初始化模型、损失函数和优化器
```

```python
model = FCNN()
criterion = nn.CrossEntropyLoss()
optimizer = optim.SGD(model.parameters(), lr=0.01, momentum=0.9)

#模型训练
device = torch.device("cuda" if torch.cuda.is_available() else "cpu")
model.to(device)
for epoch in range(5):
    model.train()
    for batch_idx, (data, target) in enumerate(train_loader):
        data, target = data.view(-1, 784).to(device), target.to(device)
        optimizer.zero_grad()
        output = model(data)
        loss = criterion(output, target)
        loss.backward()
        optimizer.step()
        if batch_idx % 100 == 0:
            print('Train Epoch: {} [{}/{} ({:.0f}%)]\tLoss: {:.6f}'.format(epoch, batch_idx * len(data), len(train_loader.dataset),100. * batch_idx / len(train_loader), loss.item()))
    model.eval()
    test_loss = 0
    correct = 0
    with torch.no_grad():
        for data, target in test_loader:
            data, target = data.view(-1, 784).to(device), target.to(device)
            output = model(data)
            test_loss += criterion(output, target).item()
            pred = output.argmax(dim=1, keepdim=True)
            correct += pred.eq(target.view_as(pred)).sum().item()

    test_loss /= len(test_loader.dataset)
    print('\nTest set: Average loss: {:.4f}, Accuracy: {}/{} ({:.0f}%)\n'.format(test_loss, correct, len(test_loader.dataset),100. * correct / len(test_loader.dataset)))
```

程序的输出如下:

```
Train Epoch: 0 [0/60000 (0%)]    Loss: 2.302541
Train Epoch: 0 [6400/60000 (11%)]    Loss: 2.247931
Train Epoch: 0 [12800/60000 (21%)]    Loss: 1.980176
Train Epoch: 0 [19200/60000 (32%)]    Loss: 1.952348
Train Epoch: 0 [25600/60000 (43%)]    Loss: 1.749109
Train Epoch: 0 [32000/60000 (53%)]    Loss: 1.732024
Train Epoch: 0 [38400/60000 (64%)]    Loss: 1.713304
Train Epoch: 0 [44800/60000 (75%)]    Loss: 1.708340
Train Epoch: 0 [51200/60000 (85%)]    Loss: 1.633272
```

```
Train Epoch: 0 [57600/60000 (96%)]	Loss: 1.687970

Test set: Average loss: 0.0257, Accuracy: 8321/10000 (83%)

Train Epoch: 1 [0/60000 (0%)]	Loss: 1.721128
Train Epoch: 1 [6400/60000 (11%)]	Loss: 1.597476
Train Epoch: 1 [12800/60000 (21%)]	Loss: 1.609266
Train Epoch: 1 [19200/60000 (32%)]	Loss: 1.551735
Train Epoch: 1 [25600/60000 (43%)]	Loss: 1.673906
Train Epoch: 1 [32000/60000 (53%)]	Loss: 1.555544
Train Epoch: 1 [38400/60000 (64%)]	Loss: 1.593328
Train Epoch: 1 [44800/60000 (75%)]	Loss: 1.584927
Train Epoch: 1 [51200/60000 (85%)]	Loss: 1.592155
Train Epoch: 1 [57600/60000 (96%)]	Loss: 1.656479

Test set: Average loss: 0.0255, Accuracy: 8414/10000 (84%)

Train Epoch: 2 [0/60000 (0%)]	Loss: 1.709561
Train Epoch: 2 [6400/60000 (11%)]	Loss: 1.668686
Train Epoch: 2 [12800/60000 (21%)]	Loss: 1.612146
Train Epoch: 2 [19200/60000 (32%)]	Loss: 1.631679
Train Epoch: 2 [25600/60000 (43%)]	Loss: 1.603671
Train Epoch: 2 [32000/60000 (53%)]	Loss: 1.635376
Train Epoch: 2 [38400/60000 (64%)]	Loss: 1.622171
Train Epoch: 2 [44800/60000 (75%)]	Loss: 1.669001
Train Epoch: 2 [51200/60000 (85%)]	Loss: 1.631620
Train Epoch: 2 [57600/60000 (96%)]	Loss: 1.644563

Test set: Average loss: 0.0253, Accuracy: 8541/10000 (85%)

Train Epoch: 3 [0/60000 (0%)]	Loss: 1.580690
Train Epoch: 3 [6400/60000 (11%)]	Loss: 1.580958
Train Epoch: 3 [12800/60000 (21%)]	Loss: 1.599486
Train Epoch: 3 [19200/60000 (32%)]	Loss: 1.606684
Train Epoch: 3 [25600/60000 (43%)]	Loss: 1.623590
Train Epoch: 3 [32000/60000 (53%)]	Loss: 1.634226
Train Epoch: 3 [38400/60000 (64%)]	Loss: 1.605053
Train Epoch: 3 [44800/60000 (75%)]	Loss: 1.634672
Train Epoch: 3 [51200/60000 (85%)]	Loss: 1.623796
Train Epoch: 3 [57600/60000 (96%)]	Loss: 1.674721

Test set: Average loss: 0.0252, Accuracy: 8599/10000 (86%)

Train Epoch: 4 [0/60000 (0%)]	Loss: 1.523567
Train Epoch: 4 [6400/60000 (11%)]	Loss: 1.627658
Train Epoch: 4 [12800/60000 (21%)]	Loss: 1.562606
Train Epoch: 4 [19200/60000 (32%)]	Loss: 1.609649
```

```
Train Epoch: 4 [25600/60000 (43%)] Loss: 1.591629
Train Epoch: 4 [32000/60000 (53%)] Loss: 1.593482
Train Epoch: 4 [38400/60000 (64%)] Loss: 1.579559
Train Epoch: 4 [44800/60000 (75%)] Loss: 1.610693
Train Epoch: 4 [51200/60000 (85%)] Loss: 1.582021
Train Epoch: 4 [57600/60000 (96%)] Loss: 1.596860

Test set: Average loss: 0.0252, Accuracy: 8567/10000 (86%)
```

1.4 正则化方法

1.4.1 欠拟合与过拟合

在模型建立的过程中，通常会把数据集分成训练、验证与测试共 3 部分，如图 1-27 所示。训练集用于优化模型参数，验证集用来选择模型的超参数（例如模型的结构等），而测试集用来对模型进行完整评估。这里就有一个严格的要求，即训练集、验证集与测试集是完全独立的，并且数据分布具有代表性。换句话说，模型在训练过程中，不应该学习验证集与测试集的数据，否则就是"作弊"行为。之所以这么要求，是因为模型在训练集上的表现，并不能反映模型的真实水平，只有测试集上的预测效果，才是模型的实际表现。实际上，测试集可能会有若干个，分别采集自不同的应用场景，反映模型在真实世界应用时的效果。需要强调的是，测试集的数目并没有硬性要求，在一些特殊的应用场景（例如医疗）下，测试集会远大于训练集与验证集。

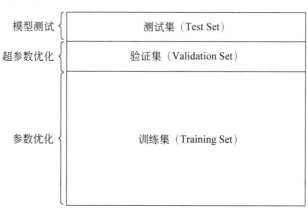

图 1-27　训练集、验证集与测试集

这里举一个例子，例如现在要开发一套系统，通过 CT 影像来诊断肺癌，要达到这一目的会有很多深度学习模型可供选择。人们一般会在历史数据中选择典型样本，由医生进行数据标注，圈出风险区域，形成训练集。随后通过训练集对若干不同的模型进行参数优化，通过它们在验证集上的表现选出最优模型。测试集对应的便是患者真实的样本（前瞻性数据），以此来对模型进行最终评价。

前面提到，3个集合一定不能发生重叠，即便清楚这个重要的要求，在实践过程中，人们依然容易犯错误。一般地，为了让3个集合的数据分布趋同，可以对数据进行随机化，这个过程需要非常谨慎。第一是时间维度，假设有3~5月的用户行为数据，将其随机化后，按比例放入3个集合中，就会存在通过未来的数据来预测现在的情形，你会发现模型能够做到未卜先知，其效果非常好，但是这种数据处理方式是错误的。在这种情况下，如果训练集是3月和4月的数据，则验证集与测试集就应该是5月的数据。第二是数据冗余，例如在医学研究中，一位患者可能有多个样本，其分布是大致相同的，在这种情况下，就不能把同一患者的样本拿来进行随机化，有可能同一位患者的数据被同时分配到了训练集、验证集与测试集中，导致这部分数据在验证集和测试集中的准确率非常高，因此应该在患者层面进行随机化，进而把对应样本划分到不同的集合中。

通常人们使用欠拟合（Underfitting）与过拟合（Overfitting）来刻画模型在训练集与测试集表现不佳的情况。如果模型在训练集的表现不尽人意，则说明模型还没有优化完全，这种情况叫作欠拟合。如果模型在训练集表现好，但是在测试集表现不好，则称为过拟合，意味着模型记忆了训练集的数据，但是这种记忆在测试数据上没有太大的用处。大家可以把训练集看作课本每章的习题，测试集是期末考试题。聪慧的孩子能够举一反三，不仅可以做好习题，而且期末考试的成绩也很好，而有些孩子，只知道死记硬背课本上的公式，甚至连习题都是靠记忆来完成的，到了期末考试时固然会表现不好，这跟过拟合是一个道理。

这里分别用拟合和分类两个简单的例子，来展示欠拟合和过拟合的模型是什么样子，分别如图1-28和图1-29所示。图1-28左侧展示了一个典型的欠拟合曲线，研究人员用一条直线来拟合一堆看似在一条曲线上的点，导致了训练集上较高的成本函数。这里的欠拟合，很明显是由于模型本身不够聪明造成的。除了这种情况外，欠拟合还可能由模型训练的迭代次数不足导致。右侧的曲线几乎没有漏掉任何一个点，它在训练集上的成本函数接近于0，但是在真实世界中，数据不可避免地会包含噪声，数据只要有风吹草动，这个模型的预测效果就会骤然下降，这对应的就是过拟合的情形。中间的曲线没有特别简单，也不会特别复杂，其泛化性是三者中最好的，被称为最佳拟合（Best Fit）。对于二分类问题，通常需要构造一个分界线，将两种数据区分开。同样地，当这个分界线过于简单或者复杂时，模型便会发生欠拟合或者过拟合。

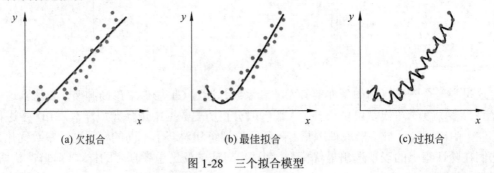

图1-28　三个拟合模型

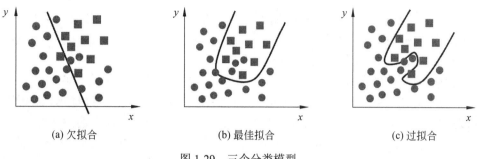

图 1-29　三个分类模型

模型在训练过程中，通常会经历欠拟合、最佳拟合、过拟合这 3 个阶段，虽然模型在训练集上的准确率一直在增加，甚至能接近 100%，但是过了最佳拟合点，模型在测试集上的准确率开始下降，代表其已经进入过拟合阶段。注意，在有些情况下，模型可能只会到最佳拟合的阶段，也有可能一直保持在欠拟合的阶段。同理，模型复杂度也会有类似的贡献，通常越复杂的模型越容易发生过拟合，如图 1-30 所示。

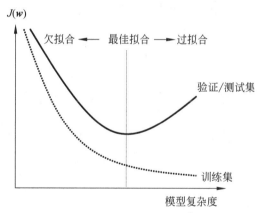

图 1-30　模型复杂度对模型的影响

1.4.2　正则化方法

到现在为止，人们也没有彻底攻克过拟合问题，但是依然有一些方法，能够尽量地规避它，让模型拥有更好的推广能力，这些技巧合称为正则化方法。总体来讲，正则化方法可以归纳为 3 个层面：数据、模型及优化方法。

首先介绍数据层面。为了增强模型的泛化性，需要让模型学习大量不同类型的数据，一方面可以增加数据的数量，另一方面可以增加数据的种类。这里有一些实用的招数，来丰富训练数据。第一是获取更多的训练数据，在深度学习项目开始之前，要明确地给出预期标注样本量，这些数据是深度学习模型建立的基石。在数据量不足时，要想办法通过各途径获取标注数据。第二是人工合成更多的数据，可以在数据中加入噪声，也可以对图像数据进行随机裁剪、翻转、旋转等操作，但需要注意的是，在数据合成的过程中，所采用的数据合成方法最好有物理对应，不能异想天开地施加不靠谱的操作。同时，可以使用生成对抗网络（GAN）来生成假数据，这种方法在本书第6章会详细介绍。通过合成数据，不仅增加了数据量，而且提高了模型在不同场景下的泛化性。

在模型层面，这里介绍两种方法，一种叫作参数共享，另一种叫作系综方法。

对于全连接神经网络来讲，每两个相邻的神经元都要相互连接，形成错综复杂的权重关系，导致其参数量非常大。后面将要介绍的卷积神经网络，神经元之间有选择性地进行连接，并共享部分参数，大幅减少了参数量。这样模型能够把学习的重点放在与图像识别相关的参数上，从而获得更好的训练效果。卷积神经网络是空间维度上的参数共享，相似地，循环神经网络是时间维度上的参数共享，都能够降低模型的复杂度，以及降低过拟合的可能性。

系综方法最典型的方法是DropOut[7]，一句话来概括就是"当家做主"。在模型的训练过程中，在每轮迭代时会随机屏蔽一些神经元，让剩下的神经元进行预测，这样让每个神经元都能够独立地做出更好的判断，如图1-31所示。所谓系综方法，就是通过多个模型投票去决定最后的结果。这里通过这种屏蔽的方法，模拟了一种系综模型。这种方法被广泛地应用在全连接神经网络的训练过程中，以增强模型的稳健性。

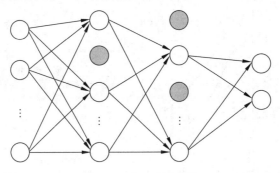

图 1-31 DropOut 方法

在 MNIST 图像分类的例子中，可加入 DropOut 层（注意在使用 DropOut 时，在训练和测试代码中，应相应地传入 training=True 或者 False 参数），代码如下：

```
//chapter1/dropout_keras.py

from keras import layers

#建立带有DropOut的神经网络模型
def fcnn(image_batch):
    h_fc1 = layers.Dense(200, input_dim=784)(image_batch)
    h_fc2 = layers.Dense(200)(h_fc1)
    h_dropout = layers.Dropout(0.5)(h_fc2)
    _y = layers.Dense(10, activation='softmax')(h_dropout)
    return _y
```

其 PyTorch 版本的代码如下：

```
//chapter1/dropout_pytorch.py

import torch
import torch.nn as nn

#建立带有DropOut的神经网络模型
class FCNN(nn.Module):
    def __init__(self):
        super(FCNN, self).__init__()
        self.fc1 = nn.Linear(784, 200)
        self.fc2 = nn.Linear(200, 200)
        self.dropout = nn.Dropout(0.5)
        self.fc3 = nn.Linear(200, 10)
        self.softmax = nn.Softmax(dim=1)

    def forward(self, x):
        x = torch.flatten(x, start_dim=1)
        x = torch.relu(self.fc1(x))
        x = torch.relu(self.fc2(x))
        x = self.dropout(x)
        x = self.fc3(x)
        y = self.softmax(x)
        return y
```

在优化方法层面，最简单的方法就是在成本函数中增加一个正则项，即

$$J'(w) = J(w) + \alpha \, \Omega(w) \tag{1-14}$$

其中，$\Omega(w)$是正则项，α是正则项的权重，代表正则化的强度。

在实践中，正则项有两种常见的形态，一种是L_1范式，通常被叫作Lasso，其定义是所有权重的绝对值之和。另一种方式叫作L_2范式（又称为Ridge），定义为根号下权重的平方和。通过把权重参数本身放到成本函数中，对参数产生一定约束，能够降低模型的复杂度，防止过拟合的发生。

两种正则化方法在统计学上有截然不同的模式，Lasso会导致稀疏的参数空间。换句话说，只留下少量的非零参数，这样做的好处在于能够快速地找出对最终预测有意义的参数，并能明确这些参数对预测结果的贡献度。Ridge正则化可以限制参数的范围，让参数不要过大，防止模型过拟合。除了加入正则项之外，还有一些其他的方法，例如早停（Early Stopping），即当学习率降到一定程度时，就不再继续下降，提前终止训练过程，见好就收。

在MNIST图像分类的例子中，可加入正则化项，Keras版本的代码如下：

```
//chapter1/regularization_keras.py

from keras import layers

regularizer_ratio = 0.1
```

```
#l1正则化
def fcnn(image_batch):
    h_fc1 = layers.Dense(200, input_dim=784, kernel_regularizer= l1
(regularizer_ratio) if regularizer_ratio != 0.0 else None)(image_batch)
    h_fc2 = layers.Dense(200, kernel_regularizer=l1(regularizer_ratio) if
regularizer_ratio != 0.0 else None)(h_fc1)
    h_dropout = layers.Dropout(0.5)(h_fc2)
    _y = layers.Dense(10, activation='softmax')(h_dropout)
    return _y

#l2正则化
def fcnn(image_batch):
    h_fc1 = layers.Dense(200, input_dim=784, kernel_regularizer=l2
(regularizer_ratio) if regularizer_ratio != 0.0 else None)(image_batch)
    h_fc2 = layers.Dense(200, kernel_regularizer=l2(regularizer_ratio) if
regularizer_ratio != 0.0 else None)(h_fc1)
    h_dropout = layers.Dropout(0.5)(h_fc2)
    _y = layers.Dense(10, activation='softmax')(h_dropout)
    return _y
```

PyTorch版本的代码如下:

```
//chapter1/regularization_pytorch.py

import torch.nn as nn

regularizer_ratio = 0.1

#l1正则化
class FCNN(nn.Module):
    def __init__(self):
        super(FCNN, self).__init__()
        self.fc1 = nn.Linear(784, 200)
        self.fc2 = nn.Linear(200, 200)
        self.dropout = nn.Dropout(0.5)
        self.fc3 = nn.Linear(200, 10)
        self.relu = nn.ReLU()
        self.softmax = nn.Softmax()
        if regularizer_ratio != 0.0:
            self.l1_regularizer = nn.L1Loss(reduction='sum')

    def forward(self, x):
        h_fc1 = self.fc1(x)
        if hasattr(self, 'l1_regularizer'):
            regularization_loss = regularizer_ratio * self.l1_regularizer
(h_fc1)
            loss = self.relu(h_fc1) + regularization_loss
```

```
        else:
            loss = self.relu(h_fc1)
        h_fc2 = self.fc2(loss)
        h_dropout = self.dropout(h_fc2)
        _y = self.softmax(self.fc3(h_dropout), dim=1)
        return _y

#12 正则化
class FCNN(nn.Module):
    def __init__(self):
        super(FCNN, self).__init__()
        self.fc1 = nn.Linear(784, 200)
        self.fc2 = nn.Linear(200, 200)
        self.dropout = nn.dropout(0.5)
        self.fc3 = nn.Linear(200, 10)
        self.relu = nn.ReLU()
        self.softmax = nn.Softmax()
        if regularizer_ratio != 0.0:
            self.l2_regularizer = nn.MSELoss(reduction='sum')

    def forward(self, x):
        h_fc1 = self.fc1(x)
        if hasattr(self, 'l2_regularizer'):
            regularization_loss = regularizer_ratio * self.l2_regularizer(h_fc1)
            loss = self.relu(h_fc1) + regularization_loss
        else:
            loss = self.relu(h_fc1)
        h_fc2 = self.fc2(loss)
        h_dropout = self.Dropout(h_fc2)
        _y = self.softmax(self.fc3(h_dropout), dim=1)
        return _y
```

1.4.3 一些训练技巧

深度学习领域的研究还在如火如荼的进展过程中，这里跟大家分享一些模型训练的技巧。

首先，在训练之前，一定要检查数据。在实际的研究中，数据出问题的概率是非常大的，不夸张地说，在实践中，80%～90%的问题来源于数据的错误。建议大家在训练前运行数据处理代码，抽取一些数据，看人脑能不能进行预测，磨刀不误砍柴工。

其次，在训练过程中，很可能会遇到一些棘手的情况。第 1 种情况是训练误差比较大。这意味着模型没学好，可以更换更大的模型或者训练更长的时间。与此同时，需要看学习速率是否过高，导致模型在收敛过程发生了震荡。第 2 种情况是测试误差大，可以使用更多的数据对模型进行训练，或者应用正则化方法。模型结构也决定了其推广能力，浅且宽的模型记忆能力很强，如果测试数据的分布与训练数据有偏差，则模型在测试数据上就有可能会跑偏。

一言以蔽之,一般地,当数据量充足时,大模型加正则化优于小模型。

1.5 模型评价

1.5.1 评价指标的重要性

前文讲解了如何建立一个好的模型,但是到目前为止,并没有定义什么叫作好模型。为了完成这一目标,就需要定义模型的评价指标,对模型进行全方位评估。

在介绍评价指标之前,先来看好的评价指标对于事物评价的意义。图 1-32 展示的是 2003 年、2013 年及 2035 年(预测值)世界范围内不同人群的年收入分布曲线,它们有一个典型的特点,即高收入的人群非常少,大部分人的收入集中在较低的区间。如果以平均值作为统计学指标,则可以看到 2013 年是 5375 美元,这个值明显被富人拉高了。平均值往往具有欺骗性,而以中位数作为统计学指标,2013 年则是 2010 美元,更符合人们的直觉,因此,在这个场景中,我们认为中位数是比平均值更好的评价指标。

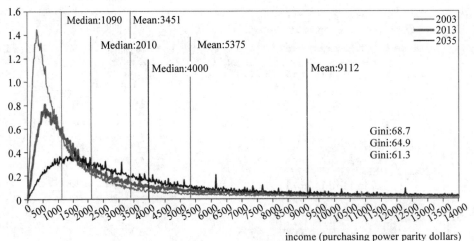

图 1-32 年收入分布曲线[8]

1.5.2 混淆矩阵

这里从二分类的情况出发,讲解混淆矩阵(Confusion Matrix)的定义。在图 1-33 中给出的混淆矩阵,左侧是模型的预测,上侧代表真实标签,阳性和阴性分别用 1 和 0 表示。这个矩阵被分成了 4 部分,分别对应真阳性(True Positive,TP)、假阳性(False Positive,FP)、假阴性(False Negative,FN)、真阴性(True Negative,TN)。上述 4 个值加起来等于总测试样本数,对角线的元素 TP 与 TN 代表预测正确的条数。

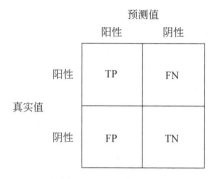

图 1-33 混淆矩阵

混淆矩阵的定义容易让人混淆。以真阳性为例,"真"代表模型预测正确,"阳"表示模型预测为阳性,从中可以推理出真实标签为阳性。对于假阳性与假阴性的数据,在推理过程中,一定要注意,这里的"阳"与"阴"代表的是模型的预测结果,数据的真实标签与模型预测相反。

举一个简单的例子,假设人们训练了一套肺癌的预测系统,阳性与阴性表示是否罹患肺癌。在这个例子中,TP 与 TN 分别表示肺癌与健康人群被模型正确地预测。FP 表示健康人群被预测成了癌,被称为过诊断。后果最严重的是 FN,有癌的患者被模型漏掉了,这种情形叫作漏诊,所以这 4 个格子均有明确的物理含义,对于模型评价的效果至关重要。在实践中,可以根据问题的特性赋予它们不同的权重。

明晰了混淆矩阵的定义,多分类的混淆矩阵的构造就比较容易了。与二分类的情形类似,矩阵的对角元表示预测正确的样本数,数字偏离对角元越远,代表预测越离谱。图 1-34 给出了一个前列腺癌格利森评分(Gleason Scoring,GS)的例子,左侧是深度学习模型的预测结果,右侧是主治医师的打分结果。在多分类混淆矩阵中,横轴代表模型预测/人工打分,

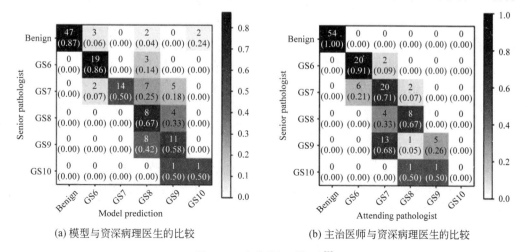

(a) 模型与资深病理医生的比较　　　　(b) 主治医师与资深病理医生的比较

图 1-34 多分类混淆矩阵[9]

纵轴代表金标准（资深医师的打分）。可以看到，模型相比于主治医师，在 GS 较高的样本有更好的预测准确率。为了便于读者解读，多分类的混淆矩阵通常会根据数字的比例填上不同的颜色，当大家看到矩阵中深色的值基本位于对角元时，说明模型的效果是不错的。

1.5.3 典型评价指标

基于二分类的混淆矩阵，可以定义很多性能评价指标，包括准确率（Accuracy）、敏感度/召回率（Sensitivity/Recall）、特异性（Specificity）、精确度（Precision）、F_1 分数等。

准确率不区分样本的阴阳性，等于混淆矩阵的对角元之和与总样本数 N 的比值，即

$$\text{Accuracy} = \frac{TP + TN}{N}$$

一般地，在医学领域，大家习惯用敏感度与特异性来刻画模型效果，分别代表阴性与阴性样本有多大比例被正确预测，即

$$\text{Sensitivity} = \frac{TP}{TP + FN}$$

$$\text{Specificity} = \frac{TN}{FP + TN}$$

在计算机领域，召回率与精确度常被使用，召回率的定义与敏感度相同，精确度的定义是预测为阳性的样本有多大比例是真正的阳性，即

$$\text{Precision} = \frac{TP}{TP + FP}$$

通过召回率与精确度，可以构造出 F_1 分数，即

$$F_1 = \frac{2 \times \text{Recall} \times \text{Precision}}{\text{Recall} + \text{Precision}} \tag{1-15}$$

F_1 分数能够将召回率与精确度两个指标合成一个，便于比较两个模型的效果。

除了混淆矩阵之外，还有两种全面展现模型效果的方式，就是受试者特性（Receiver Operating Characteristic，ROC）曲线与查准率查全率（Precision Recall，PR）曲线。在二分类的情形下，模型输出的是预测为阳性的概率，所有的混淆矩阵是选定阈值后获得的。如果将阈值从 0 到 1 变化，则能够画出无数个混淆矩阵，对应不同的敏感度（召回率）、特异性与精确度组合。如果以 1-特异性作为横坐标，以敏感度作为纵坐标，就得到了 ROC 曲线，如图 1-35 所示。同理，以召回率作为横坐标，以精确度作为纵坐标，就获得了 PR 曲线。两种曲线上的每个点都对应一组混淆矩阵。

ROC 曲线下的面积（Area Under the Curve，AUC）是重要的模型性能指标，其范围是 0.5~1。一个理想的模型，所对应的 ROC 曲线组成正方形的两条边，其 AUC 为 1。反之，一个随机预测的模型，AUC 为 0.5。

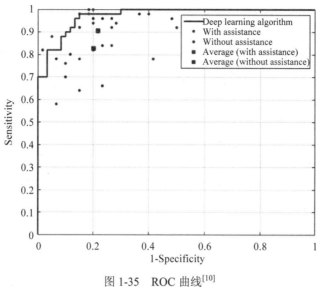

图 1-35　ROC 曲线[10]

1.6　深度学习能力的边界

在本章的最后，一起来了解目前深度学习达到了什么水平，有哪些能力极限，还有哪些未知的领域需要攻克。

1.6.1　深度学习各领域的发展阶段

小结一下深度学习在各个领域的发展水平。首先是图像识别，基于 ImageNet 等海量数据集，深度学习的图像识别能力已经跟人类持平。除了图像识别之外，另外一个重要领域就是语音识别，深度学习也能够跟人类持平。计算机围棋是深度学习少数几个能够超越人类水平的领域，以 AlphaGo 为代表的计算机围棋程序已经开始教授人类下棋的技巧。在机器翻译领域，深度学习正在高速地发展，目前尚未达到资深水平，但在接下来的两到三年内，定会有突飞猛进的发展。在自动驾驶领域，目前仍在技术攻关的过程中，可以期待四到五年后，无人驾驶会步入大众日常的生活。有一些领域，截至 2023 年，深度学习技术仍在发展中，例如多轮的自然语言问答，由 ChatGPT 等新技术主导的突破性进展正在颠覆人类的认知。

1.6.2　不适用现有深度学习技术的任务

现有的深度学习，在以下几个问题中，尚无法发挥自己的实力。第 1 种场景是当数据量非常小时，目前的深度学习技术需要大量的训练数据，巧妇难为无米之炊。第 2 种情形是逻辑推理问题，这种问题特别适合用符号系统解决，例如专家系统。第 3 种情况是问题的思考深度太大。很多科学家给过一个著名的判据，人类思考时间大于一秒的任务，要慎用深度学习技术。随着 ChatGPT 等新技术的不断发展与融合，相信深度学习技术很快就能解决其中的某些问题。

1.6.3 深度学习的未来

即使面临诸多挑战，深度学习正在高速发展的进程中，这里笔者跟大家分享 3 个深度学习的未来发展领域。

第 1 个领域叫作深度强化学习，致力于构造自我进化的机器，它能够进行自我学习，从而自己产生数据和标签，达到自动迭代的目标。第 2 个领域是左脑和右脑的结合，目前来看深度学习更像是右脑的思维模式，学习了大量的数据后，深度学习拥有强大的感性直觉，但是总体缺乏逻辑推理能力。通过左脑（符号系统）和右脑（深度学习）的结合，有望在一定程度上弥补深度学习的这一缺陷。第 3 个领域是少样本学习，探索如何走出深度学习"大"数据的魔咒。

深度强化学习在计算机游戏中拥有重要的地位，作为这一领域的最典型案例，在 2016 年，AlphaGo 在《自然》（*Nature*）杂志以封面文章的方式发表[11]。AlphaGo 基于人类的已知棋谱，初始化策略与价值网络，随后通过自我对弈，对价值网络进行调优。在两个网络的学习过程中，深度学习模型不仅输入了棋盘状态，而且融入了很多人类棋手的经验（例如"气（Liberty）"），来帮助模型进行学习。一年后发表的 AlphaGo Zero[12]，没有学习任何人类棋局，通过自我对弈来从零开始。同时，在模型的输入中去掉了这些棋手经验，仅输入历史棋局信息，让深度学习模型自己进行经验总结。AlphaGo 打败了职业九段选手李世石，而 AlphaGo Zero 又甩了 AlphaGo 几个数量级。

之所以在游戏中容易应用深度强化学习，是因为游戏的反馈是较为及时且可控的，而在实际生活中所遇到的问题，很可能需要较长的周期才能获得反馈。与此同时，由于影响因素过于繁杂，很难厘清行为与结果之间的关联。尽管如此，在可控的环境下，深度强化学习依然是强有力的工具。

AlphaGo 的有效性不仅取决于扮演右脑角色的深度学习模型，而且要感谢充当左脑角色的蒙特卡洛树搜索。左脑和右脑不是一个生理学的概念，现在已经证明人类大脑并不可简单地分成左脑和右脑两部分，它们是一种抽象假设。人类的大脑有两种截然不同的思维模式，一种是右脑模型，擅长感性与直觉分析，另一种是左脑模式，擅长逻辑运算与推理。

诺贝尔奖经济学奖获得者丹尼尔·卡尼曼有一本畅销书，叫作《思考——快与慢》[13]，里面便提到了快脑与慢脑的概念。快脑意味着目前的反应，而慢脑是经过严谨的逻辑思考之后，所计划采取的措施。大家可以发现，这里的快脑与右脑对应，而慢脑与左脑对应。

通过 AlphaGo 和 AlphaGo Zero 的案例，大家能够看到，把左脑和右脑结合在一起，可以发挥出极大的潜能。之前人们普遍认为，深度学习更接近人类的右脑，缺乏左脑的逻辑推理能力。当学习了大量的数据后，看到一个新的样本，深度学习模型会下意识地知道它是什么。ChatGPT 通过自监督学习，基于在互联网获得的海量语料，能够自动构建生成式训练任务，实现了千亿级模型的优化。通过大量任务的测试，研究人员发现其既拥有右脑的快速反应能力，又具备一定的逻辑推理能力。看来左脑与右脑的交响乐，还会持续很长时间。

人类天生拥有少样本学习的能力，例如当小朋友看到一张滑板车的照片后，就能够推理出自行车与小汽车跟它是同类事物。在《科学》（*Science*）杂志发表的一篇文章《通过概率程序归纳的人类水平概念学习》（*Human-level concept learning through probabilistic program induction*）[14]中，来自纽约大学、多伦多大学与麻省理工学院的研究人员提出了一种基于符号系统的文字书写系统，能够学习一种罕见的文字，并自动输出类似的图案。令人惊讶的是，模型输出的文字通过了图灵测试，也就是说，语言学家没有办法区分真实的文字和模型产生的图案。少样本学习是一个非常值得探索的领域，或许与左脑与右脑的问题相似，需要深度学习与符号系统的紧密融合；又或许可以构建一个聪明的底层大模型，基于此来建模极少量的训练数据。

本章习题

1. 将应用在 MNIST 的分类问题看作拟合问题（将预测目标设置为 0~9 的连续数值），用全连接神经网络实现，尝试编写代码。请问哪些关键代码需要改变，模型效果如何评估？
2. 在 TensorBoard 中实现 MNIST 分类模型训练的监控，每隔若干次迭代，在 TensorBoard 中输出原始图像、真实标签与预测结果。
3. 基于 MNIST 的分类预测结果，画出模型的混淆矩阵。

第 2 章 卷积神经网络——图像分类与目标检测

2.1 卷积的基本概念

全连接神经网络是经典的深度学习模型架构，由于相邻层的人工神经元均存在信息传递，其参数数目非常庞大，导致参数的使用效率较低。当训练数据不足时，模型的学习效果较为差强人意。在后续的研究中，人们提出来两种新的架构，即卷积神经网络（Convolutional Neural Network，CNN）和循环神经网络（Recurrent Neural Network，RNN）。卷积神经网络适合处理在空间上存在一定关系的数据，而循环神经网络擅长建模时间序列数据。卷积神经网络和循环神经网络分别在空间和时间维度上进行参数共享，更加适配输入数据的特点，获得更好的建模效果。

2.1.1 卷积的定义

卷积（Convolution）是信号处理中的重要工具，它是一种信号叠加的方式，根据激励信号或者特征模板，对于原始信号进行相应处理，这个过程像是从原始信号中提取一些特征。如果我们有很多特征模板，则能够从原始信号中提取出不同方面的特征，所以卷积可以理解为根据激励信号对原始信号进行特征提取（或者叫滤波）的运算。

图像数据是离散信号，通常使用矩阵来表示，其信号只在每个像素的位置出现。离散信号卷积的计算比较简单，直接做乘法和加法就可以了，如图 2-1 所示。人们把图像的滤波器

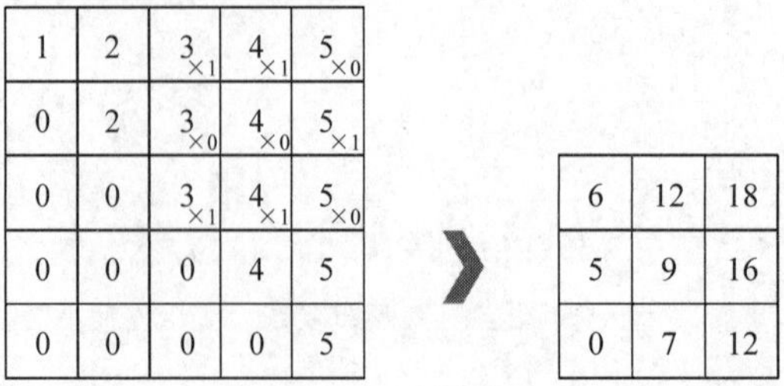

图 2-1 图像的卷积

称为卷积核（Kernel），通过不同的滤波器对输入图像进行运算，便可以得到不同层面的特征。在传统的图像处理中，这些卷积核都是人定义好的，而在卷积神经网络中，机器能够自动化地学习出最佳卷积核的组合，即卷积层。一系列的卷积层就组成了卷积神经网络。与全连接神经网络相似，卷积神经网络通过对原始图像进行逐层特征提取，获得最终的预测结果。

2.1.2 卷积的本质

这里给一个具体的例子，展示卷积核所做的事情。图 2-2 左侧是原始图像，右侧是作用了一种卷积核之后的结果，这个卷积核能够把图像的边缘高亮出来。在传统机器学习中，往往是基于过往的经验，人工构造不同的卷积核，对图像进行多方面的特征提取，然后使用传统机器学习模型对其进行学习，而通过卷积神经网络，机器可以自动学习出来对特定问题有效的卷积核组合，因此，卷积神经网络是一个很聪明的逐层特征提取工具，可以帮助人们实现想要的目标。

$$\begin{pmatrix} -1 & -1 & -1 \\ -1 & 8 & -1 \\ -1 & -1 & -1 \end{pmatrix}$$

图 2-2　卷积的物理含义

这样做的另外一个好处就是真正实现了端到端（End-to-End）的深度学习。直接将原始图像作为模型的输入，将预测目标作为其输出，便能对它的参数进行整体优化，避免了人工特征提取所带来的信息损失。

2.1.3 卷积的重要参数

在前面的讲解中，大家了解了卷积的本质，接下来介绍卷积中需要用到的关键参数。卷积核作用在图像的局部区域上，每作用一轮，将会向右或者向下平移若干像素，进而遍历整张图像。这里将平移的像素数定义为步长（Stride），如图 2-3 所示，上图所给出的例子中步长为 1，而下图的例子中步长为 2。以此类推，当步长为 s 时，每轮作用会跳 s 像素。

可以注意到一个有意思的现象，无论步长设置为多少，输出的图像一般比输入图像小。例如一个 5×5 的图像，用了一个 3×3 的卷积核作用，当步长等于 1 时，输出图像就变成了

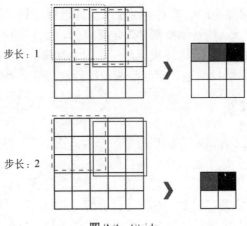

图 2-3　Stride

3×3；若步长等于 2，则输出图像仅为 2×2。为了解决在卷积核的作用过程中，图像尺寸不断变小的问题，人们提出填充（Padding）方法，能够有效地控制输出图像的尺寸，如图 2-4 所示。所谓填充，就是在输入图像的边缘补零，从而实现对输出图像尺寸的控制。例如在刚才的例子中，如果在 5×5 的输入图像周围补一圈零，经过 3×3 卷积核的作用后（此处步长依然为 1），则输出图像的尺寸恰好与输入图像一致。在实践中，一般使用两种填充方式，一种叫作等尺寸（Same）填充，即保持输入与输出的对应关系。这里的对应关系并不意味着相等，因为 Stride 不一定等于 1，所以输出图像的尺寸定义为

$$x_{\text{output}} = \left\lceil \frac{x_{\text{input}}}{s} \right\rceil \quad (2\text{-}1)$$

其中 $\lceil \cdot \rceil$ 代表上取整。另一种 Padding 方式叫作有效（Valid）填充，定义为

$$x_{\text{output}} = \left\lceil \frac{x_{\text{input}-k+1}}{s} \right\rceil \quad (2\text{-}2)$$

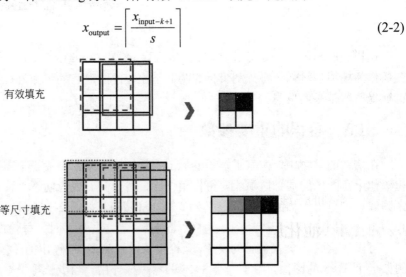

图 2-4　有效填充和等尺寸填充

其中 k 表示卷积核的尺寸，能够看到，这里采用了"无为"的机制，把卷积后的输出图像尺寸原原本本地呈现出来。

在填充的过程中，根据输入图像尺寸的不同，一般将零像素添加到图像的右下方或者四周，如图 2-5 所示。

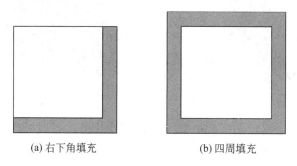

图 2-5　填充的位置

在代码实现中，一般先将输入图像做 Padding，然后送入卷积运算中，得到输出图像，如图 2-6 所示。

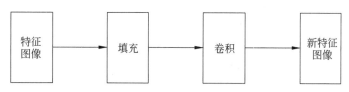

图 2-6　填充与卷积的前后关系

卷积核提取的是输入图像在某种层面的特征，将多个卷积核集合在一起，便构造出了卷积层。一般地，要求同一个卷积层中的卷积核尺寸、步长和填充方式相同，唯一的不同点在其参数上，它们决定了卷积核所提取的特征。类似于全连接神经网络，由多个卷积层进行组合，便形成了卷积神经网络。

卷积层的卷积核个数决定了输出图像的通道（Channel）数。假设某一层的卷积核大小为 $k \times k$，个数为 N，输入图像通道为 C，则该卷积层的参数个数为

$$k^2 \times C \times N \tag{2-3}$$

通过参数计算公式，可以知道，每个卷积核对不同的输入通道对应不同的参数，如图 2-7 所示。例如，对于彩色的输入图像，由红、绿、蓝（Red Green Blue，RGB）3 种颜色通道组成，卷积核对不同的颜色通道使用了 3 组不同的参数，因此卷积核并不是二维矩阵，而应当看作一系列的三维立方体。

2.1.4　池化层

在卷积神经网络中，除了卷积层外，配合卷积层的其他操作也非常重要，例如池化（Pooling）层，它能够同时起到信息整合和缩小特征图像尺寸两方面的作用。

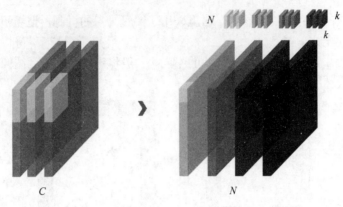

图 2-7　卷积层参数的计算

常用的池化有两种,包括最大池化(Max Pooling)和平均池化(Average Pooling),如图 2-8 所示。池化层可以把邻域内的图像特征再一次进行组合,有噪声过滤的效果,对图像中较小的平移和伸缩噪声具有一定的抗干扰能力,但是需要注意的是,池化无法抵抗图像的旋转和翻转噪声。

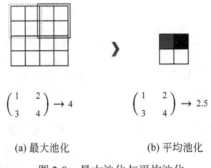

(a) 最大池化　　　　　(b) 平均池化

图 2-8　最大池化与平均池化

在人们常用的卷积神经网络结构中,网络后半部分的卷积核个数动辄会达到几百甚至几千个。如果一直保持原有的图像大小,则特征图像的存储空间占用将会非常大,导致无法容纳在 GPU 的显存中。为了解决这个问题,在卷积神经网络的构建过程中一般需要不断缩小特征图像的尺寸。池化层便是一个很好的手段,以实践中最常用的 2×2 下采样为例,它会将输出图像的尺寸变为输入图像的一半,对应近似原来 1/4 的存储空间。当然,除了池化层可以完成这样的任务外,还可以直接使用步长为 2 的卷积层。

2.2　卷积神经网络

卷积神经网络有 3 个非常重要的应用领域,包括图像分类(Image Classification)、目标检测(Object Detection)与语义分割(Semantic Segmentation),接下来将介绍图像分类的基础理论和经典模型。

2.2.1 典型的卷积神经网络

图像分类的网络可以简单地看作两部分,前一部分通过卷积层与池化层对图像进行特征提取,而后一部分通过全连接层通过提取后的特征进行相应预测。

看一个简单的卷积神经网络结构,实现的是手写体数字的预测。图2-9左侧是输入图像,通过两组卷积和池化运算之后,对特征进行展平(Flatten),随后输入若干全连接层中,获得预测结果。所谓展平,即把所有的特征图像按照顺序拉成一条很长的向量。

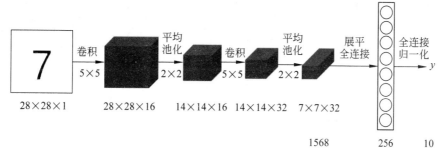

图2-9 典型的卷积神经网络

模型的结构如下:
(1)输入图像大小为28×28×1且通道数为1的灰阶图像。
(2)卷积层(5×5×16),Stride为1,Padding为Same,激活函数为ReLU。
(3)Average Pooling(2×2)。
(4)卷积层(5×5×32),Stride为1,Padding为Same,激活函数为ReLU。
(5)Average Pooling(2×2)。
(6)展平操作,将7×7×32的特征图像展开成1568维的向量。
(7)全连接层,输入为1568维,输出为256维。
(8)全连接层,输入为256维,输出为10维。
(9)逻辑回归(Softmax)层,对输出进行归一化,获得10种预测类型(0~9)的概率输出。

经过简单计算可以发现,上述网络的参数大部分(>90%)集中在后面的全连接层(特别是第1个全连接层)。如何更加有效地对参数进行利用,是后面将会讨论的内容。

通过 Keras 实现典型的卷积神经网络结构,代码如下:

```
//chapter2/typical_keras.py

from keras import layers, models

def cnn(image_batch):
    #将输入变形成28×28的图像,由于是灰阶图像,所以通道数为1
    x_image = layers.Reshape((28, 28, 1))(image_batch)
```

```
    h_conv1 = layers.Conv2D(filters=16, kernel_size=5, padding='same',
activation='relu')(x_image)
    h_pool1 = layers.AveragePooling2D(pool_size=(2, 2))(h_conv1)
    h_conv2 = layers.Conv2D(filters=32, kernel_size=5, padding='same',
activation='relu')(h_pool1)
    h_pool2 = layers.AveragePooling2D(pool_size=(2, 2))(h_conv2)
    #为了将特征图像输入全连接层，需要将其展平
    h_pool2_flat = layers.Flatten()(h_pool2)
    h_fc1 = layers.Dense(256, activation='relu')(h_pool2_flat)
    #得到0~9共10个数字的预测概率，注意此处激活函数为Softmax，以实现归一化
    _y = layers.Dense(10, activation='softmax')(h_fc1)
    return _y

x = layers.Input(shape=(784,))
y_ = layers.Input(shape=(10,))
y = cnn(x)
model = models.Model(x, y)
print(model.summary())
```

程序的输出如下：

```
Model: "model"
_____
Layer (type)                    Output Shape             Param #
=================================================================
input_1 (InputLayer)            [(None, 784)]            0

reshape (Reshape)               (None, 28, 28, 1)        0

conv2d (Conv2D)                 (None, 28, 28, 16)       416

average_pooling2d (AveragePooling2D)  (None, 14, 14, 16)  0

conv2d_1 (Conv2D)               (None, 14, 14, 32)       12832

average_pooling2d_1(AveragePooling2D) (None, 7, 7, 32)    0

flatten (Flatten)               (None, 1568)             0

dense (Dense)                   (None, 256)              401664

dense_1 (Dense)                 (None, 10)               2570
=================================================================
Total params: 417,482
Trainable params: 417,482
Non-trainable params: 0
```

```
None
```

其 PyTorch 版本的代码如下：

```
//chapter2/typical_pytorch.py

import torch.nn as nn
import torch.nn.functional as F

class CNN(nn.Module):
    def __init__(self):
        super(CNN, self).__init__()
        self.conv1 = nn.Conv2d(in_channels=1, out_channels=16, kernel_size=5, padding=2)
        self.pool1 = nn.AvgPool2d(kernel_size=2)
        self.conv2 = nn.Conv2d(in_channels=16, out_channels=32, kernel_size=5, padding=2)
        self.pool2 = nn.AvgPool2d(kernel_size=2)
        self.fc1 = nn.Linear(32 * 7 * 7, 256)
        self.fc2 = nn.Linear(256, 10)
        self.softmax = nn.Softmax(dim=1)

    def forward(self, x):
        x = x.view(-1, 1, 28, 28)
        x = F.relu(self.conv1(x))
        x = self.pool1(x)
        x = F.relu(self.conv2(x))
        x = self.pool2(x)
        x = x.view(-1, 32 * 7 * 7)
        x = F.relu(self.fc1(x))
        y = self.softmax(self.fc2(x))
        return y

model = CNN()
print(model)
```

程序的输出如下：

```
CNN(
  (conv1): Conv2d(1, 16, kernel_size=(5, 5), stride=(1, 1), padding=(2, 2))
  (pool1): AvgPool2d(kernel_size=2, stride=2, padding=0)
  (conv2): Conv2d(16, 32, kernel_size=(5, 5), stride=(1, 1), padding=(2, 2))
  (pool2): AvgPool2d(kernel_size=2, stride=2, padding=0)
  (fc1): Linear(in_features=1568, out_features=256, bias=True)
  (fc2): Linear(in_features=256, out_features=10, bias=True)
  (softmax): softmax(dim=1)
)
```

能够看到，模型有超过 90%的参数集中在最后的全连接层，这是由于特征图像展平后是一条很长的向量，进而使后一层的全连接拥有大量的参数。在实践中，这并不是人们希望看到的，大家希望大部分参数能够集中在前面的卷积层，这个问题在 ResNet 中会获得一个妥善的解决方案。

接下来沿着历史的足迹，对 LeNet、AlexNet、VGGNet 及 ResNet 进行介绍。

2.2.2 LeNet

LeNet 的工作发表于 1998 年，论文题目是《基于梯度的学习在文档识别中的应用》（*Gradient-based learning applied to document recognition*）[15]，为早期的卷积神经网络研究工作，如图 2-10 所示。它的基本结构与前面看到的简单卷积神经网络是非常相似的，区别在于输入图像的尺寸及各层的构建细节。

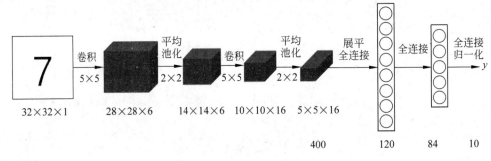

图 2-10　LeNet

LeNet 模型的结构如下：

（1）输入图像大小为 32×32×1 的灰阶图像。
（2）卷积层（5×5×6），Stride 为 1，Padding 为 Valid，激活函数为 sigmoid。
（3）Average Pooling（2×2）。
（4）卷积层（5×5×16），Stride 为 1，Padding 为 Valid，激活函数为 sigmoid。
（5）Average Pooling（2×2）。
（6）展平操作，将 5×5×16 的特征图像展开成 400 维的向量。
（7）全连接层，输出为 120 维。
（8）全连接层，输出为 84 维。
（9）全连接层，输出为 10 维。
（10）逻辑回归层，对输出进行归一化，获得 10 种预测类型（0～9）的概率输出。

虽然 LeNet 结构相对简单，但是依然能够在手写体数字识别方面取得不错的效果，当年就被应用在邮政编码的自动识别中。

通过 Keras 实现 LeNet 网络结构，代码如下：

```
//chapter2/lenet_keras.py
```

```python
from keras import layers, models

def lenet(image_batch):
    #LeNet 的输入图像为 32×32
    x_image = layers.Reshape((32, 32, 1))(image_batch)
    #与典型卷积神经网络不同，LeNet 中卷积层的 Padding 为 Valid，激活函数为 sigmoid
    h_conv1 = layers.Conv2D(filters=6, kernel_size=5, padding='valid', activation='sigmoid')(x_image)
    #这里使用平均池化
    h_pool1 = layers.AveragePooling2D(pool_size=2, padding='same')(h_conv1)
    h_conv2 = layers.Conv2D(filters=16, kernel_size=5, padding='valid', activation='sigmoid')(h_pool1)
    h_pool2 = layers.AveragePooling2D(pool_size=2, padding='same')(h_conv2)
    h_pool2_flat = layers.Flatten()(h_pool2)
    h_fc1 = layers.Dense(120, activation='sigmoid')(h_pool2_flat)
    h_fc2 = layers.Dense(84, activation='sigmoid')(h_fc1)
    _y = layers.Dense(10, activation='softmax')(h_fc2)
    return _y

x = layers.Input(shape=(1024,))
y_ = layers.Input(shape=(10,))
y = lenet(x)
model = models.Model(x, y)
print(model.summary())
```

程序的输出如下：

```
Layer (type)                    Output Shape            Param #
=================================================================
input_5 (InputLayer)            [(None, 1024)]          0

reshape_2 (Reshape)             (None, 32, 32, 1)       0

conv2d_4 (Conv2D)               (None, 28, 28, 6)       156

average_pooling2d_4(AveragePooling2D)  (None, 14, 14, 6)   0

conv2d_5 (Conv2D)               (None, 10, 10, 16)      2416

average_pooling2d_5(AveragePooling2D)  (None, 5, 5, 16)    0

flatten_2 (Flatten)             (None, 400)             0

dense_6 (Dense)                 (None, 120)             48120

dense_7 (Dense)                 (None, 84)              10164
```

```
    dense_8 (Dense)                    (None, 10)              850
=================================================================
Total params: 61,706
Trainable params: 61,706
Non-trainable params: 0
_____
None
```

其 PyTorch 版本的代码如下:

```
//chapter2/lenet_pytorch.py

import torch.nn as nn
import torch.nn.functional as F

class LeNet(nn.Module):
    def __init__(self, num_classes=10):
        super(LeNet, self).__init__()
        self.conv1 = nn.Conv2d(1, 6, kernel_size=5)
        self.conv2 = nn.Conv2d(6, 16, kernel_size=5)
        self.fc1 = nn.Linear(400, 120)
        self.fc2 = nn.Linear(120, 84)
        self.fc3 = nn.Linear(84, num_classes)
        self.softmax = nn.Softmax(dim=1)

    def forward(self, x):
        x = F.relu(self.conv1(x))
        x = F.max_pool2d(x, 2)
        x = F.relu(self.conv2(x))
        x = F.max_pool2d(x, 2)
        x = x.view(x.size(0), -1)
        x = F.relu(self.fc1(x))
        x = F.relu(self.fc2(x))
        y = self.softmax(self.fc3(x))
        return y
```

程序的输出如下:

```
LeNet(
  (conv1): Conv2d(1, 6, kernel_size=(5, 5), stride=(1, 1))
  (conv2): Conv2d(6, 16, kernel_size=(5, 5), stride=(1, 1))
  (fc1): Linear(in_features=400, out_features=120, bias=True)
  (fc2): Linear(in_features=120, out_features=84, bias=True)
  (fc3): Linear(in_features=84, out_features=10, bias=True)
  (softmax): softmax(dim=1)
)
```

2.2.3 AlexNet

时间一晃到了 21 世纪，ImageNet 数据集的出现，为更深的卷积神经网络的建立提供了数据基础。2012 年发表的 AlexNet 首次展现了卷积神经网络在大数据上的威力，论文题目是《使用深度卷积神经网络进行 ImageNet 分类》(*ImageNet classification with deep convolutional neural networks*)[6]，让全世界的研究人员为之振奋。

与前面讲到的两种网络结构不同，AlexNet 的输入图像为彩色的，包含 RGB 3 个通道。在当年，GPU 的显存有限，AlexNet 已经算是巨大的网络结构了，研究人员把模型的参数拆成了两份，放到了两个 GPU 上，在某些节点上进行参数同步，这种分布式模型训练的方式叫作"模型并行"。AlexNet 的输入为 227×227×3 的彩色图像，经过若干卷积层和全连接层等的作用，得到了 1000 种预测类型的概率输出，如图 2-11 所示。

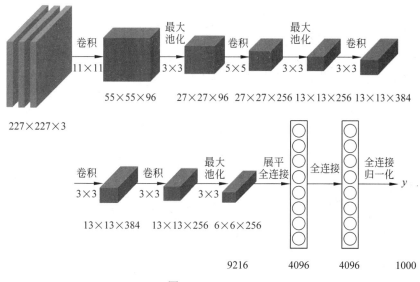

图 2-11　AlexNet

AlexNet 模型的结构如下：

（1）输入图像大小为 227×227×3 的彩色图像。
（2）卷积层（11×11×96），Stride 为 4，Padding 为 Valid，激活函数为 ReLU。
（3）Max Pooling（3×3），Stride 为 2。
（4）卷积层（5×5×256），Stride 为 1，Padding 为 Same，激活函数为 ReLU。
（5）Max Pooling（3×3），Stride 为 2。
（6）卷积层（3×3×384），Stride 为 1，Padding 为 Same，激活函数为 ReLU。
（7）卷积层（3×3×384），Stride 为 1，Padding 为 Same，激活函数为 ReLU。
（8）卷积层（3×3×256），Stride 为 1，Padding 为 Same，激活函数为 ReLU。

（9）Max Pooling（3×3），Stride 为 2。

（10）展平操作，将 6×6×256 的特征图像展开成 9216 维的向量。

（11）全连接层，输出为 4096 维。

（12）全连接层，输出为 4096 维。

（13）全连接层，输出为 1000 维。

（14）逻辑回归层，对输出进行归一化，获得 1000 种预测类型的概率输出。

需要注意的是，这里移除了原始设计中的局部响应归一化（Local Response Norm，LRN）层。可以粗略地计算一下，第 1 个全连接层，9216×4096 的参数量是个很大的数字；第 2 个全连接层，4096×4096 的参数量也是一个很大的数字，占据了大量的参数空间。在原始的论文中，正是因为模型参数过于庞大，作者才将其放到了两块 GPU 上进行训练。除了参数量的提高，ReLU 激活函数对于优化过程非常有益。作者在论文中通过数据描述了 ReLU 相比于 sigmoid/tanh 的优势（可参考图 1-24）。

通过 Keras 实现 AlexNet 网络结构，代码如下：

```
//chapter2/alexnet_keras.py

from keras import layers, models

def alexnet(image_batch):
    h_conv1 = layers.Conv2D(filters=96, kernel_size=11, strides=4, padding='valid', activation='relu', use_bias=True)(image_batch)
    h_pool1 = layers.MaxPooling2D(pool_size=3, strides=2)(h_conv1)
    h_conv2 = layers.Conv2D(filters=256, kernel_size=5,padding='same', activation='relu', use_bias=True)(h_pool1)
    h_pool2 = layers.MaxPooling2D(pool_size=3, strides=2)(h_conv2)
    h_conv3 = layers.Conv2D(filters=384, kernel_size=3,padding='same', activation='relu', use_bias=True)(h_pool2)
    h_conv4 = layers.Conv2D(filters=384, kernel_size=3,padding='same', activation='relu', use_bias=True)(h_conv3)
    h_conv5 = layers.Conv2D(filters=256, kernel_size=3,padding='same', activation='relu', use_bias=True)(h_conv4)
    h_pool3 = layers.MaxPooling2D(pool_size=3, strides=2)(h_conv5)
    h_pool3_flat = layers.Flatten()(h_pool3)
    h_fc1 = layers.Dense(4096, activation='relu')(h_pool3_flat)
    h_fc2 = layers.Dense(4096, activation='relu')(h_fc1)
    _y = layers.Dense(1000, activation='softmax')(h_fc2)
    return _y

x = layers.Input(shape=(227, 227, 3))
y_ = layers.Input(shape=(1000,))
y = alexnet(x)
model = models.Model(x, y)
print(model.summary())
```

程序的输出如下：

```
Layer (type)                     Output Shape              Param #
=================================================================
input_1 (InputLayer)             (None, 227, 227, 3)        0

conv2d_1 (Conv2D)                (None, 55, 55, 96)         34944

max_pooling2d_1 (MaxPooling2     (None, 27, 27, 96)         0

conv2d_2 (Conv2D)                (None, 27, 27, 256)        614656

max_pooling2d_2 (MaxPooling2     (None, 13, 13, 256)        0

conv2d_3 (Conv2D)                (None, 13, 13, 384)        885120

conv2d_4 (Conv2D)                (None, 13, 13, 384)        1327488

conv2d_5 (Conv2D)                (None, 13, 13, 256)        884992

max_pooling2d_3 (MaxPooling2     (None, 6, 6, 256)          0

flatten_1 (Flatten)              (None, 9216)               0

dense_1 (Dense)                  (None, 4096)               37752832

dense_2 (Dense)                  (None, 4096)               16781312

dense_3 (Dense)                  (None, 1000)               4097000
=================================================================
Total params: 62,378,344
Trainable params: 62,378,344
Non-trainable params: 0
_____
None
```

其 PyTorch 版本的代码如下：

```python
//chapter2/alexnet_pytorch.py

import torch.nn as nn
import torch.nn.functional as F

class AlexNet(nn.Module):
    def __init__(self):
        super(AlexNet, self).__init__()
        self.conv1 = nn.Conv2d(in_channels=3, out_channels=96, kernel_size=
```

```python
11, stride=4, padding=0)
        self.pool1 = nn.MaxPool2d(kernel_size=3, stride=2)
        self.conv2 = nn.Conv2d(in_channels=96, out_channels=256, kernel_size=5, stride=1, padding=2)
        self.pool2 = nn.MaxPool2d(kernel_size=3, stride=2)
        self.conv3 = nn.Conv2d(in_channels=256, out_channels=384, kernel_size=3, stride=1, padding=1)
        self.conv4 = nn.Conv2d(in_channels=384, out_channels=384, kernel_size=3, stride=1, padding=1)
        self.conv5 = nn.Conv2d(in_channels=384, out_channels=256, kernel_size=3, stride=1, padding=1)
        self.pool3 = nn.MaxPool2d(kernel_size=3, stride=2)
        self.fc1 = nn.Linear(in_features=9216, out_features=4096)
        self.fc2 = nn.Linear(in_features=4096, out_features=4096)
        self.fc3 = nn.Linear(in_features=4096, out_features=1000)
        self.softmax = nn.Softmax(dim=1)

    def forward(self, x):
        x = F.relu(self.conv1(x))
        x = self.pool1(x)
        x = F.relu(self.conv2(x))
        x = self.pool2(x)
        x = F.relu(self.conv3(x))
        x = F.relu(self.conv4(x))
        x = F.relu(self.conv5(x))
        x = self.pool3(x)
        x = x.view(-1, 9216)
        x = F.relu(self.fc1(x))
        x = F.relu(self.fc2(x))
        y = self.softmax(self.fc3(x))
        return y

model = AlexNet()
print(model)
```

程序的输出如下：

```
AlexNet(
    (conv1): Conv2d(3, 96, kernel_size=(11, 11), stride=(4, 4))
    (pool1): MaxPool2d(kernel_size=3, stride=2, padding=0, dilation=1, ceil_mode=False)
    (conv2): Conv2d(96, 256, kernel_size=(5, 5), stride=(1, 1), padding=(2, 2))
    (pool2): MaxPool2d(kernel_size=3, stride=2, padding=0, dilation=1, ceil_mode=False)
    (conv3): Conv2d(256, 384, kernel_size=(3, 3), stride=(1, 1), padding=(1, 1))
    (conv4): Conv2d(384, 384, kernel_size=(3, 3), stride=(1, 1), padding=(1, 1))
    (conv5): Conv2d(384, 256, kernel_size=(3, 3), stride=(1, 1), padding=(1, 1))
```

```
    (pool3): MaxPool2d(kernel_size=3, stride=2, padding=0, dilation=1,
ceil_mode=False)
    (fc1): Linear(in_features=9216, out_features=4096, bias=True)
    (fc2): Linear(in_features=4096, out_features=4096, bias=True)
    (fc3): Linear(in_features=4096, out_features=1000, bias=True)
    (softmax): softmax(dim=1)
)
```

2.2.4 VGGNet

接下来要介绍的网络，在很多应用中发挥了重要的作用，它叫作 VGGNet，论文题目是《用于大规模图像识别的极深卷积网络》（*Very deep convolutional networks for large-scale image recognition*）[16]。在这个网络中，融合了如今仍在大范围使用的诸多最佳实践（Best Practice）。VGGNet 最重要的经验就是用多个 3×3 的卷积层来代替拥有更大卷积核的卷积层，同时，统一所有卷积层的填充方式为 Same。后面可以看到，VGGNet 通过一些简单元素的堆叠，达到了优秀的预测效果。

VGGNet 有两种基本形态，分别是 VGG-16 和 VGG-19，其中后者比前者多了 3 个卷积层，如图 2-12 和图 2-13 所示。由于 VGGNet 卷积层的排布有一定的规律性，下面我们用块（Block）的形式，来介绍两种模型结构。

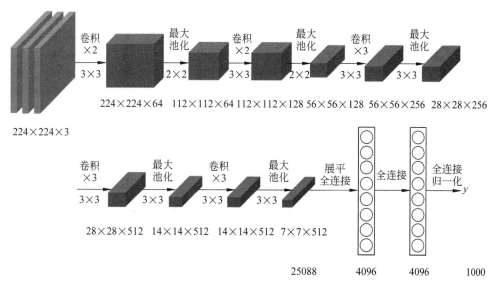

图 2-12　VGG-16

VGG-16 模型的结构如下：

（1）输入图像大小为 224×224×3 的彩色图像。

（2）块 1：①两组卷积层（3×3×64），Stride 为 1，Padding 为 Same，激活函数为 ReLU；②Max Pooling（3×3），Stride 为 2。

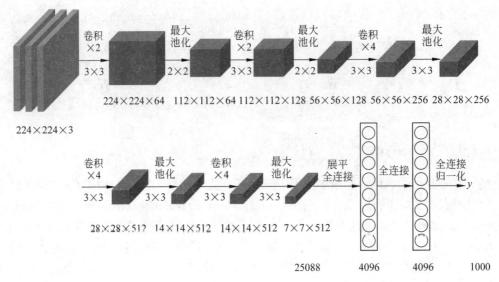

图 2-13 VGG-19

（3）块 2：①两组卷积层（3×3×128），Stride 为 1，Padding 为 Same，激活函数为 ReLU；②Max Pooling（3×3），Stride 为 2。

（4）块 3：①三组卷积层（3×3×256），Stride 为 1，Padding 为 Same，激活函数为 ReLU；②Max Pooling（3×3），Stride 为 2。

（5）块 4：①三组卷积层（3×3×512），Stride 为 1，Padding 为 Same，激活函数为 ReLU；②Max Pooling（3×3），Stride 为 2。

（6）块 5：①三组卷积层（3×3×512），Stride 为 1，Padding 为 Same，激活函数为 ReLU；②Max Pooling（3×3），Stride 为 2。

（7）展平操作，将 7×7×512 的特征图像展开成 25 088 维的向量。

（8）全连接层，输出为 4096 维。

（9）全连接层，输出为 4096 维。

（10）全连接层，输出为 1000 维。

（11）逻辑回归层，对输出进行归一化，获得 1000 种预测类型的概率输出。

VGG-19 的模型结构如下：

（1）输入图像大小为 224×224×3 的彩色图像。

（2）块 1：①两组卷积层（3×3×64），Stride 为 1，Padding 为 Same，激活函数为 ReLU；②Max Pooling（3×3），Stride 为 2。

（3）块 2：①两组卷积层（3×3×128），Stride 为 1，Padding 为 Same，激活函数为 ReLU；②Max Pooling（3×3），Stride 为 2。

（4）块 3：①四组卷积层（3×3×256），Stride 为 1，Padding 为 Same，激活函数为 ReLU；②Max Pooling（3×3），Stride 为 2。

（5）块4：①四组卷积层（3×3×512），Stride为1，Padding为Same，激活函数为ReLU；②Max Pooling（3×3），Stride为2。

（6）块5：①四组卷积层（3×3×512），Stride为1，Padding为Same，激活函数为ReLU；②Max Pooling（3×3），Stride为2。

（7）展平操作，将7×7×512的特征图像拉成25 088维的向量。

（8）全连接层，输出为4096维。

（9）全连接层，输出为4096维。

（10）全连接层，输出为1000维。

（11）逻辑回归层，对输出进行归一化，获得1000种预测类型的概率输出。

随着块数的增加，VGGNet的特征图像逐步缩小，卷积层映射回原始图像的感受野在不断增大。与此同时，卷积核的个数在不断增加，代表模型在更多的层面进行特征提取。

通过Keras实现VGG-16网络结构，代码如下：

```
//chapter2/vggnet_keras.py

from functools import partial
from keras import layers, models

#使用partial构造一个固定部分输入参数的简单卷积层，使用时只需传入卷积核个数
simple_conv2d = partial(layers.Conv2D,kernel_size=3,strides=1,padding=
'same',activation='ReLU')

#VGGNet共有5个块，每个块都比较相似，内部的卷积层均有相同的卷积核个数
def block(in_tensor, filters, n_conv):
    conv_block = in_tensor
    #通过for循环构建多个卷积层
    for _ in range(n_conv):
        conv_block = simple_conv2d(filters=filters)(conv_block)
    return layers.MaxPooling2D()(conv_block)

def vggnet(image_batch):
    #经过上述抽象，构造VGGNet时只需传入卷积核个数和卷积层的个数
    #这里是VGG-16的示例，VGG-19只需修改每个块中卷积层的个数
    block1 = block(image_batch, 64, 2)
    block2 = block(block1, 128, 2)
    block3 = block(block2, 256, 3)
    block4 = block(block3, 512, 3)
    block5 = block(block4, 512, 3)
    #VGGNet使用展平操作，这里会产生大量的参数
    flat = layers.Flatten()(block5)
    h_fc1 = layers.Dense(4096, activation='relu')(flat)
    h_fc2 = layers.Dense(4096, activation='relu')(h_fc1)
    _y = layers.Dense(1000, activation='softmax')(h_fc2)
    return _y
```

```
x = layers.Input(shape=(224, 224, 3))
y_ = layers.Input(shape=(1000,))
y = vggnet(x)
model = models.Model(x, y)
print(model.summary())
```

程序的输出如下：

```
Layer (type)              Output Shape            Param #   Connected to
================================================================================
input_1 (InputLayer)      [(None, 224, 224, 3 0)]    []

conv2d (Conv2D)           (None, 224, 224, 64  1792)   ['input_1[0][0]']

conv2d_1 (Conv2D)         (None, 224, 224, 64  36928)  ['conv2d[0][0]']

max_pooling2d (MaxPooling2D)   multiple           0     ['conv2d_1[0][0]',
                                                        'conv2d_3[0][0]',
                                                        'conv2d_6[0][0]',
                                                        'conv2d_9[0][0]',
                                                        'conv2d_12[0][0]']

conv2d_2 (Conv2D)         (None, 112, 112, 12  73856 8)  ['max_pooling2d[0][0]']

conv2d_3 (Conv2D)         (None, 112, 112, 12  147584 8) ['conv2d_2[0][0]']

conv2d_4 (Conv2D)         (None, 56, 56, 256)   295168   ['max_pooling2d[1][0]']

conv2d_5 (Conv2D)         (None, 56, 56, 256)   590080   ['conv2d_4[0][0]']

conv2d_6 (Conv2D)         (None, 56, 56, 256)   590080   ['conv2d_5[0][0]']

conv2d_7 (Conv2D)         (None, 28, 28, 512)   1180160  ['max_pooling2d[2][0]']

conv2d_8 (Conv2D)         (None, 28, 28, 512)   2359808  ['conv2d_7[0][0]']

conv2d_9 (Conv2D)         (None, 28, 28, 512)   2359808  ['conv2d_8[0][0]']

conv2d_10 (Conv2D)        (None, 14, 14, 512)   2359808  ['max_pooling2d[3][0]']

conv2d_11 (Conv2D)        (None, 14, 14, 512)   2359808  ['conv2d_10[0][0]']

conv2d_12 (Conv2D)        (None, 14, 14, 512)   2359808  ['conv2d_11[0][0]']

flatten (Flatten)         (None, 25088)         0        ['max_pooling2d[4][0]']
```

```
dense (Dense)              (None, 4096)         102764544    ['flatten[0][0]']

dense_1 (Dense)            (None, 4096)         16781312     ['dense[0][0]']

dense_2 (Dense)            (None, 1000)         4097000      ['dense_1[0][0]']

==================================================================
Total params: 138,357,544
Trainable params: 138,357,544
Non-trainable params: 0

None
```

其 PyTorch 版本的代码如下：

```
//chapter2/vggnet_pytorch.py

import torch.nn as nn
import torch.nn.functional as F

class VGGNet(nn.Module):
    def __init__(self):
        super(VGGNet, self).__init__()
        self.block1 = self._make_block(3, 64, 2)
        self.block2 = self._make_block(64, 128, 2)
        self.block3 = self._make_block(128, 256, 3)
        self.block4 = self._make_block(256, 512, 3)
        self.block5 = self._make_block(512, 512, 3)
        self.flatten = nn.Flatten()
        self.fc1 = nn.Linear(512 * 7 * 7, 4096)
        self.fc2 = nn.Linear(4096, 4096)
        self.fc3 = nn.Linear(4096, 1000)
        self.softmax = nn.Softmax(dim=1)

    def forward(self, x):
        x = self.block1(x)
        x = self.block2(x)
        x = self.block3(x)
        x = self.block4(x)
        x = self.block5(x)
        x = self.flatten(x)
        x = F.relu(self.fc1(x))
        x = F.relu(self.fc2(x))
        y = self.softmax(self.fc3(x))
        return y
```

```
        def _make_block(self, in_channels, out_channels, n_conv):
            conv_block = []
            for _ in range(n_conv):
                conv_block.append(nn.Conv2d(in_channels, out_channels, kernel_size=3, stride=1, padding=1))
                conv_block.append(nn.ReLU(inplace=True))
                in_channels = out_channels
            conv_block.append(nn.MaxPool2d(kernel_size=2, stride=2))
            return nn.Sequential(*conv_block)

model = VGGNet()
print(model)
```

程序的输出如下:

```
VGGNet(
  (block1): Sequential(
    (0): Conv2d(3, 64, kernel_size=(3, 3), stride=(1, 1), padding=(1, 1))
    (1): ReLU(inplace=True)
    (2): Conv2d(64, 64, kernel_size=(3, 3), stride=(1, 1), padding=(1, 1))
    (3): ReLU(inplace=True)
    (4): MaxPool2d(kernel_size=2, stride=2, padding=0, dilation=1, ceil_mode=False)
  )
  (block2): Sequential(
    (0): Conv2d(64, 128, kernel_size=(3, 3), stride=(1, 1), padding=(1, 1))
    (1): ReLU(inplace=True)
    (2): Conv2d(128, 128, kernel_size=(3, 3), stride=(1, 1), padding=(1, 1))
    (3): ReLU(inplace=True)
    (4): MaxPool2d(kernel_size=2, stride=2, padding=0, dilation=1, ceil_mode=False)
  )
  (block3): Sequential(
    (0): Conv2d(128, 256, kernel_size=(3, 3), stride=(1, 1), padding=(1, 1))
    (1): ReLU(inplace=True)
    (2): Conv2d(256, 256, kernel_size=(3, 3), stride=(1, 1), padding=(1, 1))
    (3): ReLU(inplace=True)
    (4): Conv2d(256, 256, kernel_size=(3, 3), stride=(1, 1), padding=(1, 1))
    (5): ReLU(inplace=True)
    (6): MaxPool2d(kernel_size=2, stride=2, padding=0, dilation=1, ceil_mode=False)
  )
  (block4): Sequential(
    (0): Conv2d(256, 512, kernel_size=(3, 3), stride=(1, 1), padding=(1, 1))
    (1): ReLU(inplace=True)
    (2): Conv2d(512, 512, kernel_size=(3, 3), stride=(1, 1), padding=(1, 1))
    (3): ReLU(inplace=True)
    (4): Conv2d(512, 512, kernel_size=(3, 3), stride=(1, 1), padding=(1, 1))
```

```
      (5): ReLU(inplace=True)
      (6): MaxPool2d(kernel_size=2, stride=2, padding=0, dilation=1, ceil_mode=False)
    )
    (block5): Sequential(
      (0): Conv2d(512, 512, kernel_size=(3, 3), stride=(1, 1), padding=(1, 1))
      (1): ReLU(inplace=True)
      (2): Conv2d(512, 512, kernel_size=(3, 3), stride=(1, 1), padding=(1, 1))
      (3): ReLU(inplace=True)
      (4): Conv2d(512, 512, kernel_size=(3, 3), stride=(1, 1), padding=(1, 1))
      (5): ReLU(inplace=True)
      (6): MaxPool2d(kernel_size=2, stride=2, padding=0, dilation=1, ceil_mode=False)
    )
    (flatten): Flatten(start_dim=1, end_dim=-1)
    (fc1): Linear(in_features=25088, out_features=4096, bias=True)
    (fc2): Linear(in_features=4096, out_features=4096, bias=True)
    (fc3): Linear(in_features=4096, out_features=1000, bias=True)
    (softmax): Softmax(dim=1)
  )
```

2.2.5　ResNet

在介绍 ResNet 之前，先介绍一种优化的技巧，这一技巧不仅适用于卷积神经网络，而且适用于其他类型的神经网络。前面介绍了不同的激活函数，sigmoid 和 tanh 这种类型的激活函数有着天然的缺点，即当信号特别小或者特别大时，其梯度趋近于零，这将导致在模型优化的过程中，参数不再更新，训练被迫提前终止。

为了解决这个问题，既可以使用 ReLU 这类的激活函数，又可以采用批归一化（Batch Normalization，BN）这种训练技巧。批归一化的思想非常简单，既然信号在-1 到 1（针对 tanh）能获得较大的梯度，就强行把信号拉回到这个区间内，防止梯度消失。

一般地，BN 层加在卷积层与激活函数之间，其定义为

$$\tilde{x} = \frac{x_{\text{input}} - \mu}{\sigma} \tag{2-4}$$

$$x_{\text{output}} = \gamma \tilde{x} + \beta \tag{2-5}$$

其中，μ 为批次数据的平均值，σ 为批次数据的标准差。BN 层首先将信号归一化到近似-1 到 1，保障梯度运算的有效性。随后通过两个可学习的模型参数 γ 与 β，对信号进行放缩，以获得最佳的预测效果，如图 2-14 所示。

聪明的大家肯定会有一个疑问，在训练阶段，BN 层的 μ 与 σ 可以通过批次数据来获得，在测试阶段，这两个变量应当如何定义呢？通常在训练的过程中，会针对整个训练集的平均值与标准差进行滚动平均（Moving Average）的计算，并存储到模型参数中。在测试过程中，会直接使用这里的平均值与标准差进行计算。

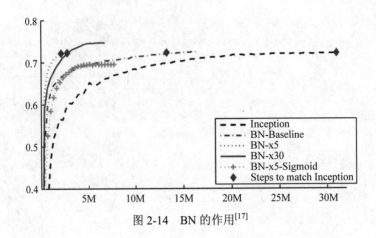

图 2-14　BN 的作用[17]

有了这些铺垫，便可以开始 ResNet 的讲解。在前面的课程中，大家形成了一个共识，即更深的网络会比较浅的网络更加聪明，但研究人员发现，随着 VGGNet 层数的加深，在训练过程中，层数更多的网络在训练集与测试集的误差均比层数更少的网络大，如图 2-15 所示。在测试集上误差大尚可使用过拟合的概念来解释，但是训练集上误差大意味着模型处于欠拟合的状态，这一发现是违背直觉的。

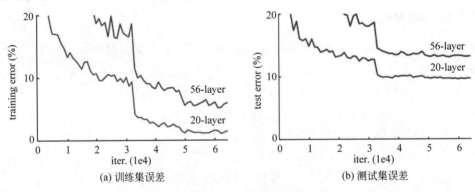

图 2-15　层数增大，误差反而升高[4]

ResNet 论文的题目是《用于图像识别的深度残差学习》（*Deep residual learning for image recognition*）[4]，在 ResNet 中，作者提出了残差（Residual）结构，将卷积操作前的信息直接传递到下一级，与卷积操作后的信息进行求和，类似于一个信息的高速通路，如图 2-16 所示。加入残差结构后，反向传播的梯度可以从高速通路直接回传，减轻了由于网络加深所导致的梯度弥散。其亦可以简单地理解为，分支 x 在这一层已经做好了分类，而分支 $F(x)$ 则尝试将分类精度进一步提升，如果提升失败，则模型可以通过 $F(x)$ 分支中的参数将 $F(x)$ 置为 0，从而使模型随着深度的增加，其获益为正。

需要注意的是，所谓的高速通路并不意味着什么也不做。当输入卷积层的特征图像通道数与最后一层卷积核的个数不同时，两个特征图像直接求和就会导致维度不匹配，从而发生

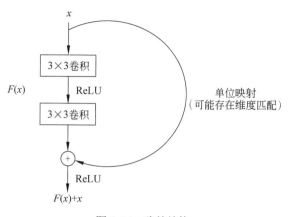

图 2-16 残差结构

错误,因此,在这种情形下,高速通路那里需要作用一个 1×1 的卷积层,其卷积核的个数与最后一层卷积核的个数相同,以保证求和操作的顺利进行。从数学上讲,1×1 的卷积层所实现的就是特征的重新组合。

常见的 ResNet 有 18、34、50、101、152 层等几个版本,ResNet-34 的模型结构如图 2-17 所示。当 ResNet 层数大于或等于 50 时,作者引入了瓶颈(Bottleneck)技巧。两个卷积核数目相同(例如 256)的 3×3 卷积层,可以改写为 1×1 的卷积层(卷积核为 64 个)−3×3 卷积层(卷积核为 64 个)−1×1 的卷积层(卷积核为 256 个)的结构,这样做能够大幅节省模型参数量,如图 2-18 所示。与此同时,两个 1×1 的卷积层,使维度调整变得更加灵活。卷积核的个数先减小后增加,特别像玻璃瓶口的形状,因此这种技巧被称为 Bottleneck。

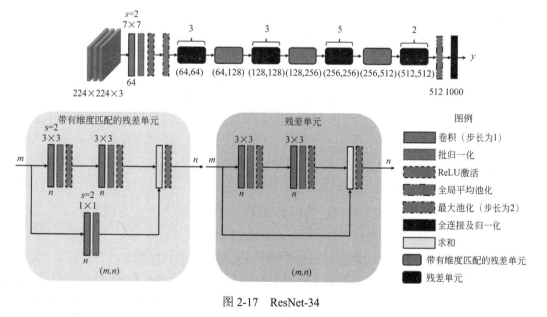

图 2-17　ResNet-34

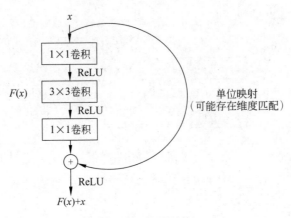

图 2-18 瓶颈结构

图 2-19 和图 2-20 展示了瓶颈结构的具体实现细节,当输入与输出维度不相等时,需要使用 1×1 的卷积层来实施维度变换。

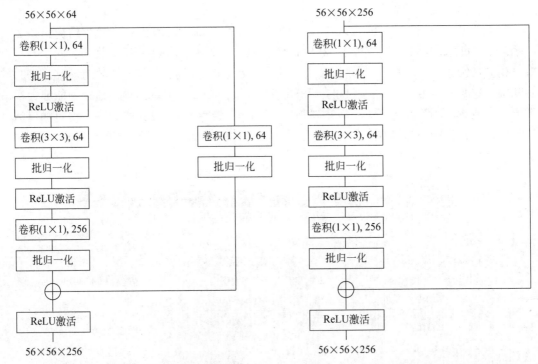

图 2-19 带有维度匹配的瓶颈结构示例   图 2-20 不带有维度匹配的瓶颈结构示例

值得注意的是,为了降低最后的全连接层引入的海量参数,提高参数利用效率,ResNet 将前述网络中常见的展平操作替换为全局平均池化(Global Average Pooling,GAP),对 512 幅特征图像分别进行 Average Pooling,构成 512 维的向量。可以看到,GAP 本质上是将所有的特征图像所代表的信息映射到了一个维度,取其精华后,输入后续的全连接层。这样做的好处是很明显的，如果采用展平操作，其特征长度为 7×7×512，则会导致全连接层的参数是海量的。通过 GAP，特征长度仅为 512，从而大幅降低了参数量。

ResNet-34 的网络定义如下：

（1）输入图像大小为 224×224×3 的彩色图像。

（2）块 0：①卷积层（7×7×64），Stride 为 2，不作用激活函数；②批归一化层；③ReLU 激活层；④Max Pooling（3×3），Stride 为 2。

（3）块 1：残差结构（64，64）×3。

（4）块 2：①残差结构（64，128，）×1；②残差结构（128，128）×3。

（5）块 3：①残差结构（128，256）×1；②残差结构（256，256）×5。

（6）块 4：①残差结构（256，512）×1；②残差结构（512，512）×2。

（7）全局平均池化，将 7×7×512 的特征图像变为 512 维的向量。

（8）全连接层，输出为 1000 维。

（9）逻辑回归层，对输出进行归一化，获得 1000 种预测类型的概率输出。

其中，残差结构（m，n）定义可分为两种情况。

第 1 种情况，若 m 与 n 相同：

（1）输入图像，通道数为 m。

（2）卷积层（3×3×n），Stride 为 1，加入批归一化，而后作用激活函数 ReLU。

（3）卷积层（3×3×n），Stride 为 1，加入批归一化，不作用激活函数。

（4）输入图像与卷积层输出求和，作用激活函数 ReLU。

第 2 种情况，若 m 与 n 不同：

（1）输入图像，通道数为 m，通过卷积层（1×1×n），Stride 为 2，进行维度匹配，加入批归一化，不作用激活函数。

（2）卷积层（3×3×n），Stride 为 2，而后作用激活函数 ReLU。

（3）卷积层（3×3×n），Stride 为 1，加入批归一化，不作用激活函数。

（4）卷积层输出与维度匹配后的输入图像求和，作用激活函数 ReLU。

ResNet-18 的网络定义与 ResNet-34 类似，不同的地方如下。

（1）块 1：残差结构（64，64）×2。

（2）块 2：①残差结构（64，128，）×1；②残差结构（128，128）×1。

（3）块 3：①残差结构（128，256）×1；②残差结构（256，256）×1。

（4）块 4：①残差结构（256，512）×1；②残差结构（512，512）×1。

更深的 ResNet 网络需要使用带瓶颈的残差结构，ResNet-50 的网络定义如下：

（1）输入图像大小为 224×224×3 的彩色图像。

（2）块 0：①卷积层（7×7×64），Stride 为 2，不作用激活函数；②批归一化层；③ReLU 激活层；④Max Pooling（3×3），Stride 为 2。

（3）块 1：①带瓶颈的残差结构（64，256，0）×1；②带瓶颈的残差结构（256，256，0）×2。

（4）块2：①带瓶颈的残差结构（256，512，1）×1；②带瓶颈的残差结构（512，512，0）×3。

（5）块3：①带瓶颈的残差结构（512，1024，1）×1；②带瓶颈的残差结构（1024，1024，0）×5。

（6）块4：①带瓶颈的残差结构（1024，2048，1）×1；②带瓶颈的残差结构（2048，2048，0）×2。

（7）全局平均池化，将7×7×2048的特征图像变为2048维的向量。

（8）全连接层，输出为1000维。

（9）逻辑回归层，对输出进行归一化，获得1000种预测类型的概率输出。

其中，带瓶颈的残差结构（m，n，d）定义可分为两种情况。

第1种情况，若m与n相同（此时d全部为0）：

（1）输入图像，通道数为m。

（2）卷积层（1×1×n/4），Stride为1，加入批归一化，而后作用激活函数ReLU。

（3）卷积层（3×3×n/4），Stride为1，加入批归一化，而后作用激活函数ReLU。

（4）卷积层（1×1×n），Stride为1，加入批归一化，不作用激活函数。

（5）输入图像与卷积层输出求和，作用激活函数ReLU。

第2种情况，若m与n不同：

（1）输入图像，通道数为m，通过卷积层（1×1×n），若d为1，则Stride为2，否则Stride为1，进行维度匹配，加入批归一化，不作用激活函数。

（2）卷积层（1×1×n/4），若d为1，则Stride为2，否则Stride为1，加入批归一化，而后作用激活函数ReLU。

（3）卷积层（3×3×n/4），Stride为1，加入批归一化，而后作用激活函数ReLU。

（4）卷积层（1×1×n），Stride为1，加入批归一化，不作用激活函数。

（5）卷积层输出与维度匹配后的输入图像求和，作用激活函数ReLU。

ResNet-101的网络定义与ResNet-34类似，不同的地方如下。

（1）块1：①带瓶颈的残差结构（64，256，0）×1；②带瓶颈的残差结构（256，256，0）×2。

（2）块2：①带瓶颈的残差结构（256，512，1）×1；②带瓶颈的残差结构（512，512，0）×3。

（3）块3：①带瓶颈的残差结构（512，1024，1）×1；②带瓶颈的残差结构（1024，1024，0）×22。

（4）块4：①带瓶颈的残差结构（1024，2048，1）×1；②带瓶颈的残差结构（2048，2048，0）×2。

ResNet-152与ResNet-50不同的地方如下。

（1）块1：①带瓶颈的残差结构（64，256，0）×1；②带瓶颈的残差结构（256，256，0）×2。

（2）块2：①带瓶颈的残差结构（256，512，1）×1；②带瓶颈的残差结构（512，512，0）×7。

（3）块3：①带瓶颈的残差结构（512，1024，1）×1；②带瓶颈的残差结构（1024，1024，0）×35。

（4）块4：①带瓶颈的残差结构（1024，2048，1）×1；②带瓶颈的残差结构（2048，2048，0）×2。

通过Keras实现ResNet-34网络结构，代码如下：

```python
//chapter2/resnet_keras.py

from keras import layers, models

#抽象出一个共同的函数，在卷积层之后施加批归一化和激活函数
def _after_conv(in_tensor):
    norm = layers.BatchNormalization()(in_tensor)
    return layers.Activation('relu')(norm)

#由于需要进行批归一化，在后面的卷积层定义中均设置了use_bias=False
#普通的3×3卷积层
def conv3(in_tensor, filters):
    conv = layers.Conv2D(filters, kernel_size=3, strides=1, padding='same', use_bias=False)(in_tensor)
    return _after_conv(conv)

#Stride为2的3×3卷积层
def conv3_downsample(in_tensor, filters):
    conv = layers.Conv2D(filters, kernel_size=3, strides=2, padding='same', use_bias=False)(in_tensor)
    return _after_conv(conv)

#普通的1×1卷积层
def conv1(in_tensor, filters):
    conv = layers.Conv2D(filters, kernel_size=1, strides=1, padding='same', use_bias=False)(in_tensor)
    return _after_conv(conv)

#Stride为2的1×1卷积层
def conv1_downsample(in_tensor, filters):
    conv = layers.Conv2D(filters, kernel_size=1, strides=2, padding='same', use_bias=False)(in_tensor)
    return _after_conv(conv)

#残差单元的定义
def resnet_block(in_tensor, filters, downsample=False):
    #ResNet存在维度匹配的问题，这里用downsample指标来解决
```

```python
    if downsample:
        h_conv1 = conv3_downsample(in_tensor, filters)
    else:
        h_conv1 = conv3(in_tensor, filters)
    h_conv2 = conv3(h_conv1, filters)

    if downsample:
        in_tensor = conv1_downsample(in_tensor, filters)
    result = layers.Add()([h_conv2, in_tensor])

    return layers.Activation('relu')(result)

#实现块的定义,除了块1外,其他块均有downsample=True
def block(in_tensor, filters, n_block, downsample=False, convx=resnet_block):
    res = in_tensor
    for index in range(n_block):
        if index == 0:
            res = convx(res, filters, downsample)
        else:
            res = convx(res, filters, False)
    return res

def resnet(image_batch, convx=resnet_block):
    conv = layers.Conv2D(64, 7, strides=2, padding='same', use_bias=False)(image_batch)
    conv = _after_conv(conv)
    pool1 = layers.MaxPool2D(3, 2, padding='same')(conv)
    conv1_block = block(pool1, 64, 3, False, convx)
    conv2_block = block(conv1_block, 128, 4, True, convx)
    conv3_block = block(conv2_block, 256, 6, True, convx)
    conv4_block = block(conv3_block, 512, 3, True, convx)
    #使用全局平均池化解决全连接层参数量过大的问题
    pool2 = layers.GlobalAvgPool2D()(conv4_block)
    _y = layers.Dense(1000, activation='softmax')(pool2)
    return _y

x = layers.Input(shape=(224, 224, 3))
y_ = layers.Input(shape=(1000,))
y = resnet(x)
model = models.Model(x, y)
print(model.summary())
```

程序的输出如下:

```
Layer (type)                 Output Shape              Param #Connected to
```

```
==================================================================
input_1 (InputLayer)            (None, 224, 224, 3)  0
_____
conv2d_1 (Conv2D)               (None, 112, 112, 64) 9472        input_1[0][0]
_____
batch_normalization_1 (BatchNor (None, 112, 112, 64) 256         conv2d_1[0][0]
_____
activation_1 (Activation)       (None, 112, 112, 64) 0           batch_normalization_1[0][0]
_____
max_pooling2d_1 (MaxPooling2D)  (None, 56, 56, 64)   0           activation_1[0][0]
_____
conv2d_2 (Conv2D)               (None, 56, 56, 64)   36864       max_pooling2d_1[0][0]
_____
batch_normalization_2 (BatchNor (None, 56, 56, 64)   256         conv2d_2[0][0]
_____
activation_2 (Activation)       (None, 56, 56, 64)   0           batch_normalization_2[0][0]
_____
conv2d_3 (Conv2D)               (None, 56, 56, 64)   36864       activation_2[0][0]
_____
batch_normalization_3 (BatchNor (None, 56, 56, 64)   256         conv2d_3[0][0]
_____
activation_3 (Activation)       (None, 56, 56, 64)   0           batch_normalization_3[0][0]
_____
add_1 (Add)                     (None, 56, 56, 64)   0           activation_3[0][0]
                                                                 max_pooling2d_1[0][0]
_____
activation_4 (Activation)       (None, 56, 56, 64)   0           add_1[0][0]
_____
conv2d_4 (Conv2D)               (None, 56, 56, 64)   36864       activation_4[0][0]
_____
batch_normalization_4 (BatchNor (None, 56, 56, 64)   256         conv2d_4[0][0]
_____
activation_5 (Activation)       (None, 56, 56, 64)   0           batch_normalization_4[0][0]
_____
conv2d_5 (Conv2D)               (None, 56, 56, 64)   36864       activation_5[0][0]
_____
batch_normalization_5 (BatchNor (None, 56, 56, 64)   256         conv2d_5[0][0]
_____
activation_6 (Activation)       (None, 56, 56, 64)   0           batch_normalization_5[0][0]
_____
add_2 (Add)                     (None, 56, 56, 64)   0           activation_6[0][0]
                                                                 activation_4[0][0]
_____
activation_7 (Activation)       (None, 56, 56, 64)   0           add_2[0][0]
_____
……
```

```
global_average_pooling2d_1 (Glo (None, 512)      0         activation_52[0][0]
_____
dense_1 (Dense)                 (None, 1000)     513000    global_average_pooling2d_1[0][0]
================================================================================
Total params: 21,814,760
Trainable params: 21,797,736
Non-trainable params: 17,024
_____
None
```

其 PyTorch 版本的代码如下：

```
//chapter2/resnet_pytorch.py

import torch
import torch.nn as nn
import torch.nn.functional as F

class Block(nn.Module):
    def __init__(self, in_channels, out_channels, stride=1):
        super(Block, self).__init__()
        self.conv1 = nn.Conv2d(in_channels, out_channels, kernel_size=3, stride=stride, padding=1, bias=False)
        self.bn1 = nn.BatchNorm2d(out_channels)
        self.conv2 = nn.Conv2d(out_channels, out_channels, kernel_size=3, stride=1, padding=1, bias=False)
        self.bn2 = nn.BatchNorm2d(out_channels)
        self.shortcut = nn.Sequential()
        if stride != 1 or in_channels != out_channels:
            self.shortcut = nn.Sequential(
                nn.Conv2d(in_channels, out_channels, kernel_size=1, stride=stride, bias=False),
                nn.BatchNorm2d(out_channels)
            )

    def forward(self, x):
        residual = x
        out = F.relu(self.bn1(self.conv1(x)))
        out = self.bn2(self.conv2(out))
        out += self.shortcut(residual)
        out = F.relu(out)
        return out

class ResNet(nn.Module):
    def __init__(self, block):
        super(ResNet, self).__init__()
        self.in_channels = 64
```

```python
        self.conv1 = nn.Conv2d(3, 64, kernel_size=7, stride=2, padding=3,
bias=False)
        self.bn1 = nn.BatchNorm2d(64)
        self.layer1 = self._make_layer(block, 64, 3, stride=1)
        self.layer2 = self._make_layer(block, 128, 4, stride=2)
        self.layer3 = self._make_layer(block, 256, 6, stride=2)
        self.layer4 = self._make_layer(block, 512, 3, stride=2)
        self.global_avgpool = nn.AdaptiveAvgPool2d(1)
        self.pool = nn.MaxPool2d(kernel_size=3, stride=2, padding=1)
        self.fc = nn.Linear(512, 1000)
        self.softmax = nn.Softmax(dim=1)

    def _make_layer(self, block, out_channels, num_blocks, stride):
        strides = [stride] + [1] * (num_blocks - 1)
        layers = []
        for stride in strides:
            layers.append(block(self.in_channels, out_channels, stride))
            self.in_channels = out_channels
        return nn.Sequential(*layers)

    def forward(self, x):
        out = F.relu(self.bn1(self.conv1(x)))
        out = self.pool(out)
        out = self.layer1(out)
        out = self.layer2(out)
        out = self.layer3(out)
        out = self.layer4(out)
        out = self.global_avgpool(out)
        out = torch.flatten(out, 1)
        out = self.softmax(self.fc(out))
        return out

model = ResNet(Block)
print(model)
```

程序的输出如下：

```
ResNet(
    (conv1): Conv2d(3, 64, kernel_size=(7, 7), stride=(2, 2), padding=(3, 3), bias=False)
    (bn1): BatchNorm2d(64, eps=1e-05, momentum=0.1, affine=True, track_running_stats=True)
    (layer1): Sequential(
      (0): Block(
        (conv1): Conv2d(64, 64, kernel_size=(3, 3), stride=(1, 1), padding=(1, 1), bias=False)
        (bn1): BatchNorm2d(64, eps=1e-05, momentum=0.1, affine=True, track_
```

```
running_stats=True)
      (conv2): Conv2d(64, 64, kernel_size=(3, 3), stride=(1, 1), padding=(1, 1), bias=False)
      (bn2): BatchNorm2d(64, eps=1e-05, momentum=0.1, affine=True, track_running_stats=True)
      (shortcut): Sequential()
    )
    (1): Block(
      (conv1): Conv2d(64, 64, kernel_size=(3, 3), stride=(1, 1), padding=(1, 1), bias=False)
      (bn1): BatchNorm2d(64, eps=1e-05, momentum=0.1, affine=True, track_running_stats=True)
      (conv2): Conv2d(64, 64, kernel_size=(3, 3), stride=(1, 1), padding=(1, 1), bias=False)
      (bn2): BatchNorm2d(64, eps=1e-05, momentum=0.1, affine=True, track_running_stats=True)
      (shortcut): Sequential()
    )
    (2): Block(
      (conv1): Conv2d(64, 64, kernel_size=(3, 3), stride=(1, 1), padding=(1, 1), bias=False)
      (bn1): BatchNorm2d(64, eps=1e-05, momentum=0.1, affine=True, track_running_stats=True)
      (conv2): Conv2d(64, 64, kernel_size=(3, 3), stride=(1, 1), padding=(1, 1), bias=False)
      (bn2): BatchNorm2d(64, eps=1e-05, momentum=0.1, affine=True, track_running_stats=True)
      (shortcut): Sequential()
    )
  )
  ……
  (global_avgpool): AdaptiveAvgPool2d(output_size=1)
  (pool): MaxPool2d(kernel_size=3, stride=2, padding=1, dilation=1, ceil_mode=False)
  (fc): Linear(in_features=512, out_features=1000, bias=True)
  (softmax): Softmax(dim=1)
)
```

在本节的最后，回顾一下卷积神经网络的本质。卷积神经网络的前一部分通过卷积层等结构进行特征提取；其后一部分通过全连接层重新组合提取后的特征进行预测。可以说，真正代表网络智商的部分是前面的特征提取网络，但是在大多数网络结构中，后面的全连接结构占据了超过 90%的参数量，这就是典型的捡了芝麻丢了西瓜。ResNet 通过巧妙的残差模型结构设计，将火力集中在特征提取上，仅用了 GAP 这种简单的特征组合方式，便取得了更好的预测效果。ResNet 模型效果与 VGGNet 的比较如图 2-21 所示。

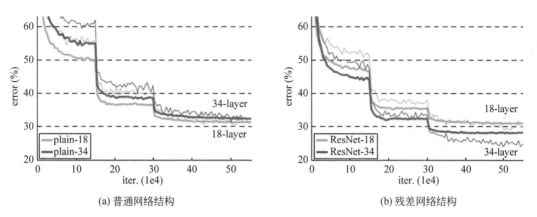

图 2-21 ResNet 模型效果与 VGGNet 的比较[4]

2.2.6 能力对比

如图 2-22 所示,这里对不同的卷积神经网络做一个简单的对比,图中横轴是计算量,近似正比于模型的参数量与网络层数(但并不绝对),纵轴是模型在 ImageNet 测试集上的准确率。这幅图表明,模型是否聪明,既取决于计算量,又取决于参数应用的效率(模型的结构)。例如,在同等计算量规模下,ResNet-18 的准确率比 AlexNet 高出近 25%。

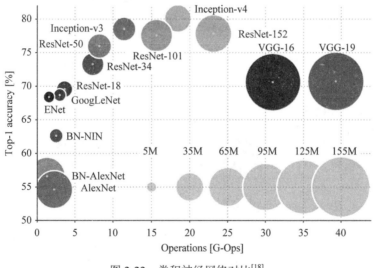

图 2-22 卷积神经网络对比[18]

通过对比 ResNet 家族模型的效果可以发现:一方面,模型越深,准确率越高;另一方面,随着模型深度的增加,准确率提高的幅度不断减少,换句话说,其边际收益越来越低。在实践中,需要根据任务的性能要求与资源约束,选择最有效的卷积神经网络模型。

2.3 目标检测

通过图像分类模型的介绍，相信大家对于卷积神经网络已经有了相对直观的认识。图像分类针对每幅图像输出各种类型预测的概率，而目标检测的预测输出更为丰富，不仅要输出目标是什么，而且要给出目标物体在图像中的具体位置。

通常使用一个长方形（Bounding Box）来表示位置信息，即给出 4 个参数，表示长方形左上角的坐标及其长和宽。目标检测模型能够针对每个目标预测长方形的 4 个参数，并给出其对应目标的类型。目标检测的复杂性不仅体现在预测内容更丰富，而且需要在图像上发现很多不同的目标。

即便如此，目标检测模型同样可以被分解为特征提取与特征组合两个子网络。卷积神经网络的强大之处正在于此，通过卷积层等所提取的特征，结合不同的特征组合网络，既能完成图像的分类，也能完成目标检测的任务。

2.3.1 R-CNN

先来介绍 R-CNN（Regions with CNN Features）[19]模型，它的英文全称的信息量很大。假设有一张图像，人们所关心的区域被称为兴趣区（Region of Interest，RoI），这些区域会通过卷积神经网络进行特征提取（获得 CNN Features），进而对其类型进行预测，如图 2-23 所示。

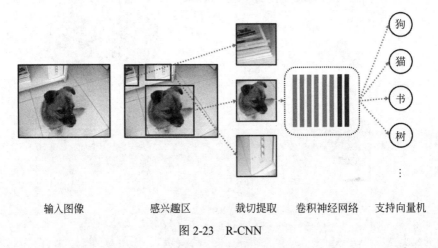

输入图像　　感兴趣区　　裁切提取　　卷积神经网络　　支持向量机

图 2-23　R-CNN

在 R-CNN 的工作中，研究人员通过一种传统算法选择性搜索（Selective Search）进行 RoI 的计算，通过像素颜色的相关性，将可能存在目标的区域（约 2000 个）提取出来，如图 2-24 所示。下一步对计算出的每个区域图像进行截取，变形（Resize）成固定大小的输入图像（例如 227×227），将其输入使用 ImageNet 训练好的卷积神经网络（例如 AlexNet）中，提取倒数第 2 层的特征向量，作为这个区域最本质的表征。随后，将这些特征向量输入传统的机器学习模型支持向量机（Support Vector Machine，SVM）中，完成目标类型的预测模型的训练及预测。

图 2-24　Selective Search[19]

将上述过程连贯起来，可以看到一个三阶段的运行过程：首先通过一个传统算法提取潜在的 RoI，然后把每个区域输入卷积神经网络中进行特征提取，最后把特征输入传统机器学习模型中，完成区域的类型预测。第 1 步是基于 CPU 的算法，第 2 步使用基于 ImageNet 预训练的特征提取器（当然也可以进行一些调优计算），二者均不需要模型训练。R-CNN 本质上只是学习了最后的传统机器学习模型，其学习资料来源于训练好的卷积神经网络。

在目标检测领域，通常使用均值平均精度（Mean Average Precision，mAP）进行模型评估，其定义为 PR 曲线下的面积，取值范围为 0~1。结果表明，通过纳入深度学习提取的特征，R-CNN 比传统算法获得了大幅的 mAP 提升，如图 2-25 所示。

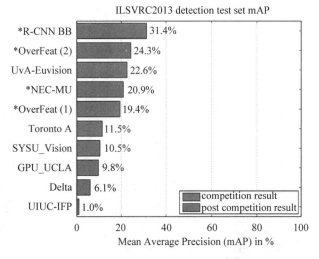

图 2-25　R-CNN 的性能突破[19]

R-CNN 有一些缺陷，需要后续的工作来解决。第一，R-CNN 是多阶段模型，模型参数没有办法进行联合优化。第二，模型的训练过程对存储空间有较大的占用，在训练 SVM 时，需要先把提取出的特征放在硬盘上，占用大量的磁盘空间。第三，因为每个潜在的 RoI 都要通过卷积神经网络进行特征提取，所以生成特征的过程需要大量的时间，每张图像需要预测超过 2000 次。

2.3.2 Fast R-CNN

于是，在 Fast R-CNN[20]中，研究人员着力于解决第 1 个和第 3 个问题。Fast R-CNN 的训练速度比 R-CNN 快 9 倍，测试速度比 R-CNN 快 213 倍。同时，Fast R-CNN 有着更高的 mAP。

R-CNN 最大的时间消耗是在特征计算部分。与将潜在 RoI 输入卷积神经网络不同，Fast R-CNN 的设计思路很容易理解。由于模型能够保持图像的空间位置，所以可直接把图像输入网络中，获得特征图像，随后根据潜在 RoI 在原始图像中的位置，映射到特征图像上，完成对应位置的特征计算。需要注意的是，这里已经把 SVM 丢掉了，换成了全连接神经网络来完成最终的预测，如图 2-26 所示。

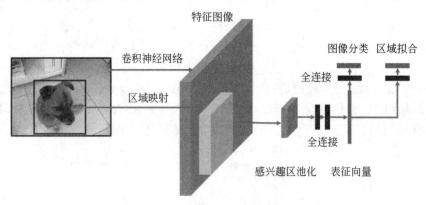

图 2-26　Fast R-CNN

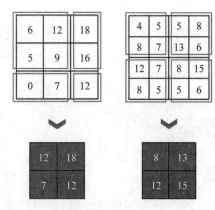

图 2-27　RoI Pooling

这里有两个细节问题需要解决：其一，潜在的 RoI 尺寸是不同的，所对应的特征图像大小也不同，如何把它们输入需要固定尺寸的全连接神经网络中？其二，全连接神经网络既需要给出 RoI 所属的类型，又要对 Selective Search 给出的 Bounding Box 进行微调，成本函数应当如何设计？

作者在论文中使用了 RoI Pooling 方法，针对任意尺寸的输入都能保证同一大小的输出，从而能够无缝地与全连接层对接，如图 2-27 所示。与此同时，成本函数中同时包含类型预测与 Bounding Box 修正两部分，分别对应分类与拟合任务。

Fast R-CNN 已经优化了 R-CNN 中的大部分问

题，但是还有一个问题没有解决，就是 Selective Search。这就是科学技术的进化轨迹，当人们把主要矛盾解决后，次要矛盾便开始映入眼帘，成为主要矛盾。

2.3.3 Faster R-CNN

在之后的研究中，作者进而提出了 Faster R-CNN[21]，以此来解决 Selective Search 慢的问题。Faster R-CNN 把所有的过程全部变成了卷积神经网络，整体进行训练和预测。

为了提出潜在的 RoI，Faster R-CNN 基于卷积神经网络提取的特征图像，使用了若干不同大小的长方形锚点（Anchor），能够以中心点作为基准，生成 k 个 Bounding Box。模型需要判断这 k 个 Bounding Box 的有效性，并给出是否有效的二分类预测。与此同时，模型还要对其进行修正（对应 $4k$ 个参数）。这一部分网络被称为区域候选网络（Region Proposal Network，RPN），用于取代父辈的传统算法，如图 2-28 所示。

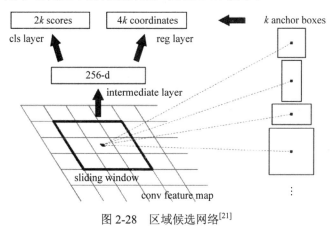

图 2-28　区域候选网络[21]

这样做有两个明显的优势：首先，通过将传统算法替换为神经网络，整个计算过程能够在 GPU 上完成，大幅提高了计算效率；其次，Faster R-CNN 全部由神经网络构成，实现了近似端到端的模型结构。

Faster R-CNN 是一个典型的两步（Two-Step）模型，在网络训练过程中，要兼顾 RPN 和 RoI Pooling，两个子网络的优化交替进行，谁都不能落下，如图 2-29 所示。

经过了一系列的优化后，Faster R-CNN 获得了巨大的效率提升，如图 2-30 所示。

2.3.4 YOLO

学习了两阶段模型后，下面来简单了解一阶段模型。以 YOLO（You Only Look Once）[22]为代表的一阶段模型，其本质是一个端到端的拟合模型，如图 2-31 所示。例如在 YOLO v1中，将图像分成了尺寸为 $s×s$ 的网格（Grid），针对每个网格都给出 Bounding Box 和分类的预测。这样就把整个目标检测任务变成了一个拟合问题，按照拟合的成本函数进行建模和优化。一阶段模型最大的优点就是快。

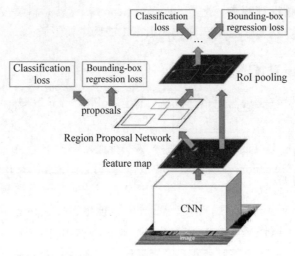

图 2-29　Faster R-CNN[21]

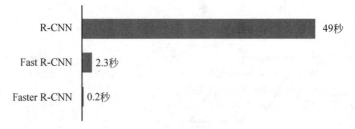

图 2-30　运算效率对比

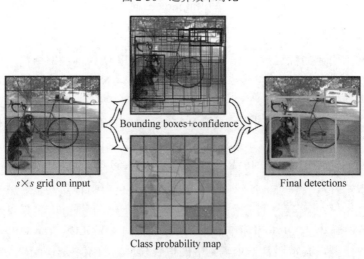

图 2-31　YOLO[22]

早期的一阶段模型,虽然能够准实时地完成视频图像帧的预测,但是准确率赶不上 Faster R-CNN。随着 YOLO 系列模型的不断优化,模型不仅能很快,而且可以很准地进行预测。

YOLO v2 是在 YOLO v1 的基础上进行改进的版本，于 2017 年发布。该版本采用了更深的网络结构，使用了残差网络和特征金字塔网络，并引入了锚点框的概念，以更好地处理重叠目标。此外，YOLO v2 还使用了批归一化和 Leaky ReLU 等技术进行训练加速和精度提升。YOLO v3 于 2018 年发布，是目前应用最广泛的版本之一。该版本引入了多尺度预测和多个输出层的设计，可以检测不同大小的物体，并提高了检测精度。此外，YOLO v3 还使用了更深的网络结构和更多的锚点框，以提高检测的准确性。YOLO v4 于 2020 年发布，采用了更深的网络结构，引入了空间金字塔池化（Spatial Pyramid Pooling，SPP）和跨阶段部分网络（Cross-Stage Partial Network，CSPNet）模块，以更好地处理不同尺度的特征。YOLO v5 于 2020 年发布，使用了轻量级的网络结构，可以在不损失精度的情况下显著提高检测速度。

本章习题

1. 手动计算典型卷积神经网络的参数个数，并给出计算过程，随后使用 Keras 对其进行计算，验证之前的计算结果。
2. 实现通用的 VGGNet，支持 VGG-16 与 VGG-19 的自动构建。
3. 完成带有 Bottleneck 的 ResNet 实现代码。
4. 实现通用的 ResNet，支持 ResNet-18、ResNet-34、ResNet-50 与 ResNet-101 的自动构建。

第 3 章 卷积神经网络——语义分割

3.1 语义分割基础

在前文中,对卷积神经网络的概念和应用进行了深入介绍,学习了图像分类模型,也讲解了目标检测的知识,大家对于卷积神经网络作为特征提取器这件事情有了深刻的认知。简单来讲,图像分类就是从图像到预测标签的映射,而目标检测利用卷积神经网络所提取出的特征,经过特征的组合,输出一系列的 Bounding Box 与分类结果,是更加稠密的映射。这一发现,再一次印证了神经网络是从输入输出的函数映射这一数学本质。

在本章中将学习一种更加稠密的映射关系,即从图像到每个像素的预测,这一领域叫作语义分割。与图像分类与目标检测不同,语义分割映射空间的稠密性在一定程度上决定了这类任务的难度。

3.1.1 语义分割的应用领域

图 3-1 中展示的是语义分割的一些典型应用。在自动驾驶领域,可以通过街景图像描绘出各物体的轮廓,例如马路、车辆、路标等。相对于目标检测,其结果更加精细。在遥感领域,可以通过语义分割技术自动化地帮助人们识别街道,节省大量的人力成本。在医学领域,

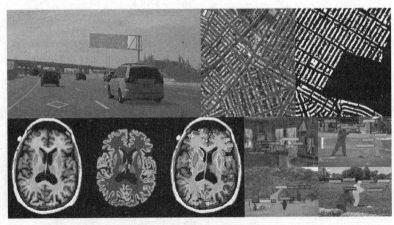

图 3-1 语义分割的应用领域[23]

可以获得大脑区域的分割图像,将大脑中不同的功能区自动识别出来。当然,也可以构建一些通用模型,识别自然图像中的人、动物、植物等。

3.1.2 全卷积神经网络

语义分割需要用到一项重要的技术,叫作全卷积神经网络(Fully Convolutional Neural Network),注意区分全卷积神经网络和全连接神经网络的英文全称,在有些文献中全卷积神经网络会被缩写为 FCNN,需要跟全连接神经网络进行区分。全卷积神经网络通常使用卷积层和池化层进行特征提取,获得特征图像,这一过程被称为下采样(Downsample)。进而再通过反卷积层(Deconvolution)和反池化层(Unpooling)输出像素级的预测结果,这一过程叫作上采样(Upsample),如图 3-2 所示。可以看到,全卷积神经网络先把图像变小,然后把图像放大。

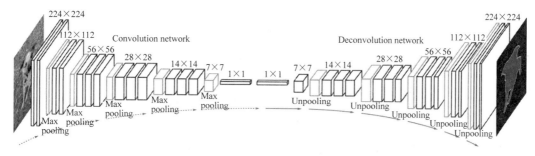

图 3-2 典型的全卷积神经网络[24]

一般地,为了尽量保留原始图像的信息量,在下采样部分,卷积核的个数不断增加,用通道维数的增多来弥补空间维度的减小。在上采样部分,卷积核的个数不断减少,最终经过特征组合,得到原始图像尺寸的像素级预测,即便这样,特征图像空间尺寸的减小为模型的学习带来了很大的难度,因此,全卷积神经网络最大的挑战就是解决像素级预测精度过低的问题。

在语义分割的问题中,模型的成本函数一般被定义为每个像素分类误差(例如交叉熵)的均值,所以语义分割对训练数据有着较高的要求,意味着标注要精确到像素级。

3.1.3 反卷积与空洞卷积

这里介绍语义分割领域经常用的两种卷积操作。

反卷积(Deconvolution),又被称为转置卷积(Transpose Convolution),能够对特征图像尺寸有参数地进行放大。与卷积的定义类似,转置卷积有卷积核的定义。不同的是,转置卷积作用在输入图像的每个像素上,经过运算后可获得更大的输出图像。图 3-3 给出了转置卷积的作用机理,一个 3×3 的卷积核元素分别与对应像素相乘,获得转置卷积后的图像。对于输出图像的重叠区域,可以简单地对转置卷积后的对应结果进行求和。

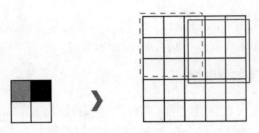

图 3-3　反卷积

空洞卷积（Dilated Convolution 或 Atrous Convolution）在语义分割中应用非常广泛，其卷积核中存在一个所谓的空洞（Dilation）。例如 3×3 的卷积核，增加一个空洞后（空洞率为 2），就变成了 5×5 的卷积核，如图 3-4 所示。空洞卷积的计算量与普通的卷积层相同，唯一的差别就是空洞部分不进行运算，这样能够增大卷积核的感受野。在语义分割任务中，为了完成稠密的像素级预测，需要对图像有一个全局认知，即模型的感受野越大越好。

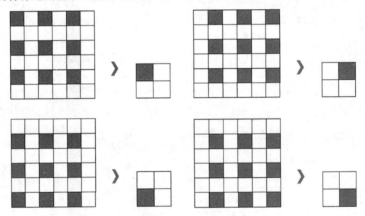

图 3-4　空洞卷积

增大感受野的方式有很多，例如之前介绍的池化层，通过把特征图像尺寸变小可增加卷积层的感受野，但是池化的过程会造成图像信息量的损失，对像素级的预测是十分不利的。相比之下空洞卷积是一个有效的方法，当有很多层空洞卷积时，在保持特征图像尺寸的前提下，感受野有明显的提升。

图 3-5 给出了一个典型的例子，可以看到，简单地对输入图像进行下采样（池化）后，作用一个 7×7 的卷积，然后将其上采样（放大），能看到斑点状的输出图像，而直接作用一个空洞率为 2 的空洞卷积，也能实现类似的效果，输出图像明显更加清楚。透过这个结果，可以直观地感受到特征精度的不同，印证了空洞卷积对信息的有效保留。

通过空洞卷积，也能够对特征图像的尺寸进行较好保持，提高像素级预测的精度。假设在 ResNet-50 中输入一幅 512×512 的图像，经过 5 组块的作用后，特征图像变成了原来的 1/64，仅为 8×8，由这个尺寸的特征图获得 512×512 的像素级预测是非常困难的。如果在第 4 个块就将所有卷积改写为空洞卷积，不再进行下采样，则经过 5 组块的作用后，特征图像尺寸仍能保持在 32×32，如图 3-6 所示。

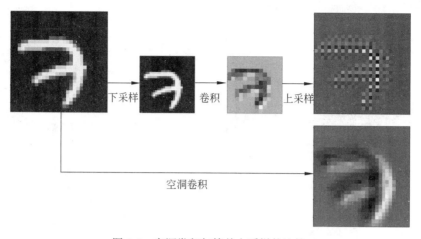

图 3-5 空洞卷积与简单上采样的比较

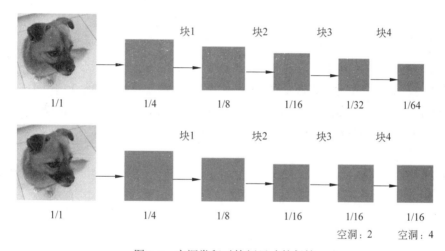

图 3-6 空洞卷积对特征尺寸的保持

在主流的深度学习框架中,空洞卷积已经是成熟的模块,能够被方便地进行调用。接下来对用于语义分割的深度学习模型进行系统介绍。

3.1.4 U-Net

U-Net 于 2015 年被提出,论文题目是《U-Net:用于生物医学图像分割的卷积网络》(*U-Net: Convolutional networks for biomedical image segmentation*)[25],最早被用于医学图像的分割中,发表在人工智能医学的会议 MICCAI 上。U-Net 的网络结构呈 U 字形,左侧对应的是下采样,后侧对应的是上采样,两侧存在信息交换。在不同的等级上,下采样获得的特征图像会拼接(Concatenate)到对应上采样的路径中,让模型既兼具了更深层次的提取能力,又具备了原始特征的整合能力,如图 3-7 所示。

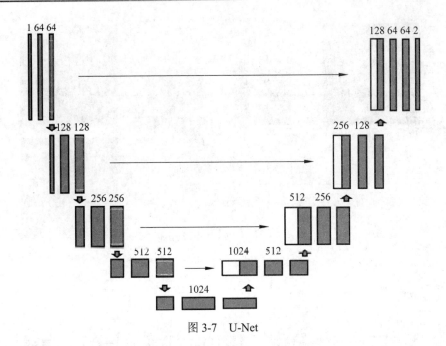

图 3-7　U-Net

之所以这样设计，是因为在医学影像的分割中，低层级的原始特征对于最终的预测非常重要。例如看到肺部的结节时，原始特征往往反映了它的形态和轮廓，这与最终预测有直接关系。与此同时，它的良恶性判断需要更高层级的特征。U-Net 将二者结合，便能够获得更好的预测结果。

U-Net 的左侧网络结构与 VGGNet 有一定的相似性：卷积核均为 3×3、每个单元均由卷积层和池化层组合而成、特征图像尺寸减半的同时让卷积核的个数变成原来的两倍。区别在于 U-Net 中，所有卷积层的填充方式都是 Valid。在 U-Net 的右侧，通过卷积层与转置卷积层的组合，获得像素级二分类的预测结果。

大家肯定会提出一个问题，既然填充方式设置为 Valid，右侧的特征图像一定会比左侧的更小，没法直接完成拼接操作。在实践过程中，论文的作者以图像中心为基准，按照右侧特征图像的大小对左侧的特征进行截取，保证二者能够无缝拼接。

综上，U-Net 的网络结构如下：

（1）输入图像大小为 $572 \times 572 \times 1$ 的灰阶图像。

（2）块 1：①卷积层（$3 \times 3 \times 64$），Stride 为 1，激活函数为 ReLU，Padding 为 Valid；②卷积层（$3 \times 3 \times 64$），Stride 为 1，激活函数为 ReLU，Padding 为 Valid。

（3）块 2：①Max Pooling（2×2），Stride 为 2；②卷积层（$3 \times 3 \times 128$），stride 为 1，激活函数为 ReLU，Padding 为 Valid；③卷积层（$3 \times 3 \times 128$），Stride 为 1，激活函数为 ReLU，Padding 为 Valid。

（4）块 3：①Max Pooling（2×2），Stride 为 2；②卷积层（$3 \times 3 \times 256$），Stride 为 1，激活函数为 ReLU，Padding 为 Valid；③卷积层（$3 \times 3 \times 256$），Stride 为 1，激活函数为 ReLU，

Padding 为 Valid。

（5）块 4：①Max Pooling（2×2），Stride 为 2；②卷积层（3×3×512），Stride 为 1，激活函数为 ReLU，Padding 为 Valid；③卷积层（3×3×512），Stride 为 1，激活函数为 ReLU，Padding 为 Valid。

（6）块 5：①Max Pooling（2×2），Stride 为 2；②卷积层（3×3×1024），stride 为 1，激活函数为 ReLU，Padding 为 Valid；③卷积层（3×3×1024），Stride 为 1，激活函数为 ReLU，Padding 为 Valid。

（7）块 6：①反卷积层（2×2×512），Stride 为 2，激活函数为 ReLU，Padding 为 Same；②拼接块 4 的特征图像中心区域；③卷积层（3×3×512），Stride 为 1，激活函数为 ReLU，Padding 为 Valid；④卷积层（3×3×512），Stride 为 1，激活函数为 ReLU，Padding 为 Valid。

（8）块 7：①反卷积层（2×2×256），Stride 为 2，激活函数为 ReLU，Padding 为 Same；②拼接块 3 的特征图像中心区域；③卷积层（3×3×256），Stride 为 1，激活函数为 ReLU，Padding 为 Valid；④卷积层（3×3×256），Stride 为 1，激活函数为 ReLU，Padding 为 Valid。

（9）块 8：①反卷积层（2×2×128），Stride 为 2，激活函数为 ReLU，Padding 为 Same；②拼接块 2 的特征图像中心区域；③卷积层（3×3×128），Stride 为 1，激活函数为 ReLU，Padding 为 Valid；④卷积层（3×3×128），Stride 为 1，激活函数为 ReLU，Padding 为 Valid。

（10）块 9：①反卷积层（2×2×64），Stride 为 2，激活函数为 ReLU，Padding 为 Same；②拼接块 2 的特征图像中心区域；③卷积层（3×3×64），Stride 为 1，激活函数为 ReLU，Padding 为 Valid；④卷积层（3×3×64），Stride 为 1，激活函数为 ReLU，Padding 为 Valid。

（11）卷积层（1×1×2），Stride 为 1，激活函数为 Softmax。

通过 Keras 实现 U-Net 网络结构，代码如下（为了便于使用，这里的 Padding 全部使用 Same，输入尺寸固定为 512×512）：

```
//chapter3/unet_keras.py

from keras import models, layers

#构造一个两层 3×3 的卷积，方便后续复用
def conv(in_tensor, filters):
  _conv1 = layers.Conv2D(filters, 3, activation='relu', padding='same')(in_tensor)
  _conv2 = layers.Conv2D(filters, 3, activation='relu', padding='same')(_conv1)
  return _conv2

#U-Net 的结构非常规整
def u_net(image_batch):
    conv1 = conv(image_batch, 32)
    pool1 = layers.MaxPooling2D(pool_size=2)(conv1)
    conv2 = conv(pool1, 64)
    pool2 = layers.MaxPooling2D(pool_size=2)(conv2)
```

```
        conv3 = conv(pool2, 128)
        pool3 = layers.MaxPooling2D(pool_size=2)(conv3)
        conv4 = conv(pool3, 256)
        pool4 = layers.MaxPooling2D(pool_size=2)(conv4)
        conv5 = conv(pool4, 512)
        up1 = layers.Concatenate(axis=3)([conv4, layers.Conv2DTranspose(256, 2,
strides=2, padding='same')(conv5)])
        conv6 = conv(up1, 256)
        up2 = layers.Concatenate(axis=3)([conv3, layers.Conv2DTranspose(128, 2,
strides=2, padding='same')(conv6)])
        conv7 = conv(up2, 128)
        up3 = layers.Concatenate(axis=3)([conv2, layers.Conv2DTranspose(64, 2,
strides=2, padding='same')(conv7)])
        conv8 = conv(up3, 64)
        up4 = layers.Concatenate(axis=3)([conv1, layers.Conv2DTranspose(32, 2,
strides=2, padding='same')(conv8)])
        conv9 = conv(up4, 32)
        #U-Net 最早被应用于二分类
        _y = layers.Conv2D(2, 1, activation='sigmoid')(conv9)
        return _y

#需要注意 U-Net 的输入为 512×512
x = models.Input(shape=(512, 512, 1))
y = u_net(x)
model = models.Model(x, y)
print(model.summary())
```

其 PyTorch 版本的代码如下：

```
//chapter3/unet_pytorch.py

import torch
import torch.nn as nn

#构造一个两层 3×3 的卷积，方便后续复用
class Conv(nn.Module):
    def __init__(self, in_channels, out_channels):
        super(Conv, self).__init__()
        self.conv1 = nn.Conv2d(in_channels, out_channels, kernel_size=3,
padding=1)
        self.conv2 = nn.Conv2d(out_channels, out_channels, kernel_size=3,
padding=1)
        self.activation = nn.ReLU()

    def forward(self, x):
        x = self.conv1(x)
        x = self.activation(x)
```

```python
        x = self.conv2(x)
        x = self.activation(x)
        return x

#U-Net的结构非常规整
class UNet(nn.Module):
    def __init__(self):
        super(UNet, self).__init__()
        self.conv1 = Conv(1, 32)
        self.pool1 = nn.MaxPool2d(kernel_size=2)
        self.conv2 = Conv(32, 64)
        self.pool2 = nn.MaxPool2d(kernel_size=2)
        self.conv3 = Conv(64, 128)
        self.pool3 = nn.MaxPool2d(kernel_size=2)
        self.conv4 = Conv(128, 256)
        self.pool4 = nn.MaxPool2d(kernel_size=2)
        self.conv5 = Conv(256, 512)
        self.up1 = nn.ConvTranspose2d(512, 256, kernel_size=2, stride=2, padding=0)
        self.conv6 = Conv(512, 256)
        self.up2 = nn.ConvTranspose2d(256, 128, kernel_size=2, stride=2, padding=0)
        self.conv7 = Conv(256, 128)
        self.up3 = nn.ConvTranspose2d(128, 64, kernel_size=2, stride=2, padding=0)
        self.conv8 = Conv(128, 64)
        self.up4 = nn.ConvTranspose2d(64, 32, kernel_size=2, stride=2, padding=0)
        self.conv9 = Conv(64, 32)
        self.final_conv = nn.Conv2d(32, 2, kernel_size=1)
        self.activation = nn.Sigmoid()

    def forward(self, x):
        conv1 = self.conv1(x)
        pool1 = self.pool1(conv1)
        conv2 = self.conv2(pool1)
        pool2 = self.pool2(conv2)
        conv3 = self.conv3(pool2)
        pool3 = self.pool3(conv3)
        conv4 = self.conv4(pool3)
        pool4 = self.pool4(conv4)
        conv5 = self.conv5(pool4)
        up1 = torch.cat([conv4, self.up1(conv5)], dim=1)
        conv6 = self.conv6(up1)
        up2 = torch.cat([conv3, self.up2(conv6)], dim=1)
        conv7 = self.conv7(up2)
        up3 = torch.cat([conv2, self.up3(conv7)], dim=1)
```

```
            conv8 = self.conv8(up3)
            up4 = torch.cat([conv1, self.up4(conv8)], dim=1)
            conv9 = self.conv9(up4)
            final_conv = self.final_conv(conv9)
            output = self.activation(final_conv)
            return output

u_net = UNet()
print(u_net)
```

3.1.5 DeepLab v1 和 v2

可以注意到，U-Net 中并没有用到空洞卷积，它的信息传递是通过底层与高层的特征融合实现的。后面着重学习 DeepLab 系列模型，它们是在语义分割领域应用最为广泛的深度学习技术。

DeepLab 系列经历了 v1、v2、v3 及 v3+共 4 个进化阶段，v1 和 v2 比较相似。在 v1 的论文《使用深度卷积网络和全连接 CRF 进行语义图像分割》(*Semantic image segmentation with deep convolutional nets and fully connected CRFs*)[26]中，作者对于空洞卷积的意义没有过多阐述，仅仅抛出了潜在的可能性。于是在 v2 的论文《DeepLab：使用深度卷积网络、空洞卷积和全连接 CRF 进行语义图像分割》(*DeepLab: Semantic image segmentation with deep convolutional nets, atrous convolution, and fully connected CRFs*)[27]中，作者对空洞卷积的意义进行了详细总结，并正式把模型命名为 DeepLab。除了空洞卷积外，DeepLab 的 v1 和 v2 版本中还使用了两种新技术，即空洞卷积池化金字塔（Atrous Spatial Pyramid Pooling，ASPP）和条件随机场（Conditional Random Field，CRF）。接下来以 DeepLab v2 为例，介绍模型的结构细节。

DeepLab v2 的原始论文中使用的特征提取网络(Backbone)为 VGGNet，在实践过程中，也可以采用 ResNet 等不同的网络结构。以 ResNet 为例，DeepLab v2 在第 4 个 Block 中加入 Dilation 为 2 的空洞卷积，让下采样的比例固定在 1/16，如图 3-8 所示。随后，将提取后的特征图像输入 ASPP 网络中。ASPP 网络由 4 组 3×3 的空洞卷积后接两个 1×1 的卷积组成，Dilation 分别为 6、12、18、24，两个 1×1 的卷积层分别用来做特征重组和预测结果生成，如图 3-9 所示。通过不同感受野的空洞卷积层，ASPP 能够提取特征图像不同尺度的信息，随后对 4 路的预测结果进行求和。将合并后的结果图像放大 16 倍后获得模型最终的预测输出。

CRF 是一种传统的图像处理算法，之所以被引入 DeepLab v2，是因为模型预测效果不理想，需要通过传统算法对结果进行后处理。

通过 Keras 实现基于 ResNet-34 的 DeepLab v2 网络结构，代码如下（这里没有体现 CRF）：

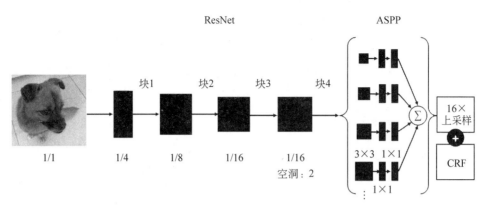

图 3-8 DeepLab v2

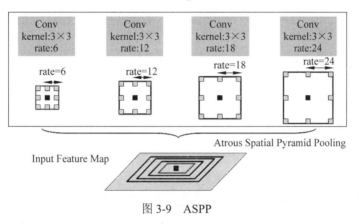

图 3-9 ASPP

```
//chapter3/deeplabv2_keras.py

from keras import layers, models

def _after_conv(in_tensor):
    norm = layers.BatchNormalization()(in_tensor)
    return layers.Activation('relu')(norm)

def conv3(in_tensor, filters, dilation=1):
    conv = layers.Conv2D(filters, kernel_size=3, dilation_rate=dilation, padding='same')(in_tensor)
    return _after_conv(conv)

def conv3_downsample(in_tensor, filters):
    conv = layers.Conv2D(filters, kernel_size=3, strides=2, padding='same')(in_tensor)
    return _after_conv(conv)
```

```python
def conv1(in_tensor, filters, dilation=1):
    conv = layers.Conv2D(filters, kernel_size=1, dilation_rate=dilation,
padding='same')(in_tensor)
    return _after_conv(conv)

def simple_conv1(in_tensor, filters, dilation=1):
    conv = layers.Conv2D(filters, kernel_size=1, dilation_rate=dilation,
padding='same')(in_tensor)
    return conv

def conv1_downsample(in_tensor, filters):
    conv = layers.Conv2D(filters, kernel_size=1, strides=2, padding='same')
(in_tensor)
    return _after_conv(conv)

def resnet_block(in_tensor, filters, downsample=False, dilation=1):
    if downsample and dilation == 1:
        conv1_rb = conv3_downsample(in_tensor, filters)
    else:
        conv1_rb = conv3(in_tensor, filters, dilation)
    conv2_rb = conv3(conv1_rb, filters, dilation)
    if downsample and dilation == 1:
        in_tensor = conv1_downsample(in_tensor, filters)
    elif downsample:
        in_tensor = conv1(in_tensor, filters, dilation)
    result = layers.Add()([conv2_rb, in_tensor])
    return layers.Activation('relu')(result)

def block(in_tensor, filters, n_block, downsample=False, dilation=1):
    res = in_tensor
    for i in range(n_block):
        if i == 0:
            res = resnet_block(res, filters, downsample, dilation)
        else:
            res = resnet_block(res, filters, False, dilation)
    return res

#DeepLab v2 的核心之一是 ASPP 网络
def aspp(in_tensor):
    dilation_rates = [1, 2, 3, 4] * 6
    conv_1 = simple_conv1(simple_conv1(conv3(in_tensor, 256, dilation_
rates[0]), 256), 1000)
    conv_2 = simple_conv1(simple_conv1(conv3(in_tensor, 256, dilation_
rates[1]), 256), 1000)
    conv_3 = simple_conv1(simple_conv1(conv3(in_tensor, 256, dilation_
rates[2]), 256), 1000)
    conv_4 = simple_conv1(simple_conv1(conv3(in_tensor, 256, dilation_
```

```
rates[3]), 256), 1000)
    result = layers.Add()([conv_1, conv_2, conv_3, conv_4])
    return result

def deeplabv2(image_batch):
    conv = layers.Conv2D(64, 7, strides=2, padding='same')(image_batch)
    conv = _after_conv(conv)
    pool1 = layers.MaxPool2D(3, 2, padding='same')(conv)
    #复用ResNet的block函数,注意这里对空洞做了拓展
    conv1_block = block(pool1, 64, 3, False)
    conv2_block = block(conv1_block, 128, 4, True)
    conv3_block = block(conv2_block, 256, 6, True)
    conv4_block = block(conv3_block, 512, 3, True, dilation=2)
    result = aspp(conv4_block)
    _y = layers.Activation('softmax')(layers.UpSampling2D(16)(result))
    return _y

x = layers.Input(shape=(224, 224, 3))
y = deeplabv2(x)
model = models.Model(x, y)
print(model.summary())
```

其PyTorch版本的代码如下:

```
//chapter3/deeplabv2_pytorch.py

import torch.nn as nn
import torch.nn.functional as F

class ResNetBlock(nn.Module):
    def __init__(self, in_channels, out_channels, stride=1, downsample=False, dilation=1):
        super(ResNetBlock, self).__init__()
        self.conv1 = nn.Conv2d(in_channels, out_channels, kernel_size=3, stride=stride, padding=dilation, dilation=dilation, bias=False)
        self.bn1 = nn.BatchNorm2d(out_channels)
        self.conv2 = nn.Conv2d(out_channels, out_channels, kernel_size=3, stride=1, padding=dilation, dilation=dilation,bias=False)
        self.bn2 = nn.BatchNorm2d(out_channels)
        if downsample:
            self.downsample = nn.Sequential(
                nn.Conv2d(in_channels, out_channels, kernel_size=1, stride=stride, bias=False),
                nn.BatchNorm2d(out_channels)
            )
        else:
            self.downsample = nn.Identity()
```

```python
    def forward(self, x):
        identity = self.downsample(x)
        out = self.conv1(x)
        out = self.bn1(out)
        out = F.relu(out)
        out = self.conv2(out)
        out = self.bn2(out)
        out += identity
        out = F.relu(out)
        return out

class Deeplabv2(nn.Module):
    def __init__(self):
        super(Deeplabv2, self).__init__()
        self.conv1 = nn.Conv2d(3, 64, kernel_size=7, stride=2, padding=3, bias=False)
        self.bn = nn.BatchNorm2d(64)
        self.pool1 = nn.MaxPool2d(kernel_size=3, stride=2, padding=1)
        self.conv1_block = self._make_layer(64, 64, 3)
        self.conv2_block = self._make_layer(64, 128, 4, stride=2)
        self.conv3_block = self._make_layer(128, 256, 6, stride=2)
        self.conv4_block = self._make_layer(256, 512, 3, dilation=2)
        self.aspp = self._make_aspp(512, 256)
        self.aspp_b1 = self._aspp_layer(256, 6)
        self.aspp_b2 = self._aspp_layer(256, 12)
        self.aspp_b3 = self._aspp_layer(256, 18)
        self.aspp_b4 = self._aspp_layer(256, 24)
        self.softmax = nn.Softmax(dim=1)

    def _make_layer(self, in_channels, out_channels, n_blocks, stride=1, dilation=1):
        layers = []
        layers.append(ResNetBlock(in_channels, out_channels, stride=stride, downsample=(stride != 1 or dilation != 1), dilation=dilation))
        for i in range(1, n_blocks):
            layers.append(ResNetBlock(out_channels, out_channels, dilation=dilation))
        return nn.Sequential(*layers)

    #DeepLab v2 的核心之一是 ASPP 网络
    def _make_aspp(self, in_channels, out_channels):
        modules = []
        modules.append(nn.Conv2d(in_channels, out_channels, kernel_size=1, bias=False))
        modules.append(nn.BatchNorm2d(out_channels))
        modules.append(nn.ReLU())
```

```
        return nn.Sequential(*modules)

    def _aspp_layer(self, channels, dilation):
        layers = []
        layers.append(nn.Conv2d(channels, channels, kernel_size=3, stride=1,
padding=dilation, dilation=dilation, bias=False))
        layers.append(nn.BatchNorm2d(channels))
        layers.append(nn.ReLU())
        layers.append(nn.Conv2d(channels, channels, kernel_size=1))
        layers.append(nn.Conv2d(channels, 1000, kernel_size=1))
        return nn.Sequential(*layers)

    def forward(self, x):
        x = self.conv1(x)
        x = self.bn(x)
        x = F.relu(x)
        x = self.pool1(x)
        x = self.conv1_block(x)
        x = self.conv2_block(x)
        x = self.conv3_block(x)
        x = self.conv4_block(x)
        x = self.aspp(x)
        x1 = self.aspp_b1(x)
        x2 = self.aspp_b2(x)
        x3 = self.aspp_b3(x)
        x4 = self.aspp_b4(x)
        x = x1 + x2 + x3 + x4
        x = F.interpolate(x, scale_factor=16, mode='bilinear', align_corners=
True)
        x = self.softmax(x)
        return x

deeplabv2 = Deeplabv2()
print(deeplabv2)
```

3.1.6　DeepLab v3

DeepLab v3 更像是 v2 版本的迭代，将 Backbone 由 VGGNet 换成了 ResNet，并对 ASPP 网络进行了优化，论文题目是《重新思考用于语义图像分割的空洞卷积》（*Rethinking atrous convolution for semantic image segmentation*）[28]。在 DeepLab v3 的 ASPP 网络中，将 v2 中空洞率为 24 的空洞卷积移除了，取而代之的是一个 1×1 的卷积层，用于保留 Backbone 提取的原始特征。为了保留图像级别的信息，DeepLab v3 引入了图像级别的池化，加入 ASPP 网络中。DeepLab v2 中的预测结果是简单的求和，这一做法相当简单粗暴，在 DeepLab v3 中取消了 ASPP 中后续的一系列 1×1 卷积层，先将 ASPP 网络获得的特征图像拼接起来，然后用一个 1×1 的卷积层对预测结果进行整合，如图 3-10 所示。

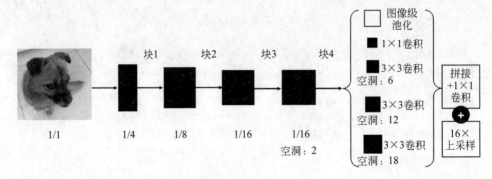

图 3-10　DeepLab v3

以 ResNet-34 作为 Backbone 的 DeepLab v3 网络定义如下（假设预测结果为二分类，如不做特殊说明，卷积层的空洞率为 1）：

（1）输入图像大小为 224×224×3 的彩色图像。

（2）块 0：①卷积层（3×3×64），Stride 为 2，不作用激活函数；②批归一化层；③ReLU 激活层；④Max Pooling（3×3），Stride 为 2。

（3）块 1：残差结构（64，64，1）×3。

（4）块 2：①残差结构（64，128，1）×1；②残差结构（64，128，1）×3。

（5）块 3：①残差结构（128，256，1）×1；②残差结构（256，256，1）×5。

（6）块 4：①残差结构（256，512，2）×1；②残差结构（512，512，2）×2。

（7）ASPP 网络，共 5 路分支：①卷积层（1×1×256），Stride 为 1，空洞率为 1，加入批归一化，激活函数为 ReLU；②卷积层（3×3×256），Stride 为 1，空洞率为 6，加入批归一化，激活函数为 ReLU；③卷积层（3×3×256），Stride 为 1，空洞率为 12，加入批归一化，激活函数为 ReLU；④卷积层（3×3×256），Stride 为 1，空洞率为 18，加入批归一化，激活函数为 ReLU；⑤图像级别池化。

（8）对 ASPP 网络的输出进行拼接，作用卷积层（1×1×1000），Stride 为 1，激活函数为 Softmax。

其中，残差结构（m，n，d）定义可分为两种情况。

第 1 种情况，若 m 与 n 相同：

（1）输入图像，通道数为 m。

（2）卷积层（3×3×n），Stride 为 1，空洞率为 d，加入批归一化，而后作用激活函数 ReLU。

（3）卷积层（3×3×n），Stride 为 1，空洞率为 d，加入批归一化，不作用激活函数。

（4）输入图像与卷积层输出求和，作用激活函数 ReLU。

第 2 种情况，若 m 与 n 不同：

（1）输入图像，通道数为 m，通过卷积层（1×1×n），Stride 为 1，进行维度匹配，加入批归一化,不作用激活函数。

(2) 卷积层(3×3×n),Stride 为 2,空洞率为 d,加入批归一化,而后作用激活函数 ReLU。

(3) 卷积层(3×3×n),Stride 为 1,空洞率为 d,加入批归一化,不作用激活函数。

(4) 卷积层输出与维度匹配后的输入图像求和,作用激活函数 ReLU。

研究人员惊喜地发现,经过这些优化后,DeepLab v3 的预测效果有了明显提升,可以放心大胆地丢弃 CRF 了。

通过 Keras 实现基于 ResNet-34 的 DeepLab v3 网络结构,代码如下:

```
//chapter3/deeplabv3_keras.py

from keras import layers, models

def _after_conv(in_tensor):
    norm = layers.BatchNormalization()(in_tensor)
    return layers.Activation('relu')(norm)

def conv3(in_tensor, filters, dilation=1):
    conv = layers.Conv2D(filters, kernel_size=3, dilation_rate=dilation, padding='same')(in_tensor)
    return _after_conv(conv)

def conv3_downsample(in_tensor, filters):
    conv = layers.Conv2D(filters, kernel_size=3, strides=2, padding='same')(in_tensor)
    return _after_conv(conv)

def conv1(in_tensor, filters, dilation=1):
    conv = layers.Conv2D(filters, kernel_size=1, dilation_rate=dilation, padding='same')(in_tensor)
    return _after_conv(conv)

def simple_conv1(in_tensor, filters, dilation=1):
    conv = layers.Conv2D(filters, kernel_size=1, dilation_rate=dilation, padding='same')(in_tensor)
    return conv

def conv1_downsample(in_tensor, filters):
    conv = layers.Conv2D(filters, kernel_size=1, strides=2, padding='same')(in_tensor)
    return _after_conv(conv)

def resnet_block(in_tensor, filters, downsample=False, dilation=1):
    if downsample and dilation == 1:
        conv1_rb = conv3_downsample(in_tensor, filters)
```

```python
        else:
            conv1_rb = conv3(in_tensor, filters, dilation)
        conv2_rb = conv3(conv1_rb, filters, dilation)

        if downsample and dilation == 1:
            in_tensor = conv1_downsample(in_tensor, filters)
        elif downsample:
            in_tensor = conv1(in_tensor, filters, dilation)
        result = layers.Add()([conv2_rb, in_tensor])

        return layers.Activation('relu')(result)

    def block(in_tensor, filters, n_block, downsample=False, dilation=1):
        res = in_tensor
        for i in range(n_block):
            if i == 0:
                res = resnet_block(res, filters, downsample, dilation)
            else:
                res = resnet_block(res, filters, False, dilation)
        return res

    #DeepLab v3 的 ASPP 网络更漂亮
    def aspp(in_tensor):
        dilation_rates = [1, 2, 3] * 6
        image_pooling = layers.AveragePooling2D(pool_size=(in_tensor.shape[-3], in_tensor.shape[-2]))(in_tensor)
        image_pooling = layers.UpSampling2D([in_tensor.shape[-3], in_tensor.shape[-2]])(image_pooling)
        conv_1 = conv1(in_tensor, 256)
        conv_2 = conv3(in_tensor, 256, dilation_rates[0])
        conv_3 = conv3(in_tensor, 256, dilation_rates[1])
        conv_4 = conv3(in_tensor, 256, dilation_rates[2])
        result = layers.Concatenate()([image_pooling, conv_1, conv_2, conv_3, conv_4])
        return conv1(result, 1000)

    def deeplabv3(image_batch):
        conv = layers.Conv2D(64, 7, strides=2, padding='same')(image_batch)
        conv = _after_conv(conv)
        pool1 = layers.MaxPool2D(3, 2, padding='same')(conv)
        conv1_block = block(pool1, 64, 3, False)
        conv2_block = block(conv1_block, 128, 4, True)
        conv3_block = block(conv2_block, 256, 6, True)
        conv4_block = block(conv3_block, 512, 3, True, dilation=2)
        result = aspp(conv4_block)
        _y = layers.Activation('softmax')(layers.UpSampling2D(16)(result))
        return _y
```

```python
x = layers.Input(shape=(224, 224, 3))
y = deeplabv3(x)
model = models.Model(x, y)
print(model.summary())
```

其 PyTorch 版本的代码如下:

```
//chapter3/deeplabv3_pytorch.py

import torch
import torch.nn as nn
import torch.nn.functional as F

class ResNetBlock(nn.Module):
    def __init__(self, in_channels, out_channels, stride=1, downsample=False, dilation=1):
        super(ResNetBlock, self).__init__()
        self.conv1 = nn.Conv2d(in_channels, out_channels, kernel_size=3,
                        stride=stride, padding=dilation, dilation=
                        dilation, bias=False)
        self.bn1 = nn.BatchNorm2d(out_channels)
        self.conv2 = nn.Conv2d(out_channels, out_channels, kernel_size=3,
                        stride=1, padding=dilation, dilation=
                        dilation, bias=False)
        self.bn2 = nn.BatchNorm2d(out_channels)
        if downsample:
            self.downsample = nn.Sequential(
                nn.Conv2d(in_channels, out_channels, kernel_size=1, stride=stride, bias=False),
                nn.BatchNorm2d(out_channels)
            )
        else:
            self.downsample = nn.Identity()

    def forward(self, x):
        identity = self.downsample(x)
        out = self.conv1(x)
        out = self.bn1(out)
        out = F.relu(out)
        out = self.conv2(out)
        out = self.bn2(out)
        out += identity
        out = F.relu(out)
        return out

class Deeplabv3(nn.Module):
    def __init__(self):
```

```python
        super(Deeplabv3, self).__init__()
        self.conv1 = nn.Conv2d(3, 64, kernel_size=7, stride=2, padding=3, bias=False)
        self.bn = nn.BatchNorm2d(64)
        self.pool1 = nn.MaxPool2d(kernel_size=3, stride=2, padding=1)
        self.conv1_block = self._make_layer(64, 64, 3)
        self.conv2_block = self._make_layer(64, 128, 4, stride=2)
        self.conv3_block = self._make_layer(128, 256, 6, stride=2)
        self.conv4_block = self._make_layer(256, 512, 3, dilation=2)
    #DeepLab v3 的 ASPP 网络更漂亮
        self.aspp = self._make_aspp(512, 256)
        self.aspp_b1 = self._aspp_layer(256, 6)
        self.aspp_b2 = self._aspp_layer(256, 12)
        self.aspp_b3 = self._aspp_layer(256, 18)
        self.aspp_b4 = nn.Conv2d(256, 256, kernel_size=1, bias=False)
        self.aspp_b5 = nn.AvgPool2d(1)
        self.conv2 = nn.Conv2d(1280, 1000, kernel_size=1, bias=False)
        self.softmax = nn.Softmax(dim=1)

    def _make_layer(self, in_channels, out_channels, n_blocks, stride=1, dilation=1):
        layers = []
        layers.append(ResNetBlock(in_channels, out_channels, stride=stride, downsample=(stride != 1 or dilation != 1), dilation=dilation))
        for i in range(1, n_blocks):
            layers.append(ResNetBlock(out_channels, out_channels, dilation=dilation))
        return nn.Sequential(*layers)

    def _make_aspp(self, in_channels, out_channels):
        modules = []
        modules.append(nn.Conv2d(in_channels, out_channels, kernel_size=1, bias=False))
        modules.append(nn.BatchNorm2d(out_channels))
        modules.append(nn.ReLU())
        return nn.Sequential(*modules)

    def _aspp_layer(self, channels, dilation):
        layers = []
        layers.append(nn.Conv2d(channels, channels, kernel_size=3, stride=1, padding=dilation, dilation=dilation, bias=False))
        layers.append(nn.BatchNorm2d(channels))
        layers.append(nn.ReLU())
        return nn.Sequential(*layers)

    def forward(self, x):
        x = self.conv1(x)
        x = self.bn(x)
```

```
        x = F.relu(x)
        x = self.pool1(x)
        x = self.conv1_block(x)
        x = self.conv2_block(x)
        x = self.conv3_block(x)
        x = self.conv4_block(x)
        x = self.aspp(x)
        x1 = self.aspp_b1(x)
        x2 = self.aspp_b2(x)
        x3 = self.aspp_b3(x)
        x4 = self.aspp_b4(x)
        x5 = self.aspp_b5(x)
        x = torch.cat([x1, x2, x3, x4, x5], dim=1)
        x = self.conv2(x)
        x = F.interpolate(x, scale_factor=16, mode='bilinear', align_corners=True)
        x = self.softmax(x)
        return x

deeplabv3 = Deeplabv3()
print(deeplabv3)
```

3.1.7 两种架构的融合——DeepLab v3+

可以简单对比一下 U-Net 与 DeepLab v3，U-Net 是一个典型的编码器-解码器（Encoder-Decoder）架构，通过下采样，对原始图像"编码"成 1024 个特征图像，随后通过上采样，"解码"为模型的预测结果，如图 3-11 所示。DeepLab v3 只有编码器，通过空洞卷积来保留原始图像的底层信息，同时使用 ASPP 网络对特征图像的信息进行深层次提取，获得预测结

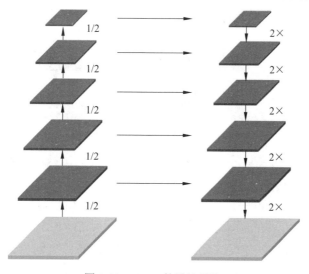

图 3-11 U-Net 的设计思路

果，如图 3-12 所示。问题来了，是不是可以给 DeepLab v3 设计一个解码器呢？答案是可以，这就是 DeepLab v3+，如图 3-13 所示。

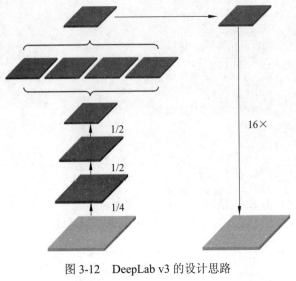

图 3-12　DeepLab v3 的设计思路

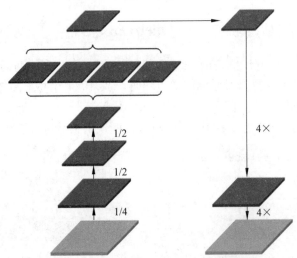

图 3-13　DeepLab v3+的设计思路

DeepLab v3+的 ASPP 网络与 v3 相同，随后将 ASPP 网络输出的特征图像放大 4 倍后与底层特征（使用 1×1 卷积对特征进行重组）进行拼接，随后经过 3×3 卷积层作用，放大 4 倍后，得到最终的预测结果，如图 3-14 所示。后面加入的部分构成了 DeepLab v3+的解码器。

在原始 DeepLab v3+的论文《使用空洞分离卷积进行语义图像分割的编码器-解码器》（*Encoder-decoder with atrous separable convolution for semantic image segmentation*）中[29]，作

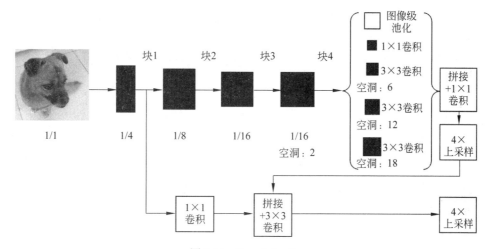

图 3-14　DeepLab v3+

者采用了 Xception 作为 Backbone。大家在应用这一模型时，选择任何 Backbone 都是可以的。

以 ResNet-34 作为 Backbone 的 DeepLab v3+网络定义如下（假设预测结果为二分类）：

（1）复用 DeepLab v3 的网络结构。

（2）将 ASPP 的输出拼接后，作用卷积层（1×1×256），放大 4 倍。

（3）将 ResNet 块 1 的输出作用卷积层（1×1×48）。

（4）对 ASPP 与 ResNet 块 1 分别卷积后的结果进行拼接。

（5）卷积层（3×3×256），Stride 为 1，加入批归一化。

（6）卷积层（3×3×1000），Stride 为 1，放大 4 倍，而后作用激活函数 Softmax。

加入解码器后，模型对于小物体的识别能力大幅提高，如图 3-15 所示，这一提升得益于底层特征的融合及更好的预测结果计算逻辑。

图 3-15　DeepLab v3+的预测结果[29]

通过 Keras 实现基于 ResNet-34 的 DeepLab v3+网络结构，代码如下：

//chapter3/deeplabv3plus_keras.py

```python
from keras import layers, models

def _after_conv(in_tensor):
    norm = layers.BatchNormalization()(in_tensor)
    return layers.Activation('relu')(norm)

def conv3(in_tensor, filters, dilation=1):
    conv = layers.Conv2D(filters, kernel_size=3, dilation_rate=dilation, padding='same')(in_tensor)
    return _after_conv(conv)

def conv3_downsample(in_tensor, filters):
    conv = layers.Conv2D(filters, kernel_size=3, strides=2, padding='same')(in_tensor)
    return _after_conv(conv)

def conv1(in_tensor, filters, dilation=1):
    conv = layers.Conv2D(filters, kernel_size=1, dilation_rate=dilation, padding='same')(in_tensor)
    return _after_conv(conv)

def simple_conv1(in_tensor, filters, dilation=1):
    conv = layers.Conv2D(filters, kernel_size=1, dilation_rate=dilation, padding='same')(in_tensor)
    return conv

def conv1_downsample(in_tensor, filters):
    conv = layers.Conv2D(filters, kernel_size=1, strides=2, padding='same')(in_tensor)
    return _after_conv(conv)

def resnet_block(in_tensor, filters, downsample=False, dilation=1):
    if downsample and dilation == 1:
        conv1_rb = conv3_downsample(in_tensor, filters)
    else:
        conv1_rb = conv3(in_tensor, filters, dilation)
    conv2_rb = conv3(conv1_rb, filters, dilation)

    if downsample and dilation == 1:
        in_tensor = conv1_downsample(in_tensor, filters)
    elif downsample:
        in_tensor = conv1(in_tensor, filters, dilation)
    result = layers.Add()([conv2_rb, in_tensor])

    return layers.Activation('relu')(result)
```

```python
    def block(in_tensor, filters, n_block, downsample=False, dilation=1):
        res = in_tensor
        for i in range(n_block):
            if i == 0:
                res = resnet_block(res, filters, downsample, dilation)
            else:
                res = resnet_block(res, filters, False, dilation)
        return res

    def aspp(in_tensor):
        dilation_rates = [1, 2, 3] * 6
        image_pooling = layers.AveragePooling2D(pool_size=(in_tensor.shape[-3],
in_tensor.shape[-2]))(in_tensor)
        image_pooling = layers.UpSampling2D([in_tensor.shape[-3],
in_tensor.shape[-2]])(image_pooling)
        conv_1 = conv1(in_tensor, 256)
        conv_2 = conv3(in_tensor, 256, dilation_rates[0])
        conv_3 = conv3(in_tensor, 256, dilation_rates[1])
        conv_4 = conv3(in_tensor, 256, dilation_rates[2])
        result = layers.Concatenate()([image_pooling, conv_1, conv_2, conv_3,
conv_4])
        return layers.UpSampling2D(4)(conv1(result, 256))

    def deeplabv3plus(image_batch):
        conv = layers.Conv2D(64, 7, strides=2, padding='same')(image_batch)
        conv = _after_conv(conv)
        pool1 = layers.MaxPool2D(3, 2, padding='same')(conv)
        conv1_block = block(pool1, 64, 3, False)
        conv2_block = block(conv1_block, 128, 4, True)
        conv3_block = block(conv2_block, 256, 6, True)
        conv4_block = block(conv3_block, 512, 3, True, dilation=2)
        encode_result = aspp(conv4_block)
        #通过拼接,把底层特征融合上来
        concat_result = layers.Concatenate()([simple_conv1(conv1_block, 48),
encode_result])
        result = conv3(concat_result, 256)
        _y =layers.Activation('softmax')(layers.UpSampling2D(4)(simple_conv1
(result, 1000)))
        return _y

    x = layers.Input(shape=(224, 224, 3))
    y_ = layers.Input(shape=(1000,))
    y = deeplabv3plus(x)
    model = models.Model(x, y)
    print(model.summary())
```

其 PyTorch 版本的代码如下:

```
//chapter3/deeplabv3plus_pytorch.py

import torch
import torch.nn as nn
import torch.nn.functional as F

class ResNetBlock(nn.Module):
    def __init__(self, in_channels, out_channels, stride=1, downsample=False, dilation=1):
        super(ResNetBlock, self).__init__()
        self.conv1 = nn.Conv2d(in_channels, out_channels, kernel_size=3,
                    stride=stride, padding=dilation,
                    dilation=dilation,bias=False)
        self.bn1 = nn.BatchNorm2d(out_channels)
        self.conv2 = nn.Conv2d(out_channels, out_channels, kernel_size=3,
                    stride=1, padding=dilation,
                    dilation=dilation, bias=False)
        self.bn2 = nn.BatchNorm2d(out_channels)
        if downsample:
            self.downsample = nn.Sequential(
                nn.Conv2d(in_channels, out_channels, kernel_size=1, stride=stride, bias=False),
                nn.BatchNorm2d(out_channels)
            )
        else:
            self.downsample = nn.Identity()

    def forward(self, x):
        identity = self.downsample(x)
        out = self.conv1(x)
        out = self.bn1(out)
        out = F.relu(out)
        out = self.conv2(out)
        out = self.bn2(out)
        out += identity
        out = F.relu(out)
        return out

class Deeplabv3Plus(nn.Module):
    def __init__(self):
        super(Deeplabv3Plus, self).__init__()
        self.conv1 = nn.Conv2d(3, 64, kernel_size=7, stride=2, padding=3, bias=False)
        self.bn1 = nn.BatchNorm2d(64)
        self.pool1 = nn.MaxPool2d(kernel_size=3, stride=2, padding=1)
        self.conv1_block = self._make_layer(64, 64, 3)
```

```python
        self.conv2_block = self._make_layer(64, 128, 4, stride=2)
        self.conv3_block = self._make_layer(128, 256, 6, stride=2)
        self.conv4_block = self._make_layer(256, 512, 3, dilation=2)
        self.aspp = self._make_aspp(512, 256)
        self.aspp_b1 = self._aspp_layer(256, 6)
        self.aspp_b2 = self._aspp_layer(256, 12)
        self.aspp_b3 = self._aspp_layer(256, 18)
        self.aspp_b4 = nn.Conv2d(256, 256, kernel_size=1, bias=False)
        self.aspp_b5 = nn.AvgPool2d(1)
        self.conv2 = nn.Conv2d(1280, 256, kernel_size=1, bias=False)
        self.bn2 = nn.BatchNorm2d(256)
        self.conv3 = nn.Conv2d(64, 48, kernel_size=1, bias=False)
        self.conv4 = nn.Conv2d(304, 256, kernel_size=3, bias=False)
        self.conv5 = nn.Conv2d(256, 1000, kernel_size=1, bias=False)
        self.softmax = nn.Softmax(dim=1)

    def _make_layer(self, in_channels, out_channels, n_blocks, stride=1, dilation=1):
        layers = []
        layers.append(ResNetBlock(in_channels, out_channels, stride=stride, downsample=(stride != 1 or dilation != 1), dilation=dilation))
        for i in range(1, n_blocks):
            layers.append(ResNetBlock(out_channels, out_channels, dilation=dilation))
        return nn.Sequential(*layers)

    def _make_aspp(self, in_channels, out_channels):
        modules = []
        modules.append(nn.Conv2d(in_channels, out_channels, kernel_size=1, bias=False))
        modules.append(nn.BatchNorm2d(out_channels))
        modules.append(nn.ReLU())
        return nn.Sequential(*modules)

    def _aspp_layer(self, channels, dilation):
        layers = []
        layers.append(nn.Conv2d(channels, channels, kernel_size=3, stride=1, padding=dilation, dilation=dilation, bias=False))
        layers.append(nn.BatchNorm2d(channels))
        layers.append(nn.ReLU())
        return nn.Sequential(*layers)

    def forward(self, x):
        x = self.conv1(x)
        x = self.bn1(x)
        x = F.relu(x)
        x = self.pool1(x)
```

```python
        x_b1 = self.conv1_block(x)
        x_b2 = self.conv2_block(x_b1)
        x_b3 = self.conv3_block(x_b2)
        x_b4 = self.conv4_block(x_b3)
        print(x_b4.shape)
        x = self.aspp(x_b4)
        x1 = self.aspp_b1(x)
        x2 = self.aspp_b2(x)
        x3 = self.aspp_b3(x)
        x4 = self.aspp_b4(x)
        x5 = self.aspp_b5(x)
        x = torch.cat([x1, x2, x3, x4, x5], dim=1)
        x = self.conv2(x)
        x = self.bn2(x)
        x = F.relu(x)
        x = F.interpolate(x, scale_factor=4, mode='bilinear', align_corners=True)
        x_b1 = self.conv3(x_b1)
        #通过拼接,把底层特征融合上来
        x = torch.cat([x, x_b1], dim=1)
        x = self.conv4(x)
        x = self.bn2(x)
        x = F.relu(x)
        x = self.conv5(x)
        x = F.interpolate(x, scale_factor=4, mode='bilinear', align_corners=True)
        x = self.softmax(x)
        return x

deeplabv3plus = Deeplabv3Plus()
print(deeplabv3plus)
```

3.2 模型可视化

下面来讲解模型可视化的相关知识,所谓模型可视化,就是"打开"卷积神经网络的大脑,来看它到底学到了什么东西。通常来讲,神经网络的参数过于庞大,很难进行解释,大家往往将其看作黑箱,模型可视化是研究这一黑箱的重要手段。

可视化方法可以分成白盒和黑盒方法,注意这里的定义与测试领域不同。白盒方法需要我们打开黑箱,看一下模型学到的内容,包括卷积核、特征图像、表征向量等的可视化,而黑盒方法将模型看作黑箱,通过不同的输入观察其输出的特性,进而推测模型的预测过程,包括遮盖分析、显著梯度分析等。

3.2.1 卷积核可视化

卷积核可视化就是通过颜色把卷积核的内容画出来，如图 3-16 所示。通过观察不同卷积神经网络第 1 层卷积的卷积核可视化图像,可以发现它们第 1 层卷积所做的事情非常相似，这一过程与网络的深度无关。总体来讲，卷积神经网络的底层卷积主要用来提取边缘、明暗度、轮廓等信息，这些信息是模型深层次学习的基础，随着网络的深入，模型倾向于通过底层信息，提取语义层级的高阶信息。

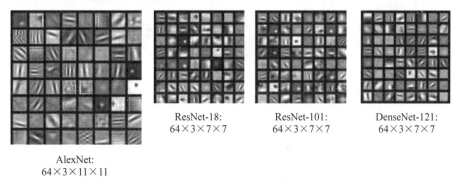

图 3-16　卷积核可视化

3.2.2 特征图可视化

由于特征图像保留了原始图像的空间信息，相比卷积核的可视化，特征图像的可视化更易于理解。通过将特征图像高亮的部分映射回输入图像，便可以通过人工对模型的关注点进行总结。特征图像的可视化方法是模型可视化最常用的手段，一方面能够把人类已掌握的知识映射到模型的预测过程上；另一方面可以提炼出之前未掌握的新知识。

3.2.3 表征向量可视化

对于图像分类模型，其输出层的前一个特征向量可定义为它的表征（Representation）。表征向量编码是图像最本质的特征信息，通过其可视化，能够实现图像的聚类与检索。通过像素匹配所找到的最近邻图像，在像素级的层面，很难获得更高层级的特征，往往会呈现出奇怪的结果，而通过表征向量，找到的都是语义层级相似的图像数据。

3.2.4 遮盖分析与显著梯度分析

基于同一个卷积神经网络，对输入图像的不同区域进行遮盖，便可以获得不同的预测概率（或称置信度），这种方法就是遮盖分析，如图 3-17 所示。将对不同区域遮盖造成的预测置信度降低值画在对应的遮盖区域，便可得到遮盖分析热力图，其强度代表当前区域对预测的贡献度。通过这种方法，不用分析网络参数的细节，就可以通过不同的输入/输出得到网络预测的依据。与遮盖分析类似，通过分析不同像素所贡献的梯度，也能够获得不同区域贡献度的可视化结果,这一方法叫作显著梯度分析,如图 3-18 所示。

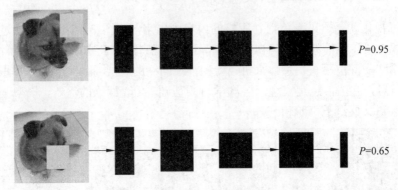

图 3-17 遮盖分析

图 3-18 显著梯度分析[30]

3.3 病理影像分割初探

本节通过病理影像分析中的一些案例,来介绍如何将卷积神经网络应用在真实世界任务中。

3.3.1 病理——医学诊断的"金标准"

病理医学被认为是医学诊断的"金标准",病理报告对于向临床医生提供进一步治疗策略至关重要,因此病理医生被誉为"医生的医生",然而,遗憾的是,我国注册在案的病理医师人数不足 1 万人,与卫健委建议的至少 10 万名病理医师相比,存在近 10 倍的差距。病理医生的培养周期较长,通常需要 5~10 年的时间,这进一步加剧了这一严峻现实。

病理医师人才的短缺带来了病理诊断的世纪难题。在人才短缺的情况下,我国亟须提高病理诊断的质量。在大型的三级医院中,由于病理医生人才短缺,他们面临着巨大的诊断压力,而在小型的二级医院中,不仅缺乏人才,还由于无法接触到大量样本,病理医生的诊断水平也存在一定的局限性。这两种情况都表明,迫切需要通过技术手段改变病理诊断的现状。

近年来,全球范围内的传统病理学已经开始进行数字化和智能化转型。传统病理医生通过显微镜观察实体玻片进行诊断,如图 3-19 所示。越来越多的大型医院和医疗中心,例如得克萨斯大学安德森癌症中心(UT MD Anderson Cancer Center),开始将部分或全部实体玻片数字化,并在全数字病理切片上进行诊断工作。全数字病理切片的广泛采用为智慧病理系统的研发和应用奠定了坚实的基础。这也催生了一大批企业加入病理人工智能的研发,同时国家也对医院的呼吁做出了积极响应,提供了强力支持。可以预见,在未来 3~5 年内,中国的病理诊断将会发生翻天覆地的变化,这个过程可以被称为"肿瘤诊断新基建",每位患者都将从中受益。

图 3-19 通过显微镜进行病理诊断

3.3.2 病理人工智能的挑战

在智慧病理系统的研发过程中,人工智能技术面临着一些挑战,其中之一是病理影像的巨大体积。例如,X 光片的大小通常为 2000×2000 像素,文件大小在几兆字节左右,而 CT 扫描的分辨率大约为 512×512×横截面数目,文件大小超过 100MB,而一张 400 倍扫描的病理影像,其空间尺寸通常在 12 万×20 万像素的数量级,文件大小通常接近或超过 1GB,如图 3-20 所示。较大的图像尺寸一方面反映了病理影像包含着丰富的信息,另一方面也给存储和分析带来了巨大的技术挑战。

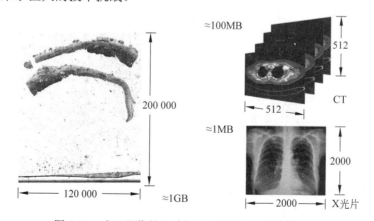

图 3-20 病理影像的尺寸与 CT 影像、X 光片的对比

另外的技术挑战来自病理影像丰富的多样性，图 3-21 左侧是来自三家不同医院的数据，可以看到由于不同医院染色、制片工艺的不同，所获得的病理影像会有比较大的差别。右侧这幅图是通过不同的切片扫描仪所获得的病理切片，由于数字病理切片扫描仪的工艺和配置不同，它们所获得的切片无论是从颜色还是从清晰程度上来讲都拥有比较大的多样性。为了实现智慧病理，就必须克服以上这两个挑战。

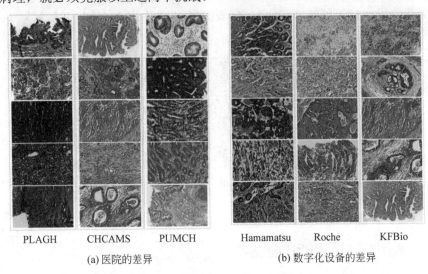

图 3-21　病理影像的多样性[10]

3.3.3　真实模型训练流程

数据、算法、系统（又称算力），构成了人工智能系统研发的三驾马车，如图 3-22 所示。数据在整个智能系统中扮演着重要的角色，对于建立有监督深度学习模型而言，需要进行高精度的像素级病理标注。为此，研究人员开发了一套基于 iPad 和 Apple Pencil 的标注系统。通过这套系统，在标注过程中，数字切片和标注数据都可以通过云端传输，从而确保标注数据不会丢失。使用 Apple Pencil 在 iPad 上进行绘画操作就能够完成标注，如图 3-23 所示。

图 3-22　人工智能系统的研发流程

数据标注完成后，将进行数据的预处理。在训练集和验证集的预处理过程中，首先使用大津（Otsu）法过滤掉切片的背景区域，然后以一定的步长将整张切片分割为尺寸为 $n \times n$ 的训练图像块，如图 3-24 所示。由于组织病理诊断中切片观察方向没有特定要求，可以采用随机旋转和镜像等数据增强技术来训练模型。为了使模型能够适应不同扫描仪的微小放缩

图 3-23 病理数据标注系统

比变化，训练数据会进行随机缩放，缩放比例范围为 1.0x~1.5x。同时，还会对训练图像的亮度、对比度、色调和饱和度进行随机扰动，以增强模型对不同染色配置的兼容性，如图 3-25 所示。

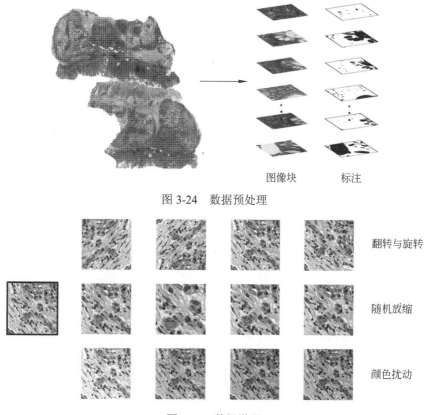

图 3-24 数据预处理

图 3-25 数据增强

在有了训练数据后，可以使用 TensorFlow 或 PyTorch 构建一个完整的深度学习流水线，如图 3-26 所示。以下以 TensorFlow 为例进行说明。首先，将训练数据及其对应的标注存储到数据源中。深度学习系统会自动从数据源中读取数据，并进行数据增强操作。接下来，将增强后的数据送入模型的训练模块进行参数更新。在训练过程中，可以使用 TensorBoard 对模型的优化情况进行实时监控。TensorBoard 可以提供可视化界面，显示在训练过程中的损失函数、准确率等指标的变化情况，帮助了解模型的训练效果。此外，系统还可以定时保存模型参数的快照，以便在需要时进行恢复或评估。

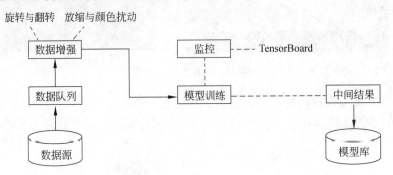

图 3-26　深度学习流水线

全卷积神经网络结构所带来的一个好处是在训练和测试过程中图像块的尺寸可以不必相同。在测试阶段，甚至可以将数字切片切割成尺寸为 $8n×8n$ 像素的图像块。为了进一步保留图像块周围的环境信息，可以采用块重叠方法，将（$8n$+200）×（$8n$+200）的图像块输入模型中，仅取中心 $8n×8n$ 的预测结果。

模型训练完成后，可以基于 TensorFlow Serving 搭建一套推理系统，系统具有高可用性和高可推展性，能够将预测任务分配到集群中的所有 GPU 进行并行计算，大幅提高数字病理切片预测的速度。

在架构过程中，将不同的系统组件划分为微服务。TensorFlow Serving 容器化后放入训练完成的模型，为每个 TensorFlow Serving 容器配置一个工作节点，以完成数据缓存、gRPC 通信等工作，二者对应一个 GPU，共同提供推理服务。产品后端发起预测请求后，消息会通过消息队列（Message Queue，MQ）分发到预处理模块，随后将切片的有效区域切割送入调度器。调度器会监控所有工作节点的状态，统一对队列中的任务进行分配。切片中的所有图像块预测完成后，结果将被发到后处理模块获得切片级的预测，通过 MQ 返回产品后端，如图 3-27 所示。

通过以上方法，研究人员首先对肠腺瘤的数据进行了学习，以分析深度学习模型与病理医生的相似性。基于 DeepLab，在近 200 例测试数据上，模型展现出不错的预测效果，如图 3-28 所示。在这里，语义分割模型展示出它的优势，像素级的预测结果能够较好地为病理医生呈现出病变的区域，如图 3-29 所示。

基于深度学习的医学诊断系统需要良好的可解释性，但是卷积神经网络通常被认为是一个黑箱，从而给临床使用带来挑战。在实践中，可以通过可视化特征图像来了解卷积神经网络的推理过程，图中给出了 3 个有代表性的例子，如图 3-30～图 3-32 所示。为了确定是否存在腺瘤，有经验的病理医生主要关注腺体和细胞形态。可以观察到，底层的卷积层从原始

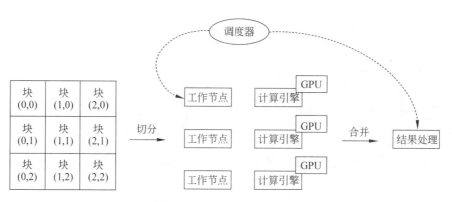

图 3-27　病理影像分析逻辑

	诊断	
预测	腺瘤	非肿瘤
腺瘤	72	11
非肿瘤	7	104

图 3-28　混淆矩阵

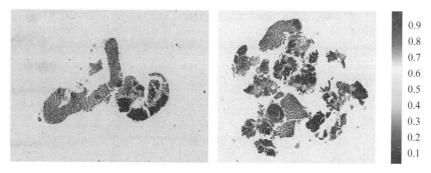

图 3-29　模型预测结果[31]

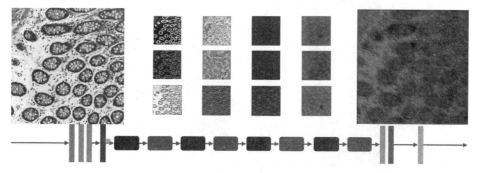

图 3-30　特征图可视化（阴性样本）[31]

图 3-31 特征图可视化（阳性样本）[31]

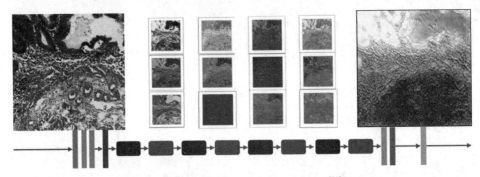

图 3-32 特征图可视化（交界样本）[31]

图像中提取边缘和颜色信息。随着网络的不断加深，一些特征图逐渐显示出腺体形状、细胞核和细胞形态。对于具有异常腺体形状和细胞形态的病例，模型会最终将其判定为腺瘤。

研究人员还希望知道模型在哪些情况下容易犯错，图 3-33 中给出了两个假阴性的结果，这两例样本的腺瘤处于早期状态，尽管模型成功地发现了这些潜在瘤变腺体，但由于预测概

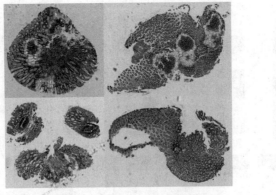

图 3-33 假阴性结果

率太低而无法做出肯定的判断。有趣的是，类似的失误在初级病理医生身上也时常发生，如图 3-33 所示，假阳性预测与组织烧灼和组织增生密切相关。巧合的是，初级病理医生同样对这些组织结构感到困惑，有时会将类似的形态诊断为腺瘤性增生。

这套系统研发的方法论对不同器官是通用的，在 2020 年发表于《自然·通讯》（*Nature Communications*）的论文《临床适用的胃癌病理深度学习诊断系统》（*Clinically applicable histopathological diagnosis system for gastric cancer detection using deep learning*）[10]中，来自中国的研究团队报道了首个临床适用的胃部病理诊断系统。这样的一套系统，有两个非常重要的关键词，便是"不漏诊"和"强兼容"。"不漏诊"是指系统对恶性肿瘤的识别敏感度接近 100%，不会放过恶性样本。"强兼容"要求系统在不同医院和数字切片扫描仪所获得的数据上展现出稳定的诊断效果。经过来自中国人民解放军总医院、中国医学科学院肿瘤医院、北京协和医院多中心数据的大规模测试，系统表现出接近 100%的敏感度和超过 80%的特异性。

3.4 自监督学习

3.4.1 方法概述

神经网络是一个强大的特征提取器，所提取特征的质量决定了模型的学习效果。为了构造更好的特征提取器，人们通常采集大量的数据，并给出人工的标注。用一句话概括，就是"有多少人工，就有多少智能"。这样一个怪圈急需打破，自监督学习（Self-Supervised Learning）便是其中一个前沿的研究方向。

假设能够把互联网上的所有图像抓取下来，最理想的情况是在没有任何标注信息的前提下，对全世界的图像进行学习。这里面最大的难题在于这些数据没有标注，任何有监督的学习方式都是不可行的。研究人员开始思考，如何通过一些巧妙的手段，通过没有标签的图像来构造一些有监督学习的方法，通过这些任务的学习，就可以让卷积神经网络学着去提取图像本质的特征，这种方法就叫作自监督学习。

自监督学习的方法论是非常直观的：首先，通过没有标签的大量数据，自行构建自监督学习任务，例如预测图像的旋转角度等，获得自监督学习的数据和标签。随后，训练一个有监督的模型，看作通用特征提取器。最后，使用少量有标注的数据对前述模型进行微调（Finetuning），获得特定领域的预测模型，如图 3-34 所示。

图 3-34　自监督学习

可以看到，自监督学习非常接近人类的学习过程。人类在成长的过程中，会通过观察大量没有标签的数据，形成对这个世界的基本认知，即世界模型（World Model）。当人类接触一个新的学习任务时,即便有标签的数据量很小,这样一个世界模型也会在学习过程中发挥巨大的作用。

3.4.2 自监督学习算法介绍

自监督学习有很多方法,这里列举一些比较常用的。

第 1 种方法是着色(Colorization)[32],其自监督任务是将一个黑白图像转换成彩色图像,要做到这一点,需要模型对这个世界有基本的认知,例如皮肤、墙壁、黑板、叶子的颜色等。如果能够成功着色,则意味着模型对图像中的各种物体有了语义层面的识别。在原始研究中,采用了 VGG-16 提取灰阶图像的各层级特征,将特征拼接后,用于预测从灰阶到彩色图像的映射关系。训练后的 VGG-16 网络的卷积层,可作为基础模型用在新的预测任务上,如图 3-35 所示。

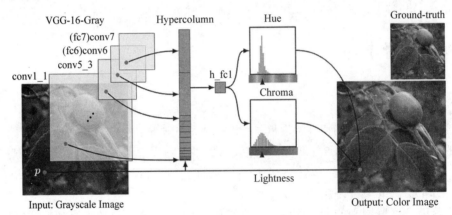

图 3-35 着色[32]

第 2 种方法叫作上下文预测(Context Prediction)[33],即预测目标图像与参考图像之间的关系。例如在其中一个场景中,图 3-36 的参考图像是猫脸的中心,目标图像是左侧的猫耳朵(猫的方向为正),假设这里用 1~8 分别代表左上、正上、右上、左侧、右侧、左下、正下、右下(观察者的方向为正),那么目标图像的标签便是 3。这些图像的选取有一个重要的要求,需要它们在像素上不连续,这样便可以保证模型不是靠周边像素的连续性,而是靠语义信息做出相对位置的预测,因此在实践中,在保持着它们与参考图像相对位置的前提下,这 8 幅图像的选取有一定的空间位置随机性。虽然预测任务是典型的分类,但是在训练和测试的过程中,需要同时输入目标图像和参考图像。研究人员使用了两个共享参数的卷积神经网络,分别对目标图像和参考图像进行特征提取,将特征向量拼接后,通过全连接层实现分类的预测,如图 3-37 所示。

第 3 种方法叫作拼图游戏(Jigsaw Puzzle)[34],在图像九宫格的随机位置选取 9 块拼图(像素不可连续),将拼图的顺序打乱后,找到恢复其原始顺序的操作,如图 3-38 所示。与上一种方法不同的是,拼图游戏需要同时输入 9 张图像,其输出是一种排序(Permutation)

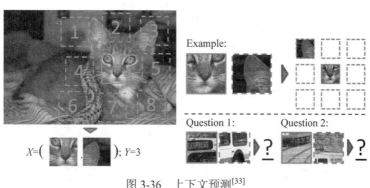

图 3-36　上下文预测[33]

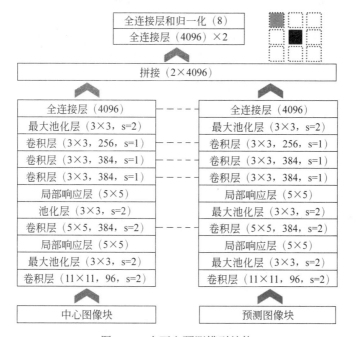

图 3-37　上下文预测模型结构

图 3-38　拼图游戏[34]

操作。假设有 100 种打乱拼图的方式，便对应 100 种排序操作，这一任务也可以看作分类问题。后面的过程与之前的方法就一样了，使用 9 个共享权重的卷积神经网络，将特征向量拼接后，通过全连接层实现分类的预测，如图 3-39 所示。

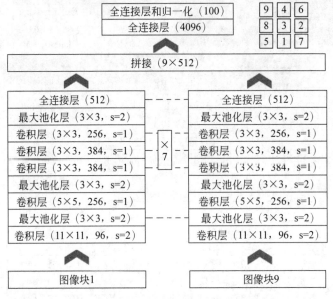

图 3-39　拼图游戏模型结构

第 4 种方法叫作图像补全（Inpainting）[35]，即从图像中抠去一块，让模型把这一块复原出来。这个问题明显是比较难的，能够让模型获得语义层面信息的提取能力。图像补全模型是典型的编码-解码架构，通过编码器对图像进行特征提取，而后通过解码器对提取后的特征进行补全图像的重建，如图 3-40 所示，因此，这是一个拟合任务，成本函数可选像素

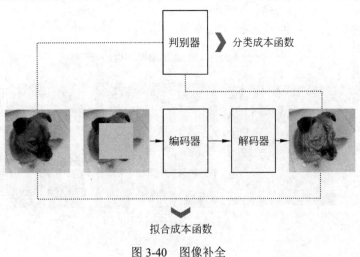

图 3-40　图像补全

级均方误差。研究人员发现，仅使用编码-解码架构，补全后的图像看起来会不协调，因此论文的作者引入了一个对抗模型（Adversarial Model），通过与原始图像比较，来判断补全图像的效果，如图 3-41 所示。可以看到，训练完成的模型能够在一定层面上完成图像的补全工作，如图 3-42 所示。

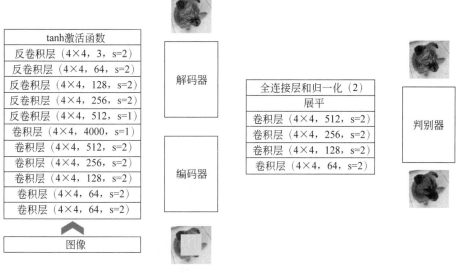

图 3-41　图像补全模型结构

图 3-42　图像补全结果[35]

第 5 种方法叫作图像扭曲（Distortion）[36]，例如对图像施加各角度的旋转（0°、90°、180°、270°），让模型来预测旋转的角度。以人像照片作为例子，在大部分情况下，人的头是朝上的,旋转一定角度后,有语义分析能力的模型能识别出来其中的异常。这是一个典型的 4 分类模型,即输入一张图像,模型预测其旋转的角度,如图 3-43 所示。通过旋转的预测,模型拥有更好的注意力机制,如图 3-44 所示。

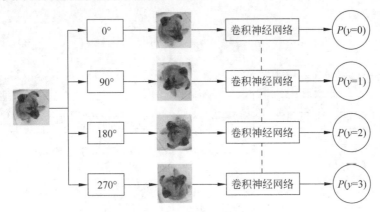

图 3-43　图像旋转预测模型

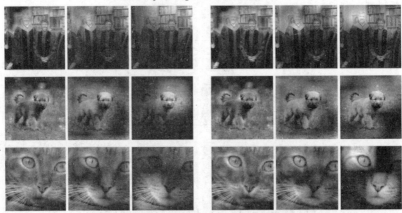

图 3-44　更好的注意力机制[36]

除了以上这些直观的研究工作外,还有 MoCo、SimCLR、MoCo v2 等对比学习(Contrastive Learning)的方法,在图像表征层面,着重于学习同类图像之间的共性,区分非同类图像之间的差异。

3.5 模型训练流程

模型是深度学习代码的核心，训练流程是发挥模型之所长的必经之路。在模型训练的过程中，有几方面的内容是非常关键的，包括成本函数、学习速率、模型保存与加载。

3.5.1 成本函数

以 Keras 为例，这里列举了框架中给定的一些成本函数，针对分类问题有交叉熵的两个版本：

```
keras.losses.CategoricalCrossentropy()
keras.losses.SparseCategoricalCrossentropy()
```

其区别在于标签的编码方式，前者为独热编码（One-Hot Encoding），后者为标签编号。在拟合问题中，可以使用均方误差：

```
keras.losses.MeanSquaredError()
```

3.5.2 自动调节学习速率

在学习过程中，期望自动调节模型的学习速率，需要用到 Keras 自带的学习速率调整策略（Policy）。最常用策略的代码如下：

```
lr_schedule = keras.optimizers.schedules.ExponentialDecay(
    initial_learning_rate=0.1,
    decay_steps=1000,
    decay_rate=0.5,
    staircase=True)
optimizer = keras.optimizers.SGD(learning_rate=lr_schedule)
```

传参包括初始的学习速率、多少迭代次数下降一次、下降的比例、阶梯型还是连续型。例如初始学习速率为 0.1，迭代次数为 1000，下降比例为 0.5，选择阶梯型策略，那么 1000 次迭代后，学习速率变成 0.05，2000 次迭代后，学习速率变成 0.025，以此类推。通过自动调节的学习速率，可以实现自动化的模型训练。

3.5.3 模型保存与加载

接下来看模型是如何保存和加载的，这里需要用到的代码如下：

```
import keras
from keras import models

model = keras.Sequential()
model.save('model.h5')
```

```
models.load_model('model.h5')
```

上述代码适合手动保存的场景，也可以自动对最佳模型进行保存：

```
import keras
from keras import models, callbacks

filepath='model_weights_{epoch:02d}_{val_acc:.2f}.hdf5'
checkpoint = callbacks.ModelCheckpoint(
    filepath,
    monitor='val_acc',
    verbose=1,
    save_best_only=True,
    mode='max')
callbacks_list = [checkpoint]
model.fit(x_train, y_train, batch_size=64, epochs=5, validation_data=
(x_test, y_test)),callbacks=callbacks_list)
```

本章习题

1. 当使用卷积网络做图像分类模型时训练一个拥有 1000 万个类的模型会遇到什么问题，应当如何解决呢？

2. 什么叫作空洞，为什么在语义分割等领域会大量使用空洞卷积，它有哪些优势？

3. 总结 DeepLab v3 与 DeepLab v3+ 的联系与区别，并使用 Keras 或者 PyTorch 实现基于 ResNet-50 的模型架构。

4. 用 Keras 完成上下文预测的代码实现。

5. 通过所学习的模型保存与加载知识，重构全连接神经网络的实现代码。

第 4 章 高级循环神经网络

4.1 自然语言处理基础

前文提到,参数共享是重要的正则化方法,能够在降低参数量的同时,提高模型的学习效率。卷积神经网络采用著名的空间维度参数共享方式,与之密切相关的便是循环神经网络。循环神经网络在时间维度上进行参数共享,在时间序列数据上有更优的学习效果。

4.1.1 时间维度的重要性

感受一下时间维度的重要性,假设有两个二进制数-1 和-2,它们求和的计算过程是从右向左进行的,这样可以保证有正确的进位,如图 4-1 所示。在这种情况下,从左向右和从中间向左右都是不容易计算的,因此,在很多场景中,必须考虑数据前后的关联顺序。

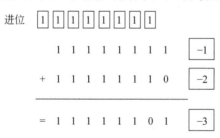

图 4-1 时间维度的重要性

4.1.2 自然语言处理

自然语言是非常典型的时间序列数据。自然语言处理的定义是使用人工智能来帮助计算机理解、翻译并且操作人类的语言,包括文本分类、自然语言生成、信息抽取、自然语言理解等。自然语言是较具挑战的数据类型,其难点主要体现在 3 个方面:其一,语言有时间顺序性;其二,语言是符号化且离散的,离散的数据会带来稀疏性;其三,语言具有组合性,一个词组由多个词组成,由于每个词都是离散的,所以词组只会更加离散。用一句话来概括,自然语言是非常典型的时序稀疏数据。

为了让计算机对自然语言进行建模,需要将其编码为数学向量,一种最直接的方式是独热编码,如图 4-2 所示。当词典中有 2 万个单词时,采用独热编码,每个单词便对应一个 2 万维的稀疏向量,这些单词构成的词组对应上亿维的稀疏向量,向量中仅有一个元素为 1。可以看到,这种编码方式拥有极大的稀疏性,同时忽略了单词之间的语义关联信息。

	1	2	3	4	5	6	7	8	9
man	1	0	0	0	0	0	0	0	0
woman	0	1	0	0	0	0	0	0	0
boy	0	0	1	0	0	0	0	0	0
girl	0	0	0	1	0	0	0	0	0
king	0	0	0	0	1	0	0	0	0
queen	0	0	0	0	0	1	0	0	0
dog	0	0	0	0	0	0	1	0	0
cat	0	0	0	0	0	0	0	1	0
cow	0	0	0	0	0	0	0	0	1

图 4-2 单词的独热编码

4.1.3 词袋法

为了解决稀疏性问题,一种最直观的编码方式叫作词袋法(Bag-of-Words),即对一段文本中所有词出现的频率进行求和,将其写成一个向量,作为文本的整体编码。在这个过程中,由于介词等辅助词汇对人们理解语言的帮助有限,所以需要将其去除。与此同时,需要把所有单词的复数形式替换为单数。例如,对于句子 the quick brown dog jumps over the lazy dog,去掉 over 和两个 the 后,把 jumps 替换成为 jump,剩下 5 个词,包括 quick、brown、dog、jump 和 lazy。随后根据它们的词频写成一个五维的向量,获得整个句子的词袋编码,即(1, 1, 2, 1, 1),如图 4-3 所示。

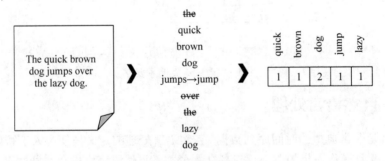

图 4-3 词袋法

当研究人员不使用时序模型,而是使用全连接神经网络进行建模时,这种方法非常有效。只要将词频统计出来,就可以将其写成一个维度可控的稠密向量,然后就可以通过神经网络完成建模工作,但这种方法仍然抛弃了词与词之间的关系,无法发挥出时序数据的建模优势。

4.1.4 词嵌入

与词袋法的简单统计不同，研究人员提出通过训练语料库，利用语料文本中词与词之间丰富的上下文（Context）信息，研究出词嵌入（Word Embedding）模型。Word2Vec（Word to Vector）作为其中一种常见的方法，可以通过大量语料来训练一个向量，用来表示词之间的关系。举例来讲，句子"卷积技术对深度学习视觉系统的意义"，去除介词等辅助词后，"深度学习"是其中心词，而"技术"和"视觉"是其上下文，如图 4-4 所示。通过这些语境信息，就可以构建模型来学习词嵌入，用这种方式，就形成了中心词与上下文之间的推理关系。

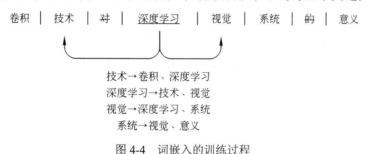

图 4-4 词嵌入的训练过程

在训练过程中，除了语料中心词与上下文之外，另外一部分的训练数据由随机抽取的 3 个词构成，这 3 个词大概率没有任何关联，可作为模型学习的对照样本。模型训练的目标是让相关的词与词之间的词嵌入向量距离较近，而不相关的词与词之间的词嵌入向量距离较远。在训练的最初阶段，词嵌入向量是随机的，通过不断根据语料数据对其进行优化，模型最终可以学到更高层次的语义相关性信息。训练的逻辑既可以用中心词来预测左右两侧的词，又可以用两侧的词来预测中心词。

训练完成后，每个词都会对应一个预设长度的数学向量，其元素既可以是小数，也可以有正负值，能直接通过索引查询到词的对应嵌入向量。通过 t 分布随机近邻嵌入（t-Distribution Stochastic Neighbour Embedding，TSNE）方法，可将向量降维到二维空间，从而可将其画到二维平面直角坐标系中。例如，从图 4-5 中可以看到，cat 和 kitten 这两个词的距离非常近，这是因为它们描述的是同一类事物，仅存在身材大小的区别。与此同时，它们与 dog 的距离

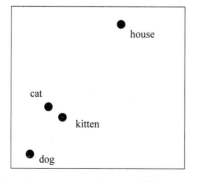 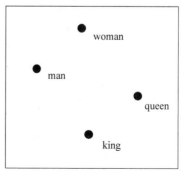

图 4-5 词嵌入实例

比与 house 的距离要近得多，因为它们都是动物。可以清晰地看到，词嵌入向量确实能够加载词与词之间的关联信息。

4.2 循环神经网络

本节内容首先介绍循环神经网络的基础理论，然后通过一个具体的案例来讲解循环神经网络在真实世界中的应用。

4.2.1 时序数据建模的模式

在时序数据的建模中，大概包括 3 种基本的模式：①一对多（One-to-Many），通过给定一个输入，获得多个输出。例如，可以给定一个词，模型会根据这个词作为开头，联想出整个句子；②多对一（Many-to-One），给定多个输入，得到一个输出。例如，可以将一组文本数据作为输入，并要求模型将其分为法制、新闻或娱乐话题等不同的类别；③多对多（Many-to-Many），给定多个输入，获得多个输出。例如，在输入一段话的每个单词时，同时输出它们的翻译（例如从英语到法语）。当然，对于它们的特例，一对一模式对应的就是全连接神经网络，如图 4-6 所示。

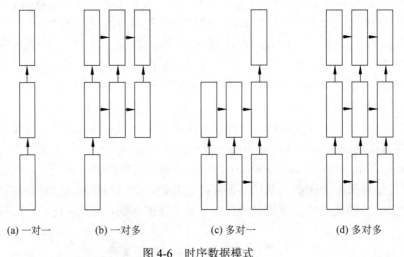

(a) 一对一　　　(b) 一对多　　　(c) 多对一　　　(d) 多对多

图 4-6　时序数据模式

4.2.2 循环神经网络基本结构

循环神经网络可以很好地处理以上这些建模需求。在图 4-7 中，循环神经网络最下方是输入，最上方是输出，而中间的格子则表示模型的隐藏层。基于时间顺序，隐藏层的记忆可以传递到下一个时刻，这意味着在 t 时刻的预测不仅取决于该时间点的输入，还取决于 $t-1$ 时刻及更早时刻的记忆。通过这种方式，循环神经网络拥有了建模时间序列数据的能力。

图 4-7 所示的标准循环神经网络（Vanilla RNN）在每个时刻的结构快照类似于全连接神

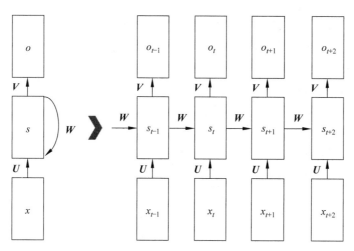

图 4-7　标准循环神经网络结构

经网络，U 和 W 是两个权重矩阵，作用于当前时刻的输入 x_t 和前一个时刻的隐藏层 $s-1$，随后通过另一个权重矩阵 V 运算得到最终输出 o_t。需要注意的是，x_t 和 o_t 的维度可以不相同。

从时间维度上看，对所有时刻，W、U 和 V 这 3 个权重矩阵都是相同的，这就是时间维度的参数共享。这种方式有 3 个优点。第一，在时间维度上实现参数共享，可以减少参数数量。这一点类似于卷积神经网络在空间维度上的参数共享，可以通过同样的卷积核作用在图像不同的空间位置，从而减少连接数量。第二，由于权重在时间维度上是共享的，所以模型能够从历史数据中学习到信息，从而提高预测准确性。第三，模型可以处理任意长度的输入。每个时刻都会对当前的输入使用相同的权重进行计算，并根据前一个时刻的隐藏层状态，得到新的隐藏层状态和输出。

与全连接神经网络类似，循环神经网络也有宽度和深度两个概念。宽度指的是网络中每层包含的神经元数量，而深度指的是网络层数，如图 4-8 所示。例如，在一个循环神经网络

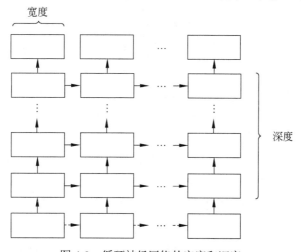

图 4-8　循环神经网络的宽度和深度

中，每层都包含100个神经元，有3层，那么它的宽度为100，深度为3。

通过Keras实现标准循环神经网络结构，代码如下：

```
//chapter4/vanilla_keras.py

from keras import layers, models

def rnn(image_batch):
    #一共有28个时间点，每个时间点输入28维的向量
    x_image = layers.Reshape((28, 28))(image_batch)
    #这里的return_sequences一定要设置为True，后续的RNN层才可以正常工作
    h_rnn1 = layers.SimpleRNN(units=128, return_sequences=True)(x_image)
    h_rnn2 = layers.SimpleRNN(units=128)(h_rnn1)
    _y = layers.Dense(10, activation='softmax')(h_rnn2)
    return _y

x = layers.Input(shape=(784,))
y_ = layers.Input(shape=(10,))
y = rnn(x)
model = models.Model(x, y)
print(model.summary())
```

程序的输出如下：

```
Model: "model"
_____
Layer (type)                 Output Shape              Param #
=================================================================
input_1 (InputLayer)         [(None, 784)]             0

reshape (Reshape)            (None, 28, 28)            0

simple_rnn (SimpleRNN)       (None, 28, 128)           20096

simple_rnn_1 (SimpleRNN)     (None, 128)               32896

dense (Dense)                (None, 10)                1290

=================================================================
Total params: 54,282
Trainable params: 54,282
Non-trainable params: 0
_____
None
```

其PyTorch版本的代码如下：

```
//chapter4/vanilla_pytorch.py
```

```
import torch.nn as nn

class RNN(nn.Module):
    def __init__(self):
        super(RNN, self).__init__()
        self.rnn = nn.Sequential(
            nn.RNN(input_size=28, hidden_size=128, batch_first=True),
            nn.RNN(input_size=128, hidden_size=128),
            nn.Linear(128, 10),
            nn.Softmax(dim=1)
        )

    def forward(self, x):
        out = self.rnn(x.view(-1, 28, 28))
        return out

model = RNN()
print(model)
```

程序的输出如下:

```
RNN(
  (rnn): Sequential(
    (0): RNN(28, 128, batch_first=True)
    (1): RNN(128, 128)
    (2): Linear(in_features=128, out_features=10, bias=True)
    (3): Softmax(dim=1)
  )
)
```

当循环神经网络的时间步骤较多时,会出现梯度消失或梯度爆炸的情况。梯度消失是指梯度变得非常小,导致模型训练提前终止。梯度爆炸则是指梯度变得非常大,导致训练过程无法进行。在实践中可以通过调节学习速率,以及对梯度进行裁剪(Clip),将梯度的大小限制在一定范围内,从而避免梯度爆炸的情况,但是,梯度裁剪无法解决梯度消失的问题。

4.2.3 LSTM

为了解决这些问题,研究人员提出了两种新的架构,即长短期记忆(Long Short-Term Memory,LSTM)网络和门控循环单元(Gate Recurrent Unit,GRU)。这两种架构引入了一些新的概念,例如通过隐藏状态来存储历史时刻的记忆,其优点是可以更好地解决梯度问题。

类似于电路图,LSTM 引入了许多门(Gate),以此来控制信息的流向。图 4-9 中给出了 LSTM 的基本结构,可以将所有带 sigmoid 的运算看作一个开关,它的输出值在 0 到 1,反映的是信号的控制幅度;所有带有 tanh 的运算可以看作一个通路,将信号标准化在-1 到 1。LSTM 里有两个重要的状态,即隐藏态(Hidden State)和细胞态(Cell State),二者共同完成信号的存储与传递。

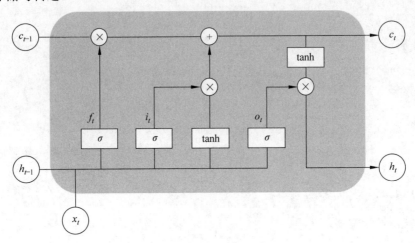

图 4-9　LSTM 的基本结构

LSTM 中有 3 种重要的门，即遗忘门（Forget Gate）、输入门（Input Gate）和输出门（Output Gate），其中遗忘门用于控制上一个时刻的信号有多少能流到下一个时刻，输入门用于控制当前时刻信号的流入量，而输出门用于控制信号的输出量，三者的定义为

$$f_t = \sigma(W_f \cdot [h_{t-1}, x_t] + b_f) \tag{4-1}$$

$$i_t = \sigma(W_i \cdot [h_{t-1}, x_t] + b_i) \tag{4-2}$$

$$o_t = \sigma(W_o \cdot [h_{t-1}, x_t] + b_o) \tag{4-3}$$

其中，h_{t-1} 为 $t-1$ 时刻的隐藏态。

细胞态同时包含着其之前的信号和目前输入的信号，其定义为

$$c_t = f_t \times c_{t-1} + i_t \times \tilde{c}_t \tag{4-4}$$

其中

$$\tilde{c}_t = \tanh(W_c \cdot [h_{t-1}, x_t] + b_c) \tag{4-5}$$

可以看到，c_t 由两部分组成，即通过遗忘门控制的上一个时刻细胞状态和由输入门控制的当前时刻信号。

隐藏态可由细胞状态与输出门作用获得，定义为

$$h_t = o_t \times \tanh(c_t) \tag{4-6}$$

隐藏态和细胞态都是 LSTM 重要的组成部分，一般来讲，细胞态主要对内，而隐藏态主要对外。在实际应用时，可以将 h_t 看作 LSTM 的表征。

通过 Keras 实现 LSTM 结构，代码如下：

```
//chapter4/lstm_keras.py

from keras import layers, models

def rnn(image_batch):
```

```
        x_image = layers.Reshape((28, 28))(image_batch)
        h_rnn1 = layers.LSTM(units=128, return_sequences=True)(x_image)
        h_rnn2 = layers.LSTM(units=128)(h_rnn1)
        _y = layers.Dense(10, activation='softmax')(h_rnn2)
        return _y

x = layers.Input(shape=(784,))
y_ = layers.Input(shape=(10,))
y = rnn(x)
model = models.Model(x, y)
print(model.summary())
```

程序的输出如下：

```
Model: "model"
_____
Layer (type)                 Output Shape              Param #
=================================================================
input_1 (InputLayer)         [(None, 784)]             0

reshape (Reshape)            (None, 28, 28)            0

lstm (LSTM)                  (None, 28, 128)           80384

lstm_1 (LSTM)                (None, 128)               131584

dense (Dense)                (None, 10)                1290

=================================================================
Total params: 213,258
Trainable params: 213,258
Non-trainable params: 0
_____
None
```

其 PyTorch 版本的代码如下：

```
//chapter4/lstm_pytorch.py

import torch.nn as nn

class RNN(nn.Module):
    def __init__(self):
        super(RNN, self).__init__()
        self.rnn = nn.Sequential(
            nn.LSTM(input_size=28, hidden_size=128, batch_first=True),
            nn.LSTM(input_size=128, hidden_size=128),
            nn.Linear(128, 10),
```

```
            nn.Softmax(dim=1)
        )

    def forward(self, x):
        out = self.rnn(x.view(-1, 28, 28))
        return out

model = RNN()
print(model)
```

程序的输出如下：

```
RNN(
  (rnn): Sequential(
    (0): LSTM(28, 128, batch_first=True)
    (1): LSTM(128, 128)
    (2): Linear(in_features=128, out_features=10, bias=True)
    (3): Softmax(dim=1)
  )
)
```

4.2.4　GRU

LSTM 同时存储隐藏态和细胞态，导致其空间占用是标准循环神经网络的两倍以上。与此同时，由于其运算复杂度相对较高，导致其运算时间较长。为了解决这两个问题，研究人员提出了一种新的循环神经网络结构，叫作 GRU。在这种结构中，门控电路更加简单，运算效率更高，同时丢掉了细胞态，只保留隐藏态，从而能够减小空间占用。

如图 4-10 所示，在 GRU 中，有两种重要的门控单元，命名为重置门（Reset Gate）与更新门（Update Gate），用来控制历史时刻和当前时刻的信号流入，其定义分别为

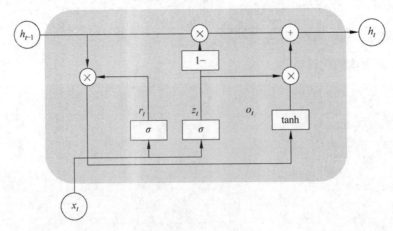

图 4-10　GRU 基本单元

$$r_t = \sigma(W_r \cdot [h_{t-1}, x_t]) \tag{4-7}$$
$$z_t = \sigma(W_z \cdot [h_{t-1}, x_t]) \tag{4-8}$$

其中，h_{t-1} 为 $t-1$ 时刻的隐藏态。

当前时刻的隐藏态为

$$h_t = (1 - z_t) \times h_{t-1} + z_t \times \tilde{h}_t \tag{4-9}$$

其中

$$\tilde{h}_t = \tanh(W_h \cdot [r_t \times h_{t-1}, x_t]) \tag{4-10}$$

可以看到，z_t 用于决定当前隐藏态来自当前时刻和历史时刻的比例，r_t 用于控制当前隐藏态中历史信号的量，即 r_t 越大，表示历史信号在当前隐藏层中的权重越大，反之则越小。通过这两个门控单元，GRU 网络可以对信号进行有效控制，捕捉序列信息，并最终得到隐藏态的输出。在 GRU 中，更新门 z_t 与 LSTM 中的遗忘门与输入门的作用类似，$1-z_t$ 与 z_t 分别决定了当前隐藏层中来自历史与当前时刻的信号的权重。

通过 Keras 实现 GRU 结构，代码如下：

```
//chapter4/gru_keras.py

from keras import layers, models

def rnn(image_batch):
    x_image = layers.Reshape((28, 28))(image_batch)
    h_rnn1 = layers.GRU(units=128, return_sequences=True)(x_image)
    h_rnn2 = layers.GRU(units=128)(h_rnn1)
    _y = layers.Dense(10, activation='softmax')(h_rnn2)
    return _y

x = layers.Input(shape=(784,))
y_ = layers.Input(shape=(10,))
y = rnn(x)
model = models.Model(x, y)
print(model.summary())
```

程序的输出如下：

```
Model: "model"
_____
Layer (type)                 Output Shape              Param #
=================================================================
input_1 (InputLayer)         [(None, 784)]             0

reshape (Reshape)            (None, 28, 28)            0

gru (GRU)                    (None, 28, 128)           60672

gru_1 (GRU)                  (None, 128)               99072
```

```
dense (Dense)                    (None, 10)                      1290
=================================================================
Total params: 161,034
Trainable params: 161,034
Non-trainable params: 0
_____
None
```

其 PyTorch 版本的代码如下：

```
//chapter4/gru_pytorch.py

import torch.nn as nn

class RNN(nn.Module):
    def __init__(self):
        super(RNN, self).__init__()
        self.rnn = nn.Sequential(
            nn.GRU(input_size=28, hidden_size=128, batch_first=True),
            nn.GRU(input_size=128, hidden_size=128),
            nn.Linear(128, 10),
            nn.Softmax(dim=1)
        )

    def forward(self, x):
        out = self.rnn(x.view(-1, 28, 28))
        return out

model = RNN()
print(model)
```

程序的输出如下：

```
RNN(
  (rnn): Sequential(
    (0): GRU(28, 128, batch_first=True)
    (1): GRU(128, 128)
    (2): Linear(in_features=128, out_features=10, bias=True)
    (3): Softmax(dim=1)
  )
)
```

在应用过程中，如果不确定应该使用哪一种网络，则可以直接使用 LSTM，在使用 LSTM 后，再尝试使用 GRU 进行比较，以对比二者的效果差异。在大多数任务下，LSTM 能够获得更优秀的性能。

4.3 基于会话的欺诈检测

本节将通过基于用户会话欺诈检测系统的讲解,介绍如何将循环神经网络应用到真实世界的项目中[37]。通过对用户行为的学习,该项目旨在通过循环神经网络来识别涉嫌欺诈的用户行为。

这个研究的动机是很明确的,即许多欺诈用户的商品浏览模式与正常用户不同。例如,正常用户在购买物品时会精挑细选,而欺诈用户往往会直奔主题,目的只是花光账户内的余额。因此,可以将用户的浏览行为视为时间序列数据,通过循环神经网络来学习用户行为,并判断其行为是否涉嫌欺诈。

4.3.1 欺诈的模式

欺诈行为主要有两种模式,包括账户侵入和伪造信用卡。所谓账户侵入,就是通过购买已泄露的用户名和密码来侵入用户账户。例如,如果某知名网站泄露了大量用户名和密码数据,则通过这些数据,攻击者不仅可以登录该网站,还可能通过这些账号尝试登录其他平台,这个过程被称为撞库。通过撞库,攻击者可以确定哪些账号已在某些电商平台上注册,并且没有更改密码,因此,攻击者可以直接登录这些账户,如果用户的交易密码与登录密码相似,则攻击者可能会消费用户的账户余额和信用额度。伪造信用卡比较易于理解,欺诈用户会将通过其他手段获得的他人信用卡绑定到电商平台,用它来消费商品。

图 4-11 展示了几个真实的案例,涵盖了正常交易与欺诈交易。

正常用户	欺诈用户
访问主页	#1
搜索"苹果"	访问主页
浏览'Apple iPad Pro 9.7寸(128G WLAN,金色)'	搜索"游戏点卡"
浏览'Apple iPad Pro 9.7寸(128G WLAN+蜂窝,金色)'	浏览'盛大游戏点卡(10000点)'
浏览'Apple iPad Pro 9.7寸(128G WLAN,深空灰色)'	购买'盛大游戏点卡(10000点)'
...	#2
浏览'Apple iPad Pro 9.7寸(128G WLAN,金色)'	访问主页
浏览'Apple iPad Pro 9.7寸(128G WLAN,玫瑰金色)'	搜索"苹果"
浏览'Apple iPad Pro 9.7寸(32G WLAN,玫瑰金色)'	浏览'Apple iPad Pro 9.7寸(128G WLAN,玫瑰金色)'
...	浏览'Apple MacBook Air 13.3寸(128G)'
浏览'Apple iPad Pro 9.7寸(128G WLAN,金色)'	浏览'Apple iPhone 7 Plus(128G,金色)'
浏览'Apple iPad Pro 9.7寸(32G WLAN,金色)'	...
浏览'Apple iPad Pro 9.7寸保护壳'	浏览'Apple iPad Pro 9.7寸(128G WLAN,玫瑰金色)'
浏览'Apple iPad Pro 9.7寸屏幕保护膜'	浏览'Apple iMac 21.5寸'
浏览'Apple iPad Pro 9.7寸(128G WLAN,玫瑰金色)'	浏览'Apple iPhone 6(32G 深空灰色)'
购买'Apple iPad Pro 9.7寸(128G WLAN,玫瑰金色)'	购买'Apple iPad Pro 9.7寸(128G WLAN,玫瑰金色)'

图 4-11 欺诈案例[37]

这是 2016 年的研究工作,那时 iPad Pro(9.7 英寸)算是比较时髦的商品。对于一个购买了玫瑰金色 iPad Pro(9.7 英寸)的正常用户来讲,一般会从京东首页开始搜索"苹果",

选择 iPad Pro（9.7 英寸）。随后用户会浏览不同的颜色、存储容量，并且还会看一看配件，例如屏幕保护膜等。最后，用户会下单购买。

相比之下，欺诈用户的浏览行为非常不同。第 1 种行为模式非常简单粗暴，访问京东首页后，直接搜索"游戏点卡"，立即打开了 1 万点的盛大游戏点卡，随后进行购买。这个过程非常快，可能存在安全风险。

第 2 种行为模式更具迷惑性，和正常用户一样，欺诈用户访问了京东首页，并搜索"苹果"，但是，用户先看了玫瑰金色的 iPad Pro（9.7 英寸），然后看了 MacBook Air，又看了 iPhone 7 Plus，最后回到玫瑰金色 iPad Pro（9.7 英寸）的页面完成了下单操作。这样的浏览顺序很可能是一个欺诈案例，欺诈用户想要找到一个容易变现的商品，将账户的余额花光。欺诈用户不想浪费掉账户的每分钱，想通过一件商品，花光绝大多数的余额。在 2016 年，苹果商品的保值率较高，广受欺诈用户的青睐。

可以看到，如果能够发现这些不同的行为模式，就可以帮助电商平台识别出欺诈交易。

4.3.2 技术挑战

这样一个场景有很多挑战，第 1 个挑战是这个场景有非常明显的不平衡样本（Imbalanced Data）问题，欺诈用户只占总用户的很小的一部分，如图 4-12 所示。第 2 个挑战是由海量数据带来的，每天电商平台有百万笔交易，对应千万个用户会话，需要一整套系统来处理大量的数据，以获得及时准确预测，如图 4-13 所示。第 3 个挑战是概念漂移（Concept Drift），指的是随着时间的变化，用户的喜好也在变化。通过对 12 个月不同类别的真实数据分析，可以看到用户对不同的商品类别的喜好程度随着时间在不断变化，如图 4-14 所示。这非常容易理解，例如天气寒冷时，人们倾向购买电暖气，但是天气炎热时，人们倾向购买风扇和空调。甚至有些情况下，用户的喜好变化是很难找到规律的，例如用户对苹果产品的热情会随着竞品的发布产生波动，因此，模型需要不断地更新，以适应用户喜好的变化。

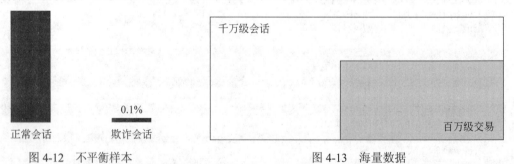

图 4-12　不平衡样本　　　　　　　　图 4-13　海量数据

4.3.3 数据预处理

图 4-15 展示了用户浏览的时间序列，首先，用户访问京东主页，然后查看了促销页面，随后浏览了一个商品列表。该列表不是通过搜索获得的，而是通过单击某个大类查看整个类

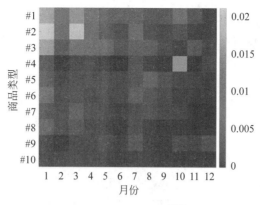

图 4-14 概念漂移[37]

别的列表。用户对商品进行了浏览,并完成了购买操作。欺诈检测模型需要在用户下单时发挥作用,并给订单打上风险等级。在人类审核效率较低时,模型便可以提醒审核人员关注潜在风险,因此,下单是一个重要的信号,告诉模型可以开启预测。如果用户不进行最后的交易,则模型便不需要进行风险评估。

可以看到,每个时间序列的节点都是一次页面的单击,它们便可以作为循环神经网络的输入。通过用户的每次单击,电商平台可以获得大量信息。这些信息来自用户的访问请求及平台内置在网站代码中的脚本,包括用户的 IP 地址、目标统一资源定位符(Uniform Resource Locator,URL)、浏览器名称、操作系统类型、浏览器语言、操作系统语言、浏览器编码方式、停留时间(Dwell Time)等,如图 4-16 所示。用户可能会浏览页面后离开,之后再回来,因此统计停留时间并不容易,这里简单地将其定义为当前单击和下一次单击之间的时间间隔。

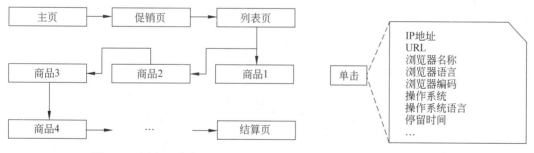

图 4-15 用户浏览序列　　　　图 4-16 每次单击所包括的信息

为了方便建模,需要对这些信息进行编码,形成数学向量。例如浏览器名称可以直接使用独热编码,IP 地址可以按照省份进行独热编码,停留时间可以直接使用浮点数进行编码。通过这些编码,可以将这些每次单击的行为转换成一个很长的数学向量,供模型学习。

值得一提的是,URL 是非常重要的信息,能够告诉模型用户单击了什么、看了哪个商品等。URL 的编码非常精妙,在本研究中,将 URL 分成三部分,包括 URL 类型编码、列表类别编码及商品编码。为了更好地理解用户行为,研究人员对京东的所有页面进行了总结,并对不同页面类型进行了编码。这里采用独热编码，即每种页面类型都有一个独一无二的编号。同时，对商品列表页进行了类别编码。典型的电商平台商品类别被分成三级，第一级有不到 10 种，第二级有 30 多种，第三级有 100 多种，这里采用第 2 个级别进行编码。最后，还需要对每个商品进行编码，以便跟踪用户浏览的具体商品。

电商平台的商品可能会超过 100 亿种，如果每个商品用一个长度为 100 亿的向量来表示，则它们将对应一系列极其稀疏的 100 亿长度的向量。与自然语言处理类似，这里使用稠密的向量来对商品进行编码，即采用类似于 Word2Vec 的 Item2Vec（Item to Vector）技术将商品看作词，只要将所有用户的浏览行为看成训练语料，就可以通过 Word2Vec 的训练方法获得每个商品的向量。在本研究中，采用 25 维的向量完成商品的编码，如图 4-17 所示。研究人员通过 TSNE 方法对挑选出的商品进行可视化分析，其结果印证了 Item2Vec 的有效性，如图 4-18 所示。

URL	页面类型	列表类型	商品向量
www.shop.com	89	0	[0.0, 0.0, …]
sale.shop.com/123456.html	15	0	[0.0, 0.0, …]
food.shop.com	23	0	[0.0, 0.0, …]
search.shop.com/?keyword=ipad	2	0	[0.0, 0.0, …]
category.shop.com/?id=1234	3	33	[0.0, 0.0, …]
item.shop.com/12345678.html	4	0	[−0.119, −0.077, …]

图 4-17　URL 编码方式

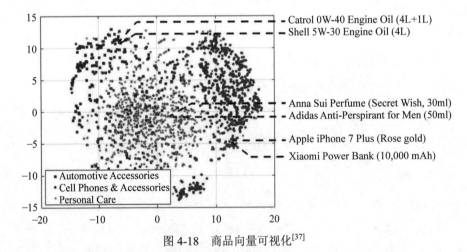

图 4-18　商品向量可视化[37]

4.3.4　实践循环神经网络

采用多层 LSTM 结构，每次单击产生的长向量按照顺序输入模型中，如图 4-19 所示。模型能够利用其历史记忆信息，在用户下单时得出一个风险概率，这是一个典型的二分类问题。

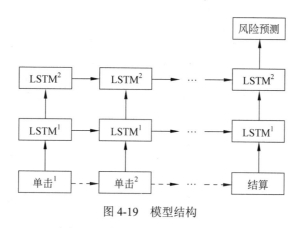

图 4-19 模型结构

可以通过 Keras 实现多对一的 LSTM 结构，代码如下：

```
//chapter4/ub_keras.py

import tensorflow as tf
from keras import layers, models

#定义重要参数
n_hidden = 64
n_classes = 2
n_layers = 4
batch_size = 512
max_length = 50
frame_size = 300

#获得时间序列数据的真实（非零）长度
def length(seq):
    used = tf.sign(tf.reduce_max(tf.abs(seq), axis=2))
    leng = tf.reduce_sum(used, axis=1)
    leng = tf.cast(leng, tf.int32)
    return leng

#获得真实长度对应的表征向量
def last_relevant(output, length):
    index = tf.range(0, batch_size) * max_length + (length - 1)
    flat = tf.reshape(output, [-1, n_hidden])
    relevant = tf.gather(flat, index)
    return relevant

def rnn(sequence):
    seq_length = length(sequence)
    layer = sequence
    for _ in range(n_layers):
        layer = layers.LSTM(n_hidden, return_sequences=True)(layer)
```

```
        last = last_relevant(layer, seq_length)
        pred = layers.Dense(2, activation='softmax')(last)
        return pred

sequence = layers.Input(shape=[max_length, frame_size], dtype=tf.float32)
label = layers.Input(shape=[n_classes,], dtype=tf.float32)
prediction = rnn(sequence)
model = models.Model(sequence, prediction)
print(model.summary())
```

程序的输出如下：

```
Model:"model"
_____
Layer (type)                    Output Shape         Param #Connected to
=================================================================================
input_1 (InputLayer)            [(None, 50, 300)]    0      []

tf.math.abs (TFOpLambda)        (None, 50, 300)      0      ['input_1[0][0]']

tf.math.reduce_max (TFOpLambda  (None, 50)           0      ['tf.math.abs[0][0]']
)

lstm (LSTM)                     (None, 50, 64)       93440  ['input_1[0][0]']

tf.math.sign (TFOpLambda)       (None, 50)           0      ['tf.math.reduce_max[0][0]']

lstm_1 (LSTM)                   (None, 50, 64)       33024  ['lstm[0][0]']

tf.math.reduce_sum (TFOpLambda) (None,)              0      ['tf.math.sign[0][0]']

lstm_2 (LSTM)                   (None, 50, 64)       33024  ['lstm_1[0][0]']

tf.cast (TFOpLambda)            (None,)              0      ['tf.math.reduce_sum[0][0]']

lstm_3 (LSTM)                   (None, 50, 64)       33024  ['lstm_2[0][0]']

tf.math.subtract (TFOpLambda)   (None,)              0      ['tf.cast[0][0]']

tf.reshape (TFOpLambda)         (None, 64)           0      ['lstm_3[0][0]']

tf.__operators__.add (TFOpLambda) (512,)             0      ['tf.math.subtract[0][0]']

tf.compat.v1.gather (TFOpLambda) (512, 64)           0      ['tf.reshape[0][0]',
                                                              'tf.__operators__.add[0][0]']

dense (Dense)                   (512, 2)             130    ['tf.compat.v1.gather[0][0]']
```

```
=================================================================
Total params: 192,642
Trainable params: 192,642
Non-trainable params: 0
_____
None
```

其 PyTorch 版本的代码如下：

```
//chapter4/ub_pytorch.py

import torch
import torch.nn as nn

#定义重要参数
n_hidden = 64
n_classes = 2
n_layers = 4
batch_size = 512
max_length = 50
frame_size = 300

#获得时间序列数据的真实（非零）长度
def length(seq):
    used = torch.sign(torch.max(torch.abs(seq), dim=2)[0])
    leng = torch.sum(used, dim=1)
    leng = leng.int()
    return leng

#获得真实长度对应的表征向量
def last_relevant(output, length):
    index = torch.arange(0, batch_size) * max_length + (length - 1)
    flat = output.reshape([-1, n_hidden])
    relevant = flat[index]
    return relevant

class RNN(nn.Module):
    def __init__(self):
        super(RNN, self).__init__()
        self.layers = nn.ModuleList([nn.LSTM(frame_size, n_hidden,
batch_first=True) for _ in range(n_layers)])
        self.dense = nn.Linear(n_hidden, n_classes)
        self.softmax = nn.Softmax(dim=1)

    def forward(self, sequence):
```

```
            seq_length = length(sequence)
            layer = sequence
            for lstm in self.layers:
                layer, _ = lstm(layer)
            last = last_relevant(layer, seq_length)
            pred = self.dense(last)
            pred = self.softmax(pred)
            return pred

model = RNN()
print(model)
```

程序的输出如下:

```
RNN(
  (layers): ModuleList(
    (0-3): 4 x LSTM(300, 64, batch_first=True)
  )
  (dense): Linear(in_features=64, out_features=2, bias=True)
  (softmax): softmax(dim=1)
)
```

在前文中，提到了 3 个主要的技术挑战：不平衡的样本、海量数据、概念漂移。在实际应用中，需要一个能够自动进化的系统来处理这些问题。

不平衡的样本是很常见的问题，在很多情况下会遇到，例如判断一个患者是否患有某种疾病，患病的人数要远远少于健康的人数。在解决不平衡的样本问题方面，大多数工作在两个级别上进行：数据级别和模型级别，如图 4-20 所示。

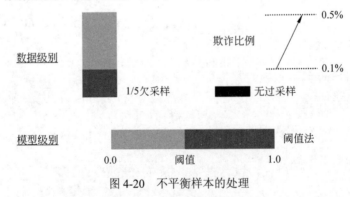

图 4-20 不平衡样本的处理

在数据级别上，研究人员希望降低不平衡样本的比例。这里将大样本定义为正常用户的会话，而将小样本定义为欺诈用户的会话。提高小样本占比最简单的做法是减少大样本的数量，但这种方法无法获得更多的小样本。一种更好的方法是人工合成小样本，但这需要了解样本的分布模式，这在很多任务下是不太行的。在当前的场景下，可以将大样本随机缩减到原来的 1/5，也可以把小样本复制 5 份。显然后者是更好的方法，能够让模型看到各种分布的大样本。

在模型级别上,人们希望通过各种方法,提升模型在训练过程中对于小样本的感知能力。例如只要对小样本的分类错误使用比较强的惩罚机制(例如带权重的交叉熵),模型就能够更好地学习小样本。本研究采用了一种比较简单易用的模型方法,叫作阈值法(Thresholding)。最终的模型预测结果是 0~1 的概率值,当训练数据中正常会话较多时,模型会偏向于将所有数据都预测为没有问题,也就是其概率值全部接近 0。为了解决这个问题,可以将阈值设置得比 0.5 更小,这样就可以通过阈值法更好地将大样本和小样本分类,进而更加准确地识别风险交易。

除了不平衡样本问题,还有一个更大的挑战,即系统架构设计,这套系统需要能够处理大量的数据和计算。系统架构可以分为训练阶段和推理阶段,如图 4-21 所示。

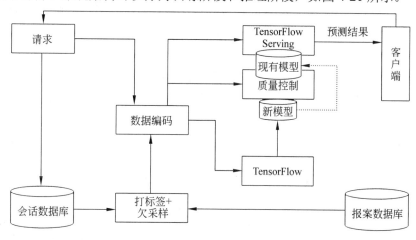

图 4-21　系统架构

在训练阶段,系统从会话(Session)和报案(Case)两个数据库中读取数据,这两个数据库分别存储着用户会话与欺诈报案数据,所以通过映射这两个数据库中的条目,就可以知道哪些会话存在问题,从而对会话进行标注。在训练过程中,首先为数据打上标签,然后将其随机打乱后进行特征编码。编码完成后,每次单击便对应一条向量,将其拼接起来,就得到了一个数学矩阵,表示编码后的整个会话数据。最后把这些数据放入循环神经网络模型中,进行迭代训练。

训练完成后,需要对模型进行上线(推理阶段),并对模型进行实时更新。在预测过程中,系统的输入为用户的会话,这个请求会被输入编码器中,随后将矩阵输入循环神经网络中。TensorFlow Serving 是 TensorFlow 生态的重要组成部分,可以对训练完成的模型进行上线。经过预测后,风险概率将会被传回请求端,完成整套推理流程。

在更新模型的过程中,引入了一个质量保证(Quality Assurance,QA)模块,以确保更新后的模型优于之前的模型。只有当更新的模型优于当前模型时,才会将当前模型替换为更新的模型。这样就可以定期更新模型,以解决概念漂移问题。具体来讲,在用当前模型进行预测的同时,用更新后的模型进行预测,比较两个模型预测的结果,看哪个更接近实际情况。如果发现更新的模型优于当前模型,系统则会进行切换。由于报案数据库会有一定的滞后性,所以质量保证模块需要记录当前的预测数据,在一定的时间段后再执行评估。这个过程被称为灰度上线,但它并不完全等同于 A/B 测试,因为 A/B 测试会直接将一部分流量切换到另一条路径上,而在这个场景中,不允许出现任何差错,所以会将一部分流量复制到更新的模型分支上,用来测试模型的性能。

在模型更新的过程中,一般有两种选择:一种是使用全量数据对模型进行更新,因为有大量的历史数据,所以可以将其与新增的数据合并在一起,以获得较大的数据量来更新模型;另一种选择是使用增量数据对模型进行更新,即只使用最新的数据来对现有模型进行微调。在这二者中,人们倾向于使用增量数据进行模型更新,因为如果使用全量数据,则每次更新模型都需要取出历史数据,从计算效率和数据存储角度来看成本都会很高。后面将会证明,使用增量数据更新模型也能达到不错的效果。

通过比较传统机器学习方法、全连接神经网络和循环神经网络可以发现,循环神经网络能够编码与时序相关的数据,在 PR 曲线上明显优于其他方法,如图 4-22 所示。在其他模型的训练中,借鉴了自然语言处理中的词袋法,将每个时刻的向量相加,合成一个整体的向量,这样就得到了一个适用于不同长度输入的模型。由于拥有时间序列数据分析的能力,循环神经网络的准确率达到了其他算法的 3 倍以上,其中包括支持向量机、随机森林、朴素贝叶斯(Naïve Bayes)、逻辑回归和全连接神经网络。同时还可以看到,在大数据的加持下,全连接神经网络甚至优于所有的传统机器学习方法,因此,即使不考虑与时序相关的数据,使用神经网络也能取得良好的效果。

本研究还比较了不同的循环神经网络结构,最优的循环神经网络结构为 4-64,即神经网络由 4 个隐藏层组成,每个隐藏层包含 64 个神经元。当网络变得非常深或宽时,例如 4-128 的网络,它会出现过拟合,导致效果下降。不出意外,研究证明 LSTM 的效果优于 GRU。

在图 4-23 中展示了使用全量数据和增量数据进行模型更新的结果,可以看到,无论是全量数据还是增量数据,所达到的效果都是不错的。使用未来的数据(P5 时间段)进行测

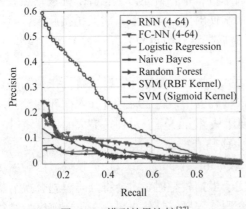

图 4-22　模型效果比较[37]

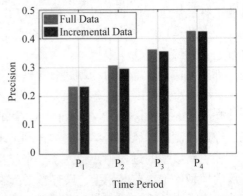

图 4-23　模型更新方式的比较[37]

试,能够看到,训练数据与 P5 时间段的数据越接近,模型的预测效果就会越好。同时可以发现,在 P1~P4 的这几个时间段的数据上,使用增量数据进行训练与使用全量数据进行训练的效果相近。这说明不必使用全量数据再次训练模型,只需使用增量数据进行训练,但需要注意的是,这里并不是说以后都可以只使用增量数据进行训练。有时由于数据分布的差异,模型可能会偏离正确的方向。在实践中,建议每隔一段时间,使用近期的历史数据对模型进行一次全量训练,并检查其效果是否与通过增量训练的效果相近。如果没有差别,就可以继续使用增量训练的模型,反之就需要将模型切换回通过全量数据训练得到的模型,以确保模型的效果。

作为本研究最亮眼的部分,研究人员使用表征学习和 TSNE 对结果进行了可视化。通过人工聚类分析,可以发现模型不仅拥有风险预测能力,还学习到与预测目标相关的用户行为特征。图 4-24 中主要包含以下用户浏览模式:①用户没有浏览任何商品就直接进行了购买,这种情况通常表明用户已将商品添加到购物车中,并直接进入购物车进行结算。这种行为通常是有问题的,在大多数情况下会存在风险。②包含两种情况:一种是存在敏感的账户操作;另一种是有一些随机浏览并进行了购买,这里可能包括一些虚拟物品(例如充值卡)和一些非虚拟物品(例如 iPhone)。③大部分是正常的浏览行为。④这两个区域都有一个典型的特征:用户直接进行了购买,而且大多数是虚拟物品,如之前提到的游戏点卡。这与上面所描述的直接购买不同,这里用户还有浏览和加购物车的行为。⑤这些样本模式更为复杂,它们大致可以分为两类:一类是非虚拟物品,浏览后立即进行了购买;另一类是随机浏览并进行了购买,这里通常包含较多的非虚拟物品。以上这两种情况均存在一定的风险。

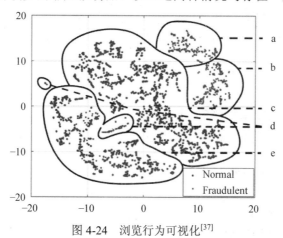

图 4-24 浏览行为可视化[37]

当电商平台的审查员开展工作时,模型提取出来的特征可以帮助他们更好地进行核查。循环神经网络通过对海量数据的学习,可以为人们的日常工作提供帮助。

4.4 语音识别与语音评测

在前面的几节中,详细介绍了循环神经网络的基本理论和真实应用。本节将介绍循环神经网络在语音中的应用。语音是人与机器最自然的交互方式之一,被普遍视为最有可能成为下一代信息和服务的入口。最开始的语音识别系统主要基于 GMM-HMM 模型,随着深度学习技术的发展,各类模型逐步涌现,如 DNN-HMM 模型、LSTM-CTC 模型等,它们的提出极大地提高了语音识别系统的性能。

人工智能应用于语音识别领域中有很多方向,如语音识别、语音评测、语音合成和声纹识别等。本节主要介绍其中的两个方向,一个是语音识别,另一个是语音评测。语音识别的目标是将一段语音识别成文本,其朗读的语句是未知的,语音识别模型的目标是判断语音说的是什么,所以包含了对模糊和错误语音的容忍度,而语音评测模型的目标是判断语音针对当前文本的发音是否正确,首先通过模型将一段语音转换为识别音素,并将与这段语音对应的已知文本通过查询字典得到正确的音素,最终通过对识别音素和正确音素进行对比来判断发音的准确情况,该项技术广泛应用于英语口语教育。

4.4.1 特征提取

早些年,语音识别并不是直接将声频信号作为输入,而是对其先进行预处理,提取由语言学家精心设计的一系列特征,如 MFCC(Mel Frequency Cepstral Coefficients)等,将其作为神经网络的输入。MFCC 特征在 1980 年由 Davis 和 Mermelstein 提出,由于声频信号在时域上的变化快速且不稳定,为了过滤与语音识别无关的冗余信息,同时保留与语音识别相关的重要信息,可以将声频信号转换到频域上来分析其特征参数,具体步骤如图 4-25 所示。

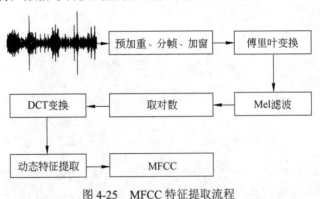

图 4-25 MFCC 特征提取流程

使用 Python 中 python_speech_features 库可以直接获取 MFCC 特征,具体代码如下:

```
from python_speech_features import mfcc, delta
import numpy as np
```

```
def get_mfcc(data, fs):
    wav_feature = mfcc(data, fs)
    d_mfcc_feat = delta(wav_feature, 1)
    d_mfcc_feat2 = delta(wav_feature, 2)
    feature = np.hstack((wav_feature, d_mfcc_feat, d_mfcc_feat2))
    return feature
```

在很长的一段时间里，使用人工设计的特征作为输入的模型的语音识别性能都优于直接将声频信号作为输入的模型性能，然而，越原始的信息，信息量越完整，人为进行信息的转换一般会带来信息的损失。随着深度学习模型的进一步发展，以及训练语料的大幅增加，让神经网络从原始数据中寻找更精确的特征，从而取代人工特征，体现端到端模型的优势，是下一步发展的重要方向。

4.4.2 模型结构

假设一段声频经过特征提取后，得到了一组（1000，39）维向量，其中 1000 代表时间维度，其大小由声频的长度而定，39 代表每个时间窗口的 MFCC 特征。可以用该向量作为声频的特征表示。在提取了原始声频的 MFCC 特征后，可以将其输入后面的模型中进行训练。

基于深度学习的语音模型的发展可以分为 3 个阶段：2010 年提出的基于深度神经网络+隐马尔可夫模型（Hidden Markov Model，DNN+HMM）的模型；2014 年提出的基于长短期记忆网络+连接时序分类（Connectionist Temporal Classification，LSTM+CTC）的模型；2017 年提出的基于 Transformer（自注意力机制）的模型。本节主要介绍使用循环神经网络的 LSTM+CTC 模型。

模型的第一部分是 LSTM，如图 4-26 所示。该部分很好理解，可以采用多层 LSTM 结构，利用其融合时间维度信息生成（1000，512）维向量，其中 512 为模型输出特征的超参数，可以根据模型性能动态地进行调节。

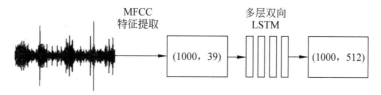

图 4-26　MFCC 特征提取流程

下面先介绍模型的输出，以英文为例，在语音评测中，模型的输出为卡内基梅隆大学（CMU）建立的一套由 39 个音素构成的音素集（"IY", "AW", "DH", "Y", "HH", "CH", "JH", "ZH", "D", "NG", "TH", "AA", "B", "AE", "EH", "G", "F", "AH", "K", "M", "L", "AO", "N", "IH", "S", "R", "EY", "T", "W", "V", "AY", "Z", "ER", "P", "UW", "SH", "UH", "OY", "OW"）。通过与当前文本所对应的音素进行对比，可以对目标声频是否存在音素级别的缺读、错读进行一个评判，从而进行语音评测。为了更直观地展示，图 4-27 中列出了 CMU39 音素的相似性矩阵，

用于对错读音素进行评分。此外，模型的输出也可以为 26 个英文字母（A~Z）。

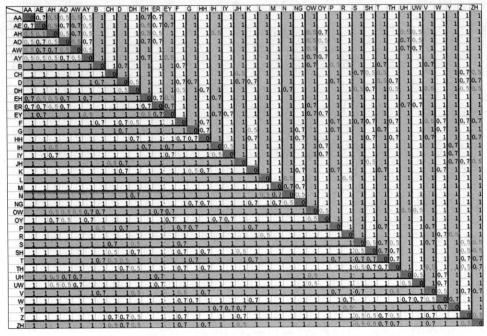

图 4-27　CMU39 音素的相似性矩阵[38]

然而，即使模型已经较为精确，其输出仍然会存在一定误差，尤其是在语音识别中，往往同一个读音可能对应不同单词，需要结合上下文来理解，从而提升语音识别的准确率，这就引出了语言模型的概念。在基于人工智能的实时语音识别场景中，大家可能从其展示的字幕上看到过这样一个现象，即句子中已经完成识别的部分随着后续语音识别的进行会发生动态变化，变得更为准确，这就是语言模型的功劳。

那么，什么是语言模型呢？语言模型可以对字符序列的概率分布进行建模。对于任意给定的字符串 $S^n = w_1w_2w_3 \cdots w_n$，语言模型可估计出该字符串出现的概率 $P(S^n)$，这里的字符代表字符串中的最小单元，可以是上文提到的 CMU 音素、英文字母，也可以是单词。简单介绍 N-Gram 模型，其为了减小估计概率的模型复杂度，对模型做出如下假设：当 $N = 1$ 时，当前字符的概率分布与上下文无关；当 $N = 2$ 时，当前字符的概率分布只与距离最近的 1 个字符有关；当 $N = 3$ 时，当前字符的概率分布只与距离最近的 2 个字符有关。一个较为实用的开源 N-Gram 语言模型框架是 KenLM（https://github.com/kpu/kenlm），可以基于此，使用自有语料建立自己的语言模型。在使用时，只需将 LSTM-CTC 模型最后的 Softmax 层的预测分类概率分布输入该语言模型中，便可得到最符合语言模型的输出结果。

为了方便理解，图 4-28 中展示了 $N = 2$ 时 Bi-Gram 的简单用法。首先收集语料，计算不同单词出现的条件概率，将其作为语言模型进行保存。在使用时，对目标语句进行条件概率分解，查询相应的概率，得到目标语句的得分。在语音识别任务中，由于输出是单词的概率分布，故可能存在多个可能的目标语句。可以分别对其进行评分，选取得分最高的目标语句作为最为符合语言模型的输出。

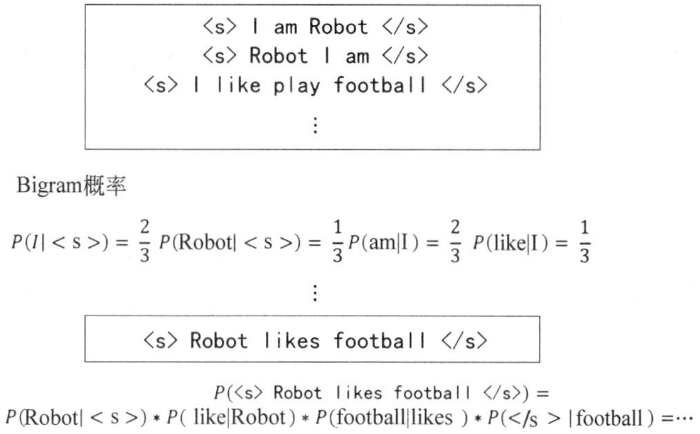

```
<s> I am Robot </s>
<s> Robot I am </s>
<s> I like play football </s>
            ⋮
```

Bigram概率

$$P(I|<s>) = \frac{2}{3} \quad P(Robot|<s>) = \frac{1}{3} \quad P(am|I) = \frac{2}{3} \quad P(like|I) = \frac{1}{3}$$

⋮

```
<s> Robot likes football </s>
```

$P(<s>\text{ Robot likes football }</s>) =$
$P(Robot|<s>) * P(like|Robot) * P(football|likes) * P(</s>|football) = \cdots$

图 4-28　Bi-Gram 模型举例

4.4.3　CTC 损失函数

下面介绍 LSTM-CTC 模型的第二部分，即 CTC 部分。4.4.2 节提到，一段语音通过 MFCC 特征提取，得到了一个（1000，39）维特征向量。假设这段语音的标签是 Deep Learning is fun，理论上只能知道，Deep Learning is Fun 按顺序出现在这 1000 个时刻中，但是具体出现的位置未知。那么如何将这 1000 个时刻与标签对齐呢？

之前，大家主要采用 HMM 模型进行对齐。在 HMM 中，每个时刻都有一个标签与其对应。具体来讲，HMM 模型在每个时刻都有两种状态：自旋和跳转。自旋表示状态的持续，跳转表示进入下一个标签。假设一段语音的内容是 abc，共有 10 个时刻，那么使用 HMM，其对齐后可能是这种形式：aabbbbbccc。

对比 HMM 模型，CTC 模型又额外引入了一个空符号（-），其代表该时刻不对应任何标签。CTC 模型的每个时刻都有 3 种状态：自旋、跳转和空。故 CTC 的对齐可能变成了这种形式：aa-b---cc-，因此，通过 CTC，可以直接将声频信号的每一时刻特征和相应的标签在模型的训练过程中自动对齐，从而可以在时间序列上直接进行分类。

CTC 模型在计算中采用的基本计算思路是：首先假设目标文本序列为 y_true，CTC 输出的原始序列为 y_pred，以输出 26 个英文字母为例，其 y_pred 为（10，26+1）维概率矩阵，表示 10 个时刻的 26 个字母及空符号的输出概率。可以使用动态规划算法从中计算得到文本序列 y_true 的概率之和，这个概率之和就是这段语音预测为 y_true 的概率，将这个概率之和作为目标函数，就可以实现 CTC 分支的训练。

现在，CTC 模型都已经被很好地封装在各个深度学习框架中，其在 TensorFlow 中的使用方法如下：

```
loss = tf.reduce_mean(tf.nn.ctc_loss(y_true, y_pred, seq_len))
```

其中，y_true 为训练标签，y_pred 为 LSTM 输出在每一时刻上的关于 26 个字母及空符号的输出概率，seq_len 为该训练批次中每个序列补 0 操作前的真实长度（LSTM 会将同一批次的所有序列都扩展到最长的 seq_len，其中不足的部分补 0）。

图 4-29 展示了 HMM 和 CTC 模型的区别与联系，CTC 模型的输入为预测的（10，512）维向量及标签"abc"，输出为计算得到的损失标量，其可以直接传入 Adam 或者 SGD 优化器进行训练。

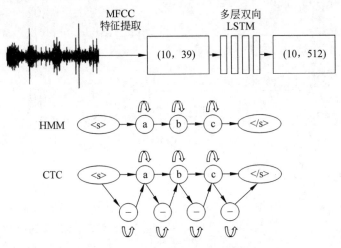

图 4-29　HMM 与 CTC 模型的对比

在使用 CTC 模型时，有几点需要注意：首先，一段声频的标签的长度（图 4-29 中的 abc）必须小于该声频所提取特征的时间维度（图 4-29 中的 10），否则无法进行训练。其次，CTC 模型的每次输出结果是相互独立的。如模型输出为"aaa"，则其解码结果为"a"，但若第 2 个时刻识别错误，模型输出"a-a"，那么由于第 3 个时刻无法感知前面两个时刻的信息，则该解码结果为"aa"，因此，CTC 模型需要搭配 4.4.2 节提到的语言模型来获得好的结果。此外，一个值得注意的是，CTC 模型存在尖峰效应，即模型输出的空字符较多，只有偶尔一两个时刻会输出有意义的信息。

本章习题

1. 使用 Keras 或者 PyTorch 编写多层 LSTM 与 GRU 网络对 MNIST 数据集进行训练，比较二者的差异。

2. 深入了解 Keras 或者 PyTorch 对 LSTM 与 GRU 的具体实现，给出一对多、多对一、多对多 3 种场景的训练代码框架。

3. 学习 t 分布随机近邻嵌入的原理，比较其与主成分分析（Principal Component Analysis，PCA）的差异。

第 5 章 分布式深度学习系统

5.1 分布式系统

在前面的几章中,从基础到进阶,对全连接神经网络、卷积神经网络、循环神经网络进行了全面讲解。将这些理论应用到实践就会面临一个问题,大家在模型层面的软实力很强,但在计算机系统层面的硬实力很弱。这就导致很多团队有不错的深度学习模型,但却没有能力用分布式的方法使用海量数据对其进行训练,并在训练完成后成功地将其上线。本章将讲解分布式系统的相关知识,并学习如何通过分布式系统对模型进行训练和上线。

5.1.1 挑战与应对

随着单个处理器核心的性能不断提高,其主频已经接近量子极限,人们面临的问题是如何设计并行化的程序。所谓并行度,就是代码中可以进行并行运行的部分所占的比例。例如有些代码必须通过 CPU 顺序执行,而另一部分则可以通过 CPU 或 GPU 并行运行,能够并行运行的代码量与总代码量之比便是并行度。程序的并行度越高,就越有可能在分布式系统上运行。

分布式系统的流行,源自目前计算和存储所带来的挑战。一方面,现有的计算任务复杂度越来越高,例如深度学习任务需要大量的计算资源,这些任务在单核的 CPU 上很难实现高效率的运行,因此,人们需要使用具有更高并行度的处理器,例如多核 CPU、GPU 或者分布式集群来完成这些任务。分布式集群可以通过将多台计算机连接在一起,并将它们看作一台更强大的计算机来完成复杂的计算任务。另一方面,非结构化数据占据着主导地位。以往图像和视频数据通常通过网络存储服务器来维护,但这种架构设计不稳定,并且难以规模化,需要设计新的存储系统来维护这些数据。

当将所有的服务器组成一个集群时,会出现服务器或硬件崩溃的情况,这会降低系统的稳定性。早期计算机系统没有考虑这些因素,人们认为它们足够稳定,所以并没有为容错性做太多的准备。在分布式系统中,一般使用普通服务器来构建集群,通过添加更多的服务器来满足不断增长的计算需求。在这种场景中,就需要考虑系统的容错性。例如在一个拥有 9 台服务器的集群中,当其中的 3 台服务器宕机时仅会降低计算性能,不会给集群带来灾难性的后果。

5.1.2 主从架构

在分布式系统中，通常采用主（Primary）从（Secondary）架构，其中主节点负责存储和处理元数据。元数据是一种特殊的数据，通常用来索引或描述其他数据。例如在分布式存储系统中，元数据对应的是索引数据，包括文件名、目录结构、数据所在节点等。分布式系统一般由一个主节点（Primary Node）负责管理从节点（Secondary Node），并监控它们的状态。通常，主节点会定期与从节点进行心跳（Heartbeat）连接，以确保它们处于可用状态。如果某个从节点没有响应，则主节点会将它标记为不可用状态，并采取相应的措施，即对任务进行重新分配或者重启该节点。客户端在对分布式存储系统进行查询时，会首先向主节点发出查询请求，询问数据获取的从节点与文件路径，从而能够获取目标数据。

可以在分布式系统中部署备用主节点，它与主节点保持着实时通信，保证其元数据实时同步，如图 5-1 所示。如果主节点在某个时刻发生故障，则备用主节点会立刻接手它的工作，承担原本属于主节点的所有相关任务。

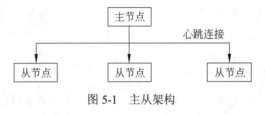

图 5-1　主从架构

5.1.3 Hadoop 与 Spark

下面简单地介绍一个很具代表性的分布式系统——Hadoop，它由两部分组成：Hadoop 分布式文件存储系统（Hadoop Distributed File System，HDFS）和映射归约（MapReduce）。HDFS 存储着所有数据，MapReduce 可以高效地运算这些数据。

HDFS 是典型的主从架构，它的主节点叫作名称节点（NameNode），客户端可以通过它获取相关信息。读取完之后，主节点会告诉客户端去什么位置获取信息。从节点称为数据节点（DataNode），它直接负责与客户端传递信息，如图 5-2 所示。如果客户端想要写入数据，则是同样的流程。先要让主节点知道要写入数据，然后把数据写入相应的从节点上，写完后客户端会通知主节点，从而将相关信息写入元数据。

在分布式存储系统中，容错性是必须考虑的重要因素。为了确保数据的安全性，通常会复制 3 份及以上的数据。为了保证数据安全，人们会尽量把数据分散在不同的地方。例如，如果一个机柜里的服务器出了故障，则可能会导致整个机柜断电，从而使所有服务器都无法正常工作，因此，需要把数据的复制分散到不同的机柜、不同的机房，甚至分散到不同的数据中心，这样便能够大大降低数据丢失的风险，确保数据读写的有效性。作为调度中心，主节点需要在数据备份、任务调度等方面做出相应的设计。分布式系统通过将数据存储在不同

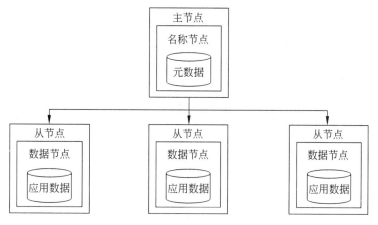

图 5-2 Hadoop 存储架构

的节点上，能够保证容错性的同时，还能提高系统的效率。客户端在使用时，会优先访问最近的数据备份。

MapReduce 包含两个主要部分：映射（Map）操作和归约（Reduce）操作。在图 5-3 所示的例子中，输入是 Dear Bear River Car Car River Dear Car Bear，这里要把每个词出现的次数统计出来。当然，这是一个非常简单的文本，可以直接用肉眼统计，但如果文本中包含几千亿个词，就没有办法把所有的数据都存在一个节点上，从而用简单的算法对其进行统计。

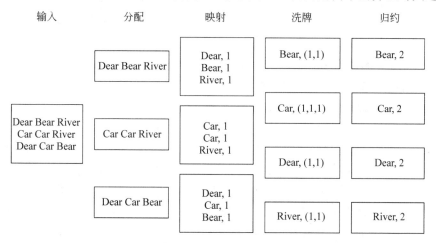

图 5-3 MapReduce 实例

Map 操作用于将一个大型数据集分割为多个小型数据集，并对每个小型数据集进行处理，得到一组键-值（Key-Value）对作为处理结果，Reduce 操作则用于将多个键-值对合并为输出结果。

在前面的例子中，使用 HDFS，可以将巨大的文本文件分割成若干个小型数据集，每个数据集都包含一定数量的单词，分别存储在不同的节点上。随后在节点使用 Map 操作来处理对应的数据集，并将每个单词的处理结果写成键-值对的形式，每个键-值对都包含一个单词和该单词出现的次数，例如（bear, 1）。最后，使用类似于洗牌（Shuffle）的操作，可以将对应同一个键的值进行整合，例如（bear,（1, 1, 1）），而后可以使用 Reduce 操作来将所有值合并为结果数据，即每个单词出现的次数。

从原理上讲，MapReduce 的思想是将计算移到存储节点上，通过存储某个数据的节点负责计算该数据。整体的计算框架也是主从架构，其中主节点（称为 JobTracker）负责监控和协调整个任务的执行，并把任务分解为若干子任务，分配给各个从节点（称为 TaskTracker），包含 Map 子任务与 Reduce 子任务，如图 5-4 所示。

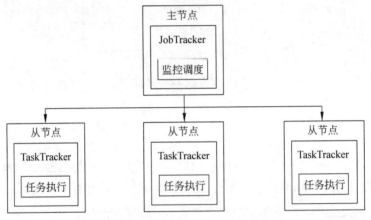

图 5-4 Hadoop 计算架构

在 MapReduce 的过程中，数据通常存储在 HDFS 中，每个节点会从 HDFS 读取相应的数据并存储在内存中进行计算，最终的结果也需要写回 HDFS。因为 HDFS 存储的数据通常放在硬盘中，读写的速度较慢，所以如果需要进行多轮 MapReduce 操作，则效率会比较低。

随着 Hadoop 的发展，加州大学伯克利分校的 Ray 实验室演化出了一个新的框架，称为 Spark。Spark 与 Hadoop 最大的区别在于 Spark 是在内存中进行运算的，而 Hadoop 则需要读写硬盘。由于 Spark 每步都在内存中完成，所以效率更高。另外，Hadoop 只能使用 MapReduce 的完整过程处理数据，对类似于 Map-Map-Reduce 的运算无能为力，而 Spark 可以通过弹性的有向无环图（Direct Acyclic Graph，DAG）进行灵活的数据处理，因此，Spark 目前被广泛应用在大型企业中。

简单对比一下 Spark 相比于 Hadoop 的优势：第一，是数据读写，Spark 在内存中进行操作，而 Hadoop 通常需要硬盘操作，如图 5-5 所示。第二，是编程模型，Hadoop 必须使用 MapReduce 这种固定的模式，相比之下，Spark 允许通过一个有向无环图来定义计算图，这使编程更灵活。第三，Spark 提供了高级封装，允许使用 Scala、Java、Python 等语言进行编程，而 Hadoop 一般只支持 Java 语言。第四，Spark 的生态丰富，支持多种机器学习库。当然，Spark 的缺点是需要大量内存才能进行计算，因此系统成本较高。

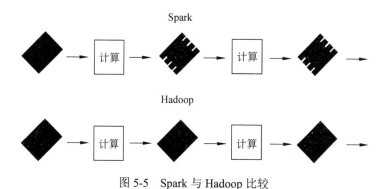

图 5-5　Spark 与 Hadoop 比较

5.2　分布式深度学习系统

在分布式系统中，通过充分利用集群中的多种计算资源，如 CPU、GPU 与专用芯片，可以最大化地利用这些资源，提高运算的效率。在本节中，将介绍应用于深度学习模型训练的分布式系统原理。

5.2.1　CPU 与 GPU

比较一下家用级的 CPU 和 GPU，英特尔 i9-7900k 有 10 个核心，时钟频率为 4.3 GHz，官方指导价是 385 美元。与此相对照的是英伟达 RTX 3090，它有 10 496 个核心，时钟频率是 1.6 GHz，自带 24 GB 的显存，官方指导价是 1499 美元。考虑 32 位浮点数的计算能力，上述 CPU 大约是 640 GFLOPS，而 GPU 可以达到 35.6 TFLOPS（TFLOPS 是 GFLOPS 的 1024 倍），因此，在单位价格的计算能力（FLOPS/Dollar）方面，GPU 是领先的，如图 5-6 所示。

	核数	频率	内存/显存	价格	运算能力
CPU (Intel Core i9-7900k)	10	4.3 GHz	系统内存	$385	≈640 GFLOPS (FP32)
GPU (NVIDIA RTX 3090)	10 496	1.6 GHz	24 GB	$1499	≈35.6 TFLOPS (FP32)

图 5-6　CPU 与 GPU 比较

需要强调的是，CPU 与 GPU 的架构是截然不同的。

CPU 拥有自己的三级缓存（Cache），分别是 L1、L2 和 L3。L1 缓存容量最小，但是速度最快，它直接与加法器打交道，如图 5-7 所示。L2 缓存容量稍大，速度略低。L3 缓存是多个核共用的，容量最大，速度最慢。通过控制器，CPU 可以通过加法器完成通用运算。

CPU 对大量数据的存取需要依赖于系统内存,其读写速度远小于 L3 缓存。

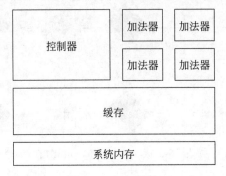

图 5-7 CPU 架构

相比之下,CPU 更擅长逻辑运算,而 GPU 更擅长并行运算。GPU 通常拥有超过 4GB 的显存,其容量甚至可能会超过系统内存,因此,GPU 可以把模型和数据预先读入显存,以进行高速运算。可以把 GPU 看作许多小的工作模块,每个模块能够独立加载数据并进行运算,就像一个自动化的流水线,如图 5-8 所示。

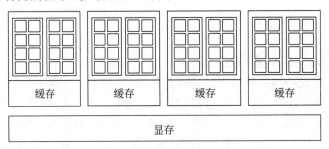

图 5-8 GPU 架构

在英伟达高速 GPU 互连(NVLink)技术出现之前,一般需要通过高速串行计算机扩展总线标准(Peripheral Component Interconnect Express,PCIe)实现 GPU 与其他计算机硬件的数据传输,PCIe 二代协议可以达到单向 4 GB/秒的传输速度,而使用 PCIe 三代和四代协议可以达到单向 8~16 GB/秒的传输速度。从英伟达 Pascal 架构 GPU 开始,通过 NVLink 1.0 可以实现 GPU 与 CPU、GPU 与 GPU 之间的直接数据传输,并且双向传输速度均可以达到 40 GB/秒,NVLink 2.0 更是将传输速度提高到了 50 GB/秒。

GPU 在矩阵运算方面非常擅长,例如用两个矩阵进行乘法运算,它可以一次性完成,但对于 CPU 来讲,如果要进行同样的运算,则需要顺序进行计算,效率较低。因为深度学习任务几乎为矩阵运算,所以更适合使用 GPU 来解决。

在 2006 年之前,GPU 编程是一件非常困难的事情,人们需要编写底层程序并调用底层 API 来完成相关操作。英伟达在 2007 年推出了通用并行计算架构(Compute Unified Device Architecture,CUDA),这是一种能将上层语言编译成底层语言的编译器,这使人们可以直接调用 CUDA 相关库来编写 GPU 代码,大大简化了开发过程。在流行的深度学习框架中,通过应用 CUDA 深度学习库（CUDA Deep Neural Network，CuDNN），能够大幅提升神经网络训练和推理的效率。

比较一下工业级英特尔至强 E5 2620v3 与英伟达 Pascal Titan X 两块芯片在深度学习任务上的表现，GPU 相比 CPU 有超过 60 倍的性能提升，具体来讲，在 VGG-16 上为 66 倍、在 VGG-19 上为 67 倍、在 ResNet-18 上为 71 倍、在 ResNet-50 上为 64 倍、在 ResNet-200 上为 76 倍，如图 5-9 所示。换句话说，在 CPU 上一分钟能够完成的运算，在 GPU 上一秒就可以完成。

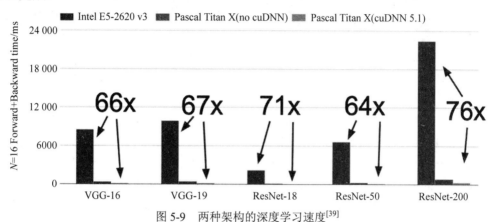

图 5-9　两种架构的深度学习速度[39]

图 5-10 中列举了单位成本下 GPU 算力的分布，通过时间轴可以看出，从 2004 年到 2017 年的时间跨度中，CPU 的性价比没有显著的提升。不同的是，GPU 呈现出一个明显的上升趋势。随着时间的推移，GPU 的性价比变得越来越高，即花费相同的金额，它所提供的运算能力越来越强。

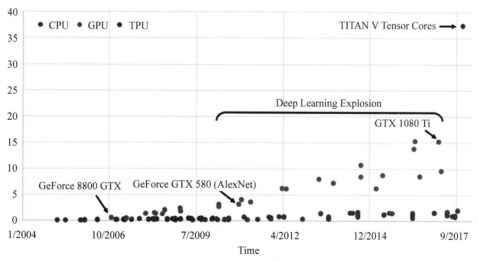

图 5-10　单位成本下算力分布[40]

作为专门为深度学习定制的芯片，谷歌发布的 TPU v3 可以达到 420 TFLOPS。当定制芯片在某些特定的应用场景中的性能超过 GPU 且性价比更高时，用户也会倾向于选择定制芯片。伴随着越来越多创业公司的崛起，笔者预测到 2025 年，人工智能定制芯片会像 GPU 一样普及。

5.2.2 分布式深度学习

通过上面的知识，可以总结深度学习模型训练的过程，即从硬盘中读取数据，将数据装入内存，随后通过 CPU 控制将数据送到 GPU 上进行模型训练。能够看到，在整体流程中，硬盘读取成为关键的效率瓶颈。为了优化数据的吞吐，可以一次性将所有的数据读取到内存中，但是当数据量较为庞大时，这种方式不具有可实施性。更好的方式是使用并行的思路，为数据队列专门创建新线程，为模型训练线程源源不断地提供数据输入。在实践中，需要保持数据队列任务饱满，避免出现等待数据读取的情况，保障 GPU 的高负载状态。

在深度学习模型的训练过程中，当数据量或者计算量过大时，需要采用并行计算的思路，使用多个 GPU 或者多台服务器来提高模型训练的效率。具体来讲，当训练数据量过大时，可以将数据分配给不同的工作节点进行训练，这些工作节点可能是多个 GPU、多台机器乃至多台机器上的多个 GPU，这样便可以充分利用每个 GPU，让每个 GPU 各司其职完成模型的迭代。当模型规模过大时，需要将模型分配到多个工作节点进行训练。一个典型的例子是 AlexNet 的原始研究，当时的显存无法容纳大型的卷积神经网络模型，需要将 AlexNet 分成上下两部分，并将参数分别放在两个 GPU 上，随后在一定的时间点上同步这两个 GPU 上的参数。

分布式深度学习的思路是非常清晰的，首先对数据或者模型进行划分，并将划分后的部分分配给不同的节点，这里对应的是一个 GPU 或者一台服务器。节点之间会进行通信，通过传递相关信号来保证参数的同步。通过聚合模型和数据，可以对整体模型的训练过程进行把控，如图 5-11 所示。虽然整个过程并不复杂，但是每部分都有很多需要雕琢的点。

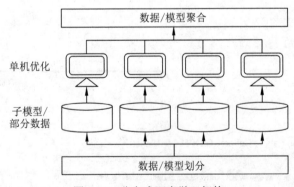

图 5-11　分布式深度学习架构

在数据并行层面，会通过抽样将数据划分到不同的节点。实践中有两种数据的抽样方式，即有放回抽样和无放回抽样，如图 5-12 所示。有放回抽样是指从一个大池子里随机抽取一些数据,抽完之后将这些数据放回池子,在下一轮中继续抽取,这个过程也被称为随机抽样。无放回抽样是指先按顺序处理所有数据,后将数据随机打乱,从头到尾通过指定的批次大小再次抽取一遍。随后再将数据打乱,重复这个过程直到达到随机抽样的效果。

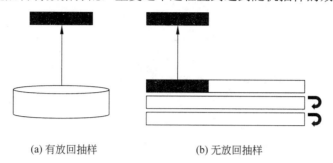

(a) 有放回抽样　　　　(b) 无放回抽样

图 5-12　数据抽样方法

以全连接神经网络为例,通过 Keras 实现数据并行的模型训练,代码如下:

```
//chapter5/multipgu_keras.py

#通过 CUDA_VISIBLE_DEVICES 指定要使用的 GPU,如果指定,则默认使用所有 GPU
#注意这里的环境变量一定要在 import tensorflow 及 keras 之前设置
import os
os.environ["CUDA_VISIBLE_DEVICES"] = "0,1"
import tensorflow as tf
from keras.utils import to_categorical
from keras.datasets import mnist
from keras import layers, models

#读取 MNIST 数据集
(x_train, y_train), (x_test, y_test) = mnist.load_data()

#建立神经网络模型
def fcnn(image_batch):
    h_fc1 = layers.Dense(200, input_dim=784)(image_batch)
    h_fc2 = layers.Dense(200)(h_fc1)
    _y = layers. Dense(10, activation='softmax')(h_fc2)
    return _y

x_train = x_train.reshape(60000, 784)
x_test = x_test.reshape(10000, 784)
x_train = x_train.astype('float32')
x_test = x_test.astype('float32')
x_train /= 255.
x_test /= 255.
y_train = to_categorical(y_train, 10)
y_test = to_categorical(y_test, 10)
```

```python
#创建分布式训练策略
strategy = tf.distribute.MirroredStrategy()
print('Number of devices: {}'.format(strategy.num_replicas_in_sync))

with strategy.scope():
    #模型结构需要在 scope 中
    x = layers.Input(shape=(784,))
    y_ = layers.Input(shape=(10,))
    y = fcnn(x)
    model = models.Model(x, y)
    print(model.summary())
    model.compile(optimizer='sgd', loss='categorical_crossentropy', metrics=['accuracy'])

    model.fit(x_train, y_train, batch_size=64, epochs=5, validation_data=(x_test, y_test))
```

其 PyTorch 版本的代码如下：

```python
//chapter5/multipgu_pytorch.py

#通过 CUDA_VISIBLE_DEVICES 指定要使用的 GPU，如果指定，则默认使用所有 GPU
#注意这里的环境变量一定要在 import torch 之前设置
import os
os.environ["CUDA_VISIBLE_DEVICES"] = "0,1"
import torch
import torch.nn as nn
import torch.optim as optim
from torchvision import datasets, transforms

class FCNN(nn.Module):
    def __init__(self):
        super(FCNN, self).__init__()
        self.fc1 = nn.Linear(784, 200)
        self.fc2 = nn.Linear(200, 200)
        self.fc3 = nn.Linear(200, 10)

    def forward(self, x):
        x = torch.relu(self.fc1(x))
        x = torch.relu(self.fc2(x))
        x = torch.softmax(self.fc3(x), dim=1)
        return x

transform = transforms.Compose([
    transforms.ToTensor(),
    transforms.Normalize((0.5,), (0.5,))
```

```python
    ])
    train_dataset = datasets.MNIST(root='./data', train=True, transform=
transform, download=True)
    test_dataset = datasets.MNIST(root='./data', train=False, transform=
transform, download=True)

    train_loader = torch.utils.data.DataLoader(dataset=train_dataset, batch_size=
64, shuffle=True)
    test_loader = torch.utils.data.DataLoader(dataset=test_dataset, batch_size=
64, shuffle=False)

    model = FCNN()
    criterion = nn.CrossEntropyLoss()
    optimizer = optim.SGD(model.parameters(), lr=0.01, momentum=0.9)

    #模型训练，这里使用了数据并行的策略
    if torch.cuda.device_count() > 1:
        print("Number of devices: {torch.cuda.device_count()}")
        model = nn.DataParallel(model)
    device = torch.device("cuda" if torch.cuda.is_available() else "cpu")
    model.to(device)
    for epoch in range(5):
        model.train()
        for batch_idx, (data, target) in enumerate(train_loader):
            data, target = data.view(-1, 784).to(device), target.to(device)

            optimizer.zero_grad()
            output = model(data)
            loss = criterion(output, target)
            loss.backward()
            optimizer.step()

            if batch_idx % 100 == 0:
                print('Train Epoch: {} [{}/{} ({:.0f}%)]\tLoss: {:.6f}'.format(
                    epoch, batch_idx * len(data), len(train_loader.dataset),
                    100. * batch_idx / len(train_loader), loss.item()))

    model.eval()
    test_loss = 0
    correct = 0
    with torch.no_grad():
        for data, target in test_loader:
            data, target = data.view(-1, 784).to(device), target.to(device)
            output = model(data)
            test_loss += criterion(output, target).item()
            pred = output.argmax(dim=1, keepdim=True)
```

```
        correct += pred.eq(target.view_as(pred)).sum().item()

    test_loss /= len(test_loader.dataset)
    print('\nTest set: Average loss: {:.4f}, Accuracy: {}/{} ({:.0f}%)\n'.
format(test_loss, correct, len(test_loader.dataset),100. * correct/len(test_
loader.dataset)))
```

在模型并行层面，可以使用横向或纵向划分逻辑对模型进行拆分，也可以自定义混合划分模式，如图 5-13 所示。横向划分的方法是将不同的神经网络层分配到不同的工作节点上进行处理，而纵向划分是将不同的纵向节点分配到不同的工作节点上进行建模。这两种方法各有优缺点，横向划分会导致某些节点处于等待状态，因为它们需要等待其他工作节点完成后才能获得输入数据，而纵向划分可能会导致计算资源的不均衡利用。

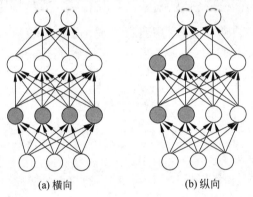

图 5-13　模型划分方式

5.2.3　通信——对参数进行同步

无论是何种并行方式，其核心都是数据通信。工作节点之间可以直接进行通信，也可以通过中间节点进行通信，目标都是让各个工作节点的参数通过通信进行同步。举个例子，在分布式训练中，采用数据并行运行方式，可以将数据块划分为 k 份，分发给 k 个工作节点。每个工作节点都会对自己的参数进行优化，每个节点优化后的参数显然是不同的，需要对这些参数进行聚合，再分发给每个工作节点。这样就可以避免各个节点之间参数的差异变得越来越大，从而保证训练的效果。

在分布式深度学习训练系统中，数据通信通常采用两种方式：同步通信和异步通信。同步通信指的是每个工作节点都需要等待其他节点的参数才能进行下一轮的训练；异步通信则不需要等待，每个节点可以在传递参数之后立即开始下一轮的训练。同步通信有一个关键的问题，即存在节点之间相互等待的情况。例如当一个节点非常慢时，其他节点一直停在等待状态，无法进行新一轮的模型迭代，如图 5-14 所示。异步通信是同步通信的另一个极端，节点完成迭代后将参数推送出去，其参数不需要与其他节点同步，可以继续开始下一轮模型迭代。

可以看到，完全的同步和完全的异步都不是好的方法，最好的方法是在一定的迭代次数之后再进行同步，而不是每次迭代都同步。这里引入延迟阈值的概念，保证在一定的时间周期内，所有进程都有同样的参数，如图 5-15 所示。通过这种方式，可以保证所有进程都有相同的通信步调，达到同步和异步通信相结合的目的。假设将阈值设置为 4 次迭代，当某个节点超过 4 次迭代时，就需要与其他节点同步模型参数。如果一个节点出现了延迟，就要强制其同步到最新的参数。

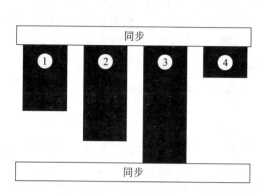

图 5-14　同步通信

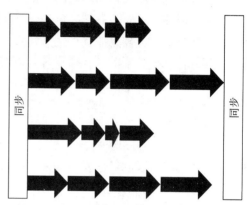

图 5-15　有延迟阈值的通信

为了实现参数存储与同步，最常用的方式是使用参数服务器（Parameter Server），如图 5-16 所示。它可以是一台服务器，也可以是一个集群，能够接收工作节点传递的参数，进行参数聚合后，将最新参数同步到各个节点。参数服务器为分布式系统提供了一个共享的参数存储和更新机制，保证了系统的一致性和可靠性。

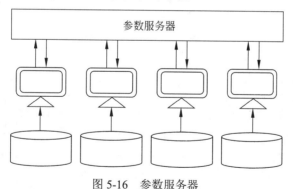

图 5-16　参数服务器

5.3　微服务架构

微服务架构是近几年特别流行的一种架构方式，它能够提高系统的扩展性，并使系统更容易维护。在本节中，将介绍微服务架构的基础理论。

5.3.1 微服务的基本概念

微服务架构是指将系统中的某些组件拆分为独立的服务,以提高可扩展性。使用微服务能够帮助人们更快速地开发和部署新功能,并使系统更容易维护和升级。假设系统包含 3 个独立的微服务模块:用户登录模块、权限验证模块和数据处理模块。这些模块互相独立,用户登录模块不需要关心权限验证模块的实现方式,它只需调用权限验证模块提供的应用程序接口(Application Programming Interface,API)就行了。类似地,数据处理模块同样与用户登录模块分开。这样架构的优点是开发者只需关注自己负责的一些微服务,只要对外的 API 不发生变化,就不会影响其他微服务与之交互。

当登录服务面临较大的访问压力时,可以将该微服务分布到不同的机器上,而其他的微服务保持原来的个数。这样就可以针对不同微服务的负载,动态增删其数目或者占用资源数,实现良好的扩展性。

传统的架构方式无法做到这一点,对于一个简单的网络服务器,用户的访问请求会先到达前端,随后前端会将请求发送到后端。后端会请求数据库,数据库将数据返给后端,后端再将数据返给前端,如图 5-17 所示。在将系统扩展到更大的规模时都需要面临棘手的现状,即整个系统是耦合在一起的,扩展每个模块都会将其他模块带上,造成资源的极大浪费,如图 5-18 所示。与此同时,由于模块之间的强耦合关系,对任一模块的更新都必然会对其他模块产生影响,导致系统的可维护性较差,但是,当采用微服务架构后,便可以通过控制不同微服务的数目实现系统的动态扩容,如图 5-19 所示。

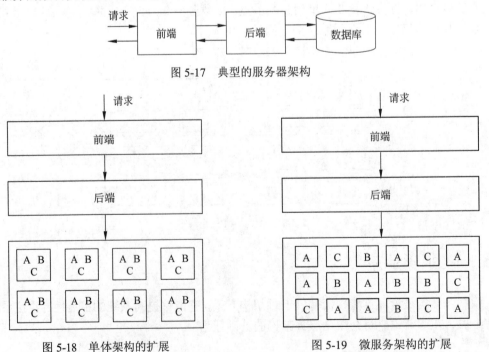

图 5-17 典型的服务器架构

图 5-18 单体架构的扩展

图 5-19 微服务架构的扩展

5.3.2 消息队列

微服务之间需要进行信息传递，信息流可能是从一端到另一端，也可能是两端之间互相传递信息，如图 5-20 所示。通过消息队列，可以很方便地对消息的传递过程进行解耦合。例如通过消息队列，可以将 A 服务的请求发送到消息队列中，随后 B 服务可以从队列中取出请求，计算完成后，可以通过消息队列把结果传回 A 服务。这样的设计允许 A 服务发出请求后，能够继续执行其他任务，不必暂停等待 B 服务的响应。与此同时，这种解耦合的方式可以让系统架构更加灵活和可扩展，避免了因为单点故障而导致的系统崩溃。

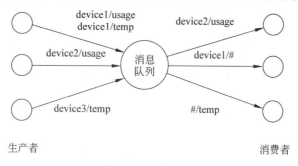

图 5-20 消息队列

在消息队列中，生产者（Producer）负责发送请求，消费者（Consumer）负责接收并处理请求。采用消息队列，有以下 3 点优势：①提供统一的消息处理，服务不需要定义协议，只需连接到消息队列并进行发送和接收，降低了微服务的复杂度；②时间和空间的解耦合带来了更好的可扩展性和灵活性；③能够支持复杂的拓扑结构。

作为最流行的消息队列，Kafka 可以提供较低的消息延迟，并通过分布式存储，保证数据的容错性，可以在大型分布式系统中实现微服务之间的高效通信。

5.4 分布式推理系统

推理是指在深度学习模型训练完成后，使用该模型对新的数据进行预测的过程。推理过程需要根据需要切换不同版本的模型，并将预测结果返回业务系统中。在本节中，将通过微服务架构建立分布式推理系统。

5.4.1 深度学习推理框架

在深度学习系统中，通过训练过程获得最优模型后，当有新的数据输入系统时，系统通过推理使用该模型得出预测结果，如图 5-21 所示。由于模型可能会有多个版本，系统需要支持模型切换。在 TensorFlow Serving 出现之前，行业内并没有稳定易用的推理系统。PyTorch 等生态中没有官方的推理系统，需要使用 Flask 等框架自行进行封装以得到网络服务，或者将模型转换后使用 TensorFlow Serving 进行部署。由于推理系统里面包含诸多需要考量的因素，简单的网络服务很难满足工程部署的要求。

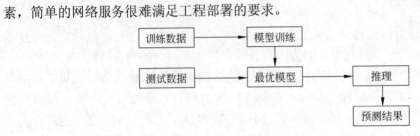

图 5-21　训练与推理

TensorFlow Serving 是一种用于部署机器学习模型的工具，可以将其看作一个性能优秀的 Web 服务器，它能够接收客户端的输入，调用指定的上线模型，并返回预测结果。TensorFlow 与 TensorFlow Serving 能够无缝对接，研究人员在开发环境中完成模型进行训练后，可以输出上线的版本，直接放到生产环境中。

在实际应用中，研究人员将不断更新模型。TensorFlow Serving 支持模型版本的热切换，这意味着，当系统在运行时，可以通过进行一些简单的操作在保证系统运行不中断的情况下，切换到更新版本的模型，实现模型的持续迭代与上线。

如图 5-22 所示，TensorFlow Serving 的架构包含几个重要组成部分：①数据源（Source）对应的是文件系统，也就是模型文件；②加载器（Loader），其作用是从磁盘读取模型并将其加载到服务中；③动态管理器（Dynamic Manager），进行不同版本模型之间的切换，通过版本策略（Version Policy）进行版本控制，例如用最新的版本替换原有版本；④网络服务（Servable Handle），可为客户端提供外部服务。

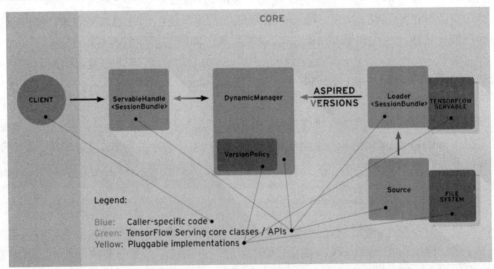

图 5-22　TensorFlow Serving 架构[41]

在放置模型文件时，通常使用数字来命名模型文件夹，例如用 00001 表示第 1 个版本，用 00002 表示第 2 个版本，其上层的文件夹是模型的对外服务名称。当数据源检测到新的模型版本时，会通知动态管理器，并由加载器建立相应的指针。动态管理器会根据版本策略判断是否对新模型进行加载与切换，如果是，则需要检查是否有足够的显存。随后，动态管理器会通知加载器对模型进行加载，切换掉旧版本模型。当客户端发出请求时，给定输入数据及预测模型，TensorFlow Serving 收到请求后，会调用相应的模型对输入数据进行预测，将预测结果返回客户端，如图 5-23 所示。

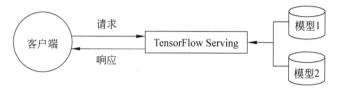

图 5-23　TensorFlow Serving 运行过程

TensorFlow 训练完成的模型可通过 SavedModel 格式进行导出，这一格式可直接在 TensorFlow Serving 中上线，上线指令如下：

```
tensorflow_model_server
--port=8500
--model_name="model"
--model_base_path= "…"
```

其中，port 是服务器端口号，model_name 指的是模型的名称，model_base_path 是模型所在的目录。如果要同时运行多个模型，则可以写一个配置文件，把它放在磁盘的一个目录下，然后让 TensorFlow Serving 去读取它，如图 5-24 所示。

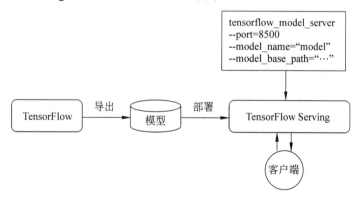

图 5-24　模型导出与部署

5.4.2　推理系统架构

有了 TensorFlow Serving 这样的基本推理单元之后，就可以通过它来对任务进行排队处理了。图 5-25 中展示了单机多卡的情形，其中的调度器（Scheduler）类似于主节点，负责维护从节点的状态并进行任务调度。从节点由工作模块与 TensorFlow Serving 组成,这样做可以通过工作模块对输入数据进行预缓存,以提高运算效率。所有的服务通过 Docker 容器(Container)进行封装,每个从节点绑定一块 GPU 卡。

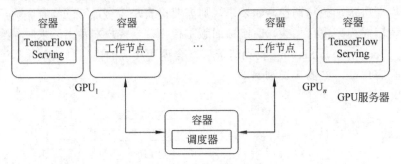

图 5-25 单机多卡推理架构

通过这种方式,能够通过微服务将不同的模块解耦合,同时可以通过这些微服务绑定特定的 GPU,进而可以把所有的 GPU 视为一个资源池。调度器用于排队处理客户端的请求,并将这些任务分配给所有的从节点进行并行计算。

在多机多卡的情形下,系统的架构设计也是类似的,如图 5-26 所示。通过消息队列对客户端与推理系统进行解耦,客户端向消息队列发送预测请求,调度器接受请求后,会将任务分配给工作节点。任务完成后,调度器可以整合工作节点的预测结果,并将其传回消息队列。客户端接收到预测结果,完成本次请求任务。通过任务队列解耦了客户端和调度器,同时调度器维护了自己的任务队列,这样就可以保证任务能够正常执行,避免任务丢失或失败的情况。

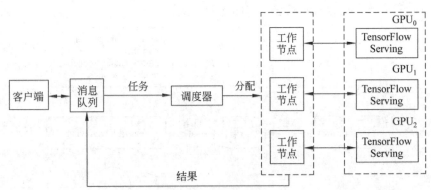

图 5-26 多机多卡架构

在上述分布式系统设计中,有以下几个设计要点。

(1)可用性:通过 Kafka 来解耦客户端和调度器,保证系统可用性,如图 5-27 所示。调度器维护一个分布式任务队列,可以持久化存储任务。调度器通过任务队列进行任务分配,确保系统的效率。

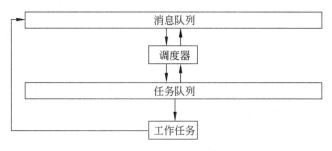

图 5-27　架构可用性

（2）可扩展性：所有的微服务都是可以拓展的，而底层的文件系统是分布式的，如图 5-28 所示。

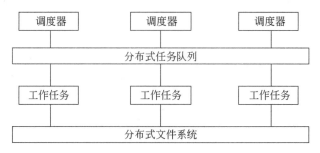

图 5-28　架构可扩展性

（3）系统监控：使用消息队列实现日志传输，建立专门的日志模块，用于接收所有微服务的日志信息，如图 5-29 所示。这种方式实现了统一的日志服务，这些日志可以用来进行批量查询和数据分析。我们将在第 10 章中完成这套系统的搭建。

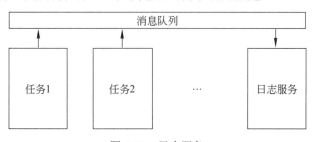

图 5-29　日志服务

本章习题

1. 请简述为什么需要使用分布式系统来解决计算问题。

2. 在本地用 CPU 和 GPU 使用 MNIST 数据集训练和测试 LeNet，使用 Python 精确地统计其运算时间的差异，训练和测试过程至少运行 3 次并取其平均值。

3. 通过 Keras 基于 MNIST 数据训练一个典型卷积神经网络，将其放入 TensorFlow Serving 中，对测试集进行预测。

4. 构想针对 PyTorch 的推理框架应当如何实现。

5. 调研常见的 MQ，包括但不限于 Kafka、RabbitMQ 等，从稳定性、吞吐量、可扩展性等多个维度比较它们的异同。

第 6 章 深度学习前沿

本章将介绍深度学习的前沿技术，主要包括以下几方面：

（1）深度强化学习（Deep Reinforcement Learning，DRL），这是一种可以让计算机通过模仿人的学习方式来学习的技术。通过深度强化学习，人们可以让计算机学习玩游戏，也可以教机器人进行更复杂的行为控制。

（2）AlphaGo 和 AlphaGo Zero，两个采用深度强化学习技术的知名项目。通过这些项目，可以更好地理解深度强化学习的应用。

（3）生成对抗网络（Generative Adversarial Network，GAN），一种可以通过博弈实现网络自进化的方法。

（4）深度学习的前沿展望。

6.1 深度强化学习

6.1.1 强化学习概述

强化学习是目前研究的热点，其概念可以用一个简单的例子来描述。假设有一个人（Agent），他能够跟外界的环境进行交互，他的每个行为就会影响环境的状态（State）。这个人可以通过不同的行为来获得收益（Reward），作为一个正常人，他的目标就是最大化奖励，如图 6-1 所示。强化学习和经典控制论不同，经典控制论通常是人为地去建立一个环境的模型，而强化学习是利用人工智能的手段去建立环境的模型。

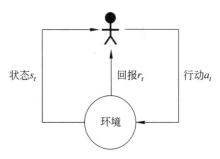

图 6-1　人与环境的交互

强化学习有很多应用，例如在控制系统里，可以让一个机器人学习走路、潜水或者游泳。强化学习也可以用来跟用户进行交互，这样就可以获得一些用户体验非常好的系统，不仅能留住用户，而且能为用户提供更加个性化的服务。强化学习也可以用来解决一些逻辑的问题，例如线路规划、网络带宽分配等。强化学习还可以学习玩游戏，包括各种棋类、任天堂游戏、大型桌面游戏等。

强化学习中有两个非常重要的概念,即策略(Policy)和价值函数(Value Function)。所谓策略,就是当看到某种状态时,应该采取什么样的行为(Action)。价值函数是在一种状态下采取了一个特定的行为之后,未来预期总共会获得多少收益。这里的收益函数与在经济学里看到的未来预期回报非常相似,由于未来的收益存在一定的不确定性,人们通常非常看重眼前的收益,从而会对未来的收益打折扣(取值范围是0~1),即

$$Q^\pi(s,a) = E[r_{t+1} + \gamma r_{t+2} + \gamma^2 r_{t+3} + \cdots | s, a] \tag{6-1}$$

其中,π 代表策略,s 是当前的状态,a 表示行为,r 是收益,γ 是折扣。

强化学习的研究通常包括3种:第1种是研究策略,其目标是找到一个最优的策略,即给出不同的状态下最优的行为。需要注意的是,这里主要关注行为本身。第2种是研究价值函数,如果能估计出价值函数在不同的状态和行为下的取值,通过求这个函数的最大值,就可以得到在某种状态下哪个行为是最好的。第3种是基于模型的强化学习,它通常需要对环境建立一个非常完善的模型,然后通过模型进行规划。第3种方法对于很多问题是不能解决的,例如当环境的状态空间非常大时,便很难对环境建立较好的模型,也就无法通过模型进行决策。

6.1.2 深度强化学习概述

在较早的研究中,人们通常用经验型的模型去估计策略、价值函数及环境模型。随着深度学习技术的发展,研究人员开始利用使用神经网络的办法学习这些函数。这样做的好处是能够通过神经网络来建模其中的数学过程,实现端到端的学习。与此同时,在学习过程中,就可以使用随机梯度下降等有效的方法对模型进行迭代优化。

深度强化学习中最重要的理论基础是贝尔曼(Bellman)方程,这个方程将当前状态下未来的预期收益与施加某个行为之后下一种状态的收益及目前这个行为所获得的收益联系起来,其形式为

$$Q^\pi(s,a) = E_{s'}[r + \gamma Q^\pi(s',a') | s, a] \tag{6-2}$$

也就是说,在某个策略下,当前状态的收益,就等于采取所有的行为之后一个人所达到的所有状态未来收益的期望,再加上目前的奖励。

作为一个特例,如果每步的策略永远是目前最优的行为,一个人在当前状态所能获得的最大收益,就等于目前所获得的回报加上未来每种状态下都采用最优的策略所获得的收益和,即

$$Q^*(s,a) = E_{s'}[r + \gamma \max_{a'} Q^\pi(s',a') | s, a] \tag{6-3}$$

假设有两个版本的模型,一个模型比较新,而另一个模型比较旧。可以通过反复迭代以旧模型来计算出新模型,如果迭代次数足够多,就能够得到这个方程的解。

通过一个神经网络,就可以对价值函数进行建模,即

$$Q(s,a,w) \approx Q^\pi(s,a) \tag{6-4}$$

其中，w 是神经网络的权重，是需要学习的参数。

既然贝尔曼方程给出了当前状态的收益与未来状态的收益之间的关系，下面就可以将成本函数定义为实际情况违背贝尔曼方程的大小，即

$$L(w) = E[(r+\gamma \max_{a'} Q^\pi(s', a', w) - Q(s, a, w))^2] \quad (6-5)$$

成本函数对 w 的梯度就可以非常容易地求出来：

$$\frac{\partial L(w)}{\partial w} = E\left[\left(r + \gamma \max_{a'} Q^\pi(s', a', w) - Q(s, a, w)\right)\frac{\partial Q(s, a, w)}{\partial W}\right] \quad (6-6)$$

通过随机梯度下降，对成本函数进行最小化，就可以得到目标的神经网络模型。

在训练过程中，会遇到一些棘手的问题。首先，在实际过程中获得的数据大部分是与时间相关的。换句话说，数据之间存在时间上的关联，这样会造成数据并不遵从独立同分布。如果使用这样的数据对模型进行优化，则基本不可能收敛到全局最优。其次，随着对模型的优化，价值函数中的参数会发生改变。造成在每种状态下，模型所计算出的最优策略也会发生剧烈变化，这种变化就会造成抖动，从而导致模型的训练难以进行。最后，在很多实际问题中，收益是一个无界的值，在学习的过程中很难对它加一个限定，这样就会造成梯度没有界限，从而使模型训练不稳定。

谷歌 DeepMind 的研究人员针对上述问题，提出了一些训练技巧。首先，把每种状态和对应的收益存储下来，得到训练数据池，在训练过程中，从数据池中随机抽取，对模型进行优化。通过这种方式，消除了训练样本之间的时间依赖关系。其次，在一定的时间间隔内，固定模型参数，在下一个时间间隔才对这个参数进行一次更新，这样就能避免最优策略的抖动问题。最后，将收益限制在一定的范围内（例如–1~1），这样就能避免收益变得非常大，从而对梯度造成影响。

6.1.3 任天堂游戏的深度强化学习

使用了上面的方法，谷歌 DeepMind 团队于 2016 年在《自然》发表了文章《基于深度强化学习的人类级别控制》(*Human-level control through deep reinforcement learning*)[42]，这篇文章研究了如何训练神经网络去掌握任天堂（Atari）游戏。在这个研究中，模型预先并不知道游戏规则，它所看到的只是屏幕上的画面。经过施加某个行为之后，它能够看到目前所获得的收益。可以把游戏的各个画面作为状态输入，把对应该状态的每个行为未来的价值函数作为输出，使用神经网络来对价值函数进行建模。

接下来介绍研究的细节，如图 6-2 所示，研究人员采用 4 帧游戏画面作为模型的输入。模型采用一个简单的卷积神经网络，由两个卷积层和两个全连接层构成，模型的输出是对应 18 个不同行为下的价值函数。当前收益定义为施加某个行为之后，所获得分数的变化值。

深度强化学习模型在很多游戏的掌握方面，比骨灰级的人类玩家还要强大。这个研究最大的亮点在于，研究人员并未告诉模型游戏规则，只是给了它们游戏中的画面和分数，这些规则由模型自己学习和掌握。这就相当于小朋友在玩游戏时，就坐在游戏机前面，去摆弄那

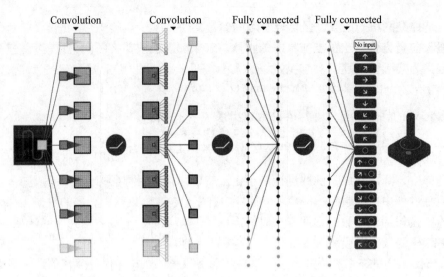

图 6-2 Atari 游戏的深度强化学习流程[42]

些按钮,然后看屏幕上小人的移动和分数,而没有大人告诉他这个游戏的规则是什么。另外,文章针对不同的游戏所采用的卷积神经网络结构是固定的,可以看作一个大脑结构,而对应不同游戏的只是不同的模型参数。

6.2 AlphaGo

AlphaGo 可以概括成两个版本,即原始版和 Zero 版,原始版以人类的围棋经验作为基础,通过自我博弈获得能力提升,发表在《自然》杂志上,而 Zero 版不依赖于任何人类经验,从零开始学习,最终可以轻松击败人类,文章也发表在《自然》杂志上。

在绝大多数场景下,深度学习模型的能力很难超过人类的水平上限。AlphaGo 中是一个特例,其原因在于围棋的规则是确定的,可以无数次地尝试不同的走法,并通过局面判断当前的胜负,从而获得行为与收益之间的关系,因此,在计算机游戏场景中,通过深度强化学习建立模型是可行的。在现实世界的很多应用中,往往无法知晓目前的行为与收益之间的关系,因为收益往往是滞后的,可能是几周、几个月、几年甚至几十年。

6.2.1 为什么围棋这么困难

比较一下计算机围棋与其他棋类游戏的难度差异,黑白棋是一个相对简单的游戏,搜索空间大约为 10 的 60 次方,这个游戏的计算任务在目前的计算能力下是可以完成的。国际象棋的搜索空间为 10 的 120 次方,在大多数情况下,可以通过简单的计算机模拟来穷尽搜索空间。将棋会更难一些,有 10 的 220 次方种可能的情况,而对于围棋来讲,它的搜索空间是 10 的 360 次方,这样的计算复杂度已经远远超出了目前的计算资源所能够承受的范围,因此需要想办法减小搜索空间的大小,以便让计算能力能够承受。

随着计算机技术的发展，人们的野心也越来越大。在 20 世纪 90 年代，国际商业机器公司（International Business Machines Corporation，IBM）主导研发的计算机程序深蓝（DeepBlue），打败了国际象棋世界冠军加里·卡斯帕罗夫（Garry Kasparov）。计算机围棋被称为人类智慧的皇冠，到了 21 世纪，计算机打败了围棋世界冠军李世石与柯洁，技术的发展会不断突破人们认知事物的边界。

6.2.2　AlphaGo 系统架构

AlphaGo 中使用了优秀的系统架构设计，其目的在于提高搜索的效率，把有限的计算资源用在刀刃上。AlphaGo 包含两个重要的模块：机器学习模块和蒙特卡洛树搜索（Monte Carlo Tree Search，MCTS）模块，如图 6-3 所示。

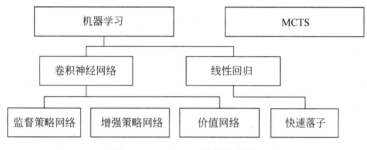

图 6-3　AlphaGo 的整体架构

在机器学习模块下，使用了两种技术：卷积神经网络和线性回归。卷积神经网络的优点是准确率高，缺点是运算效率低。与之相对，线性回归的优点是快，可以在一秒内进行几十万次运算，但缺点是准确率低。MCTS 是一种搜索树，模拟人类大脑在搜索空间中演绎的过程。

AlphaGo 有两套卷积神经网络，分别被称为策略网络（Policy Network）和价值网络（Value Network），其中策略网络有两个：一个是监督学习（Supervised Learning，SL）策略网络，另一个是强化学习（RL）策略网络，如图 6-4 所示。监督学习策略网络是通过人类下棋数据学习到的，而强化学习策略网络是通过它自我对弈的数据训练生成的。价值网络只有一个，由自我对弈生成的数据训练获得，因此，在机器学习模块中有 4 个模型，包括监督学习策略网络、强化学习策略网络、价值网络和线性回归。在实际使用中，一般使用其中的监督学习策略网络、价值网络和线性回归（又称快速落子策略，即 Rollout Policy）这 3 个模型。配合 MCTS 模块，就构成了整个 AlphaGo 的架构。为了充分调用系统的计算资源，AlphaGo 的架构是可以规模化的，可以通过调度器将所有的运算任务分配到不同的节点上进行计算。

简单总结一下，AlphaGo 训练过程包括以下几个步骤：

（1）收集人类棋手的落子规律，训练一个简单的线性回归模型，同时训练一个有监督的策略网络。

（2）自我对弈，产生大量的棋盘数据。

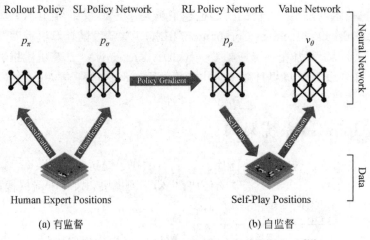

图 6-4 策略网络、价值网络与快速落子模块概览[11]

（3）使用这些数据训练新的策略网络与价值网络。

（4）结合 MCTS，将所有模型整合在一起，实现 AlphaGo 的整体架构。

策略网络的作用是在当前局面下，预测不同落子点的概率。如果专业棋手在当前局面下喜欢落子在特定的几个位置，则在这几个位置的预测概率就会更大，而在其他位置的预测概率就会更小，已经落过子的位置概率应该是 0。在实践中，可以将围棋棋盘看作一个 19×19 的图像，然后将图像输入卷积神经网络中，其输出依然是一个 19×19 的图像。这里做了一像素级的归一化，以保证策略网络对各个落子点的预测概率的总和为 1。如图 6-5 所示。

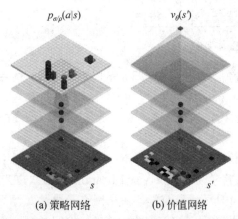

图 6-5 策略网络与价值网络的结构[11]

研究使用了 KGS 的棋手对弈数据，KGS 是一个业余玩家的围棋对弈平台，为了保证数据的质量，研究人员只使用了 6 段~9 段玩家的对弈数据，其中的"段（Dan）"是 KGS 平台内部的等级称谓，不对应围棋的官方段位。每局的对弈数据可以拆分成很多步骤，可以将每个步骤的棋盘局面和落子位置作为监督学习策略网络的训练数据，数据量达到了约 3000 万条。在训练数据中，每个局面的落子位置只有一像素是 1，其他位置都是 0。经过三周的训练后，当模型遇到新的局面时，就会预测棋手在每个位置落子的概率。

随后，研究人员使用训练好的监督学习策略网络进行自我对弈，获得了大量的数据，用这些数据训练了强化学习策略网络。强化学习策略网络的训练数据约 1000 万条，用了一天的时间进行建模。如果使用强化策略模型与监督策略模型进行对弈，则在 80%的情况下强化策略模型会赢，基本可以达到五局四胜。这表明自我对弈确实能够找对方向，学到新知识。

与之类似的是价值网络，它可以预测在当前的局面下获胜的概率。价值网络的输入也是 19×19 的图像，输出是一个 0~1 的概率，这是一个典型的拟合问题。在 AlphaGo 的研究中，价值网络与策略网络采用了相似的卷积神经网络结构，与 VGGNet 较为类似。在推理过程中，两个网络的预测时间都在毫秒级。

在原始的 AlphaGo 版本中，策略网络与价值网络的输入图像并不是原始的棋盘，而是加入了人类围棋经验的一组 19×19 的图像，其中不仅包括当前玩家和对手棋子的位置，而且还包括气（Liberty）、梯子（Ladder）等人类棋手会关注的信息。最终，策略网络的输入图像为 19×19×48，其中 48 表示通道数。价值网络的输入比策略网络多一个通道，用来表示当前棋手的颜色。为了避免过拟合，在模型训练的过程中，会从自我对弈的约 3000 万条数据中进行随机抽样，完成参数的迭代。在训练过程中，价值网络的均方误差能达到 0.26，而在测试过程中能达到 0.234，证明了该模型没有发生过拟合。

最后简单讲一下线性回归，它的输入是人工提取的简单模式，它的计算比较简单，不占用较长的运算时间。其训练数据也来自 KGS，共有约 800 万条训练数据，由于模型足够简单，它的最终准确率仅能达到 24.2%。在推理过程中，它的响应时间非常短，大约微秒级就能完成计算。

这一架构的设计出发点是对多个模型进行有效组合，构成一个完整的系统。研究人员指出，在实践中，一个完美的大模型可以被拆分为多个子模型，每个子模型既能够分别完成自己的任务，也能够获得不错的效果。这样设计的可维护性很强，在拥有新数据时只需优化某个子模型，而不用对所有模型进行迭代。

接下来介绍 MCTS 部分，蒙特卡洛法是一种统计模拟方法。例如用计算机求解 π 的近似值时，可以在一个正方形内放一个圆圈，然后随机撒小球，其总数是分母。若小球落在圆圈内，则分子加一。在撒了很多小球后，可以用分子除以分母的四倍来计算 π 值。

在 AlphaGo 中，MCTS 从当前的局面展开搜索，搜索的方向由前面介绍的模块来决定，如图 6-6 所示。假如策略网络推理出某个位置落子的概率比较大，就应该更偏重于往这个方向去探索。类似地，如果价值网络告诉人们在某个位置落子的胜率比较高，则应该在这个地方进行更多计算，因此，策略网络与价值网络为 MCTS 指明了正确的方向，从而减小了搜索空间的大小。

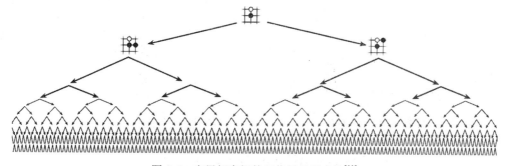

图 6-6　穷尽解空间的工作量是巨大的[11]

在第 1 章中讲到，策略网络和价值网络更像是 AlphaGo 的右脑，而 MCTS 构成了它的左脑。作为合格的左脑，除了需要记忆各个节点的状态，还需要具有逻辑推理能力，这一能力是通过逻辑回归模型实现的。由于逻辑回归的计算速度快，针对某个局面，在有限的时间内可以模拟出百万甚至千万次自我对弈的过程，这样就可以知道，在每个推演出来的局面上，从逻辑推理的角度上最终获胜的可能性有多大。

具体来讲，如果没有策略网络与价值网络，就只能采用暴力搜索的算法，其运算复杂度极高。采用策略网络与价值网络分别能够减小搜索的宽度和深度，通过价值网络可以估算当前局面的胜率，而不是进行无限次自我对弈，从而节省大量的计算资源（减小深度），如图 6-7 所示。通过策略网络，如果预测出来某个位置的落子概率接近于 0，则系统会尽量避开这个位置（减小宽度），如图 6-8 所示。

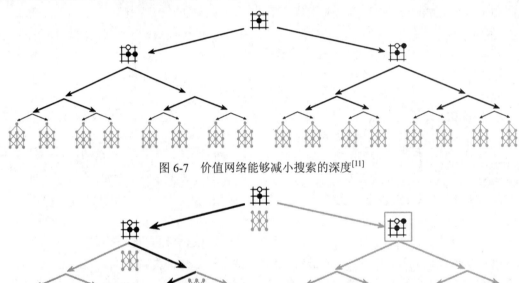

图 6-7　价值网络能够减小搜索的深度[11]

图 6-8　策略网络能够减小搜索的宽度[11]

在 AlphaGo 的论文中，记录着与职业二段棋手樊辉的精彩对弈。在没有使用分布式训练的情况下，AlphaGo 达到了与樊辉接近的水平，但使用了分布式训练后，AlphaGo 超越了樊辉，达到职业高段的水平。与李世石对弈的 AlphaGo 又经过了大量的自我迭代，以 4:1 的比分获胜。

在图 6-9 中，研究人员对比了使用不同模块组合对整个系统性能的影响。如果只使用其中一个或两个，则系统性能会有所降低。例如，当只使用策略网络时，AlphaGo 只能达到业余中段的水平，这一结果大概率是由 KGS 的训练数据不够资深导致的。

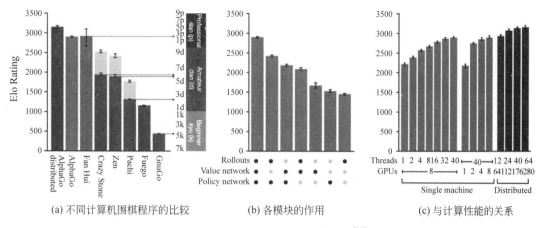

(a) 不同计算机围棋程序的比较　　(b) 各模块的作用　　(c) 与计算性能的关系

图 6-9　不同模块对系统性能的影响[11]

6.2.3　AlphaGo Zero

谷歌 DeepMind 团队在 2017 年推出了 AlphaGo Zero，论文题目叫作《在没有人类知识的情况下掌握围棋游戏》（*Mastering the game of go without human knowledge*）[12]。这不是一个专门为围棋设计的系统，它还可以完成国际象棋等其他棋类游戏的自我学习。与 AlphaGo 不同，AlphaGo Zero 能够从零开始，不经过人类知识的训练，获得比人类更高的围棋水平。AlphaGo 当中的人类对弈数据和领域知识均没有被 AlphaGo Zero 学习，AlphaGo Zero 中唯一保留的是围棋的规则，通过规则才能完成自我对弈。

为了达到 AlphaGo Zero 中的从零开始，研究人员采用了更深的残差网络，网络层数增加到了 40 层，提高了参数利用效率。与此同时，策略网络和价值网络被合二为一，通过一个多分支的结构，网络能够同步输出落子概率（分类）和胜率（拟合）。这是模型智商提升的重要一环，其输入数据从原来的 48 和 49 个通道，降到了 17 个。与 AlphaGo 不同，在这 17 维的输入中，除了当前状态外，还包含过去 1~7 步前的棋局状态。

根据论文给出的结果，如图 6-10 所示，在大约三天的时间内，AlphaGo Zero 就已经超

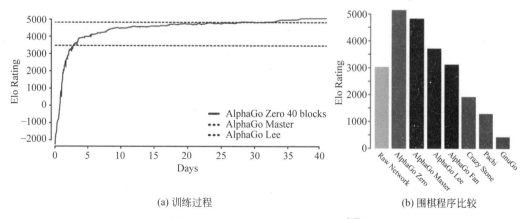

(a) 训练过程　　(b) 围棋程序比较

图 6-10　AlphaGo Zero 的进化路径[12]

过了与李世石对弈的版本,并且在之后的 25~30 天内进一步超越了之前的水平。目前,AlphaGo Zero 的能力已经绝对碾压人类棋手和它的祖先 AlphaGo。

6.3 生成对抗网络

本节介绍深度学习前沿中重要的研究领域,叫作生成对抗网络。生成对抗网络能够通过深度学习生成一些以假乱真的数据,例如可以通过生成对抗网络生成一些艺术作品,将其拿给一位艺术家,他可能根本看不出来这些图像是由机器生成的。也可以通过生成对抗网络生成仿真的声频,或者生成假的面部照片。

6.3.1 生成对抗网络概述

生成对抗是典型的博弈过程,由两部分组成:一个为生成器(Generator),通过模型生成假数据;另一个为判别器(Discriminator),用于判断数据是否真实。这两个网络同时进行训练,不断进化,从而使生成器越来越聪明,生成的数据越来越接近真实数据,与此同时,判别器也会变得越来越精准。最终,生成器生成的数据非常逼真,而判别器也变得火眼金睛,以至于人类无法区分生成数据的真假。

具体来讲,这一过程包括以下几个模块。

(1)生成器:输入一个随机的向量,给生成器一个随机初始状态,生成器会生成一个以假乱真的数据。

(2)判别器:当把真实数据和生成数据一起输入时,判别器会判断它们哪些是真实的,哪些是生成的,这是一个二分类任务。

(3)构造成本函数并优化模型参数:将判别器在执行过程中的错误记录下来,并通过这些错误来优化生成器和判别器。

生成器的输入是一个随机向量,而判别器的输入是真实样本或者生成的假样本,其输出是一个概率值,表示输入样本真实的概率。生成器的目标是尽量生成真实的数据,判别器的目标是尽量区分真实数据和假数据。这两者的目标正好是截然相反的,但是两者协同工作便能达到良好的效果。这里涉及了博弈论中的纳什均衡(Nash Equilibrium),也就是两者在什么时候能够停止博弈,并达到一个平衡状态。在生成对抗网络中,当生成器生成的样本对于判别器来讲已经没有办法进行判别了,也就是说它生成的样本已经跟真实的样本无限接近,而判别器的判别准确率仅能达 50%,这时就是一个平衡状态。

纳什均衡是一种理想化的状态,然而,实际情况总会与理想状态有出入,原因可能在于模型训练得不够好,或者模型没有足够的生成或判别能力。在训练过程中,可以分别对生成器和判别器进行训练,需要对这两个网络进行不断调整,使它们能够协同工作,并达到平衡状态。

6.3.2 典型的生成对抗网络

生成器和判别器都可采用神经网络,在执行与图像相关的任务时,二者均可使用卷积神经网络，如图 6-11 所示。

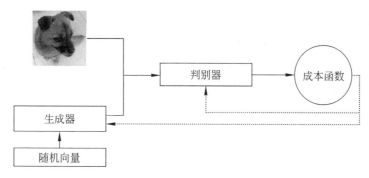

图 6-11　简单的生成对抗网络

通过 Keras 实现基于全连接神经网络的生成对抗网络结构，代码如下：

```
//chapter6/simplegan_fcnn_keras.py

import numpy as np
import matplotlib.pyplot as plt
from keras import datasets, layers, models, optimizers

img_rows = 28
img_cols = 28
channels = 1

#MNIST 的图像尺寸
img_shape = (img_rows, img_cols, channels)

#生成器的噪声向量尺寸
z_dim = 100

#用于画出生成的图像
def sample_images(generator, image_grid_rows=4, image_grid_columns=4):
    z = np.random.normal(0, 1, (image_grid_rows * image_grid_columns, z_dim))
    gen_imgs = generator.predict(z)
    gen_imgs = 0.5 * gen_imgs + 0.5
    fig, axs = plt.subplots(image_grid_rows,image_grid_columns,figsize=(4, 4),
sharey=True,sharex=True)
    cnt = 0
    for i in range(image_grid_rows):
        for j in range(image_grid_columns):
            axs[i, j].imshow(gen_imgs[cnt, :, :, 0], cmap='gray')
            axs[i, j].axis('off')
            cnt += 1

def build_generator(z_dim):
```

```python
    model = models.Sequential()
    model.add(layers.Dense(128, input_dim=z_dim))
    model.add(layers.LeakyReLU(alpha=0.01))
    model.add(layers.Dense(28 * 28 * 1, activation='tanh'))
    model.add(layers.Reshape(img_shape))
    return model

def build_discriminator(img_shape=(img_rows, img_cols, channels)):
    model = models.Sequential()
    model.add(layers.Flatten(input_shape=img_shape))
    model.add(layers.Dense(128))
    model.add(layers.LeakyReLU(alpha=0.01))
    model.add(layers.Dense(1, activation='sigmoid'))
    return model

def build_gan(generator, discriminator):
    model = models.Sequential()
    #将生成器与判别器相连
    model.add(generator)
    model.add(discriminator)
    return model

#构建判别器与生成器
discriminator = build_discriminator()
discriminator.compile(loss='binary_crossentropy',optimizer=optimizers.Adam(),
metrics=['accuracy'])
generator = build_generator(z_dim)
#在生成器训练时,判别器的参数锁定
discriminator.trainable = False
gan = build_gan(generator, discriminator)
gan.compile(loss='binary_crossentropy', optimizer=optimizers.Adam())

losses = []
accuracies = []
iteration_checkpoints = []

def train(iterations, batch_size, sample_interval):
    (X_train, _), (_, _) = datasets.mnist.load_data()
    X_train = X_train / 127.5 - 1.0
    X_train = np.expand_dims(X_train, axis=3)
    #所有真实数据的标签为1
    real = np.ones((batch_size, 1))
    #所有生成数据的标签为0
    fake = np.zeros((batch_size, 1))
    for iteration in range(iterations):
        #训练判别器
        idx = np.random.randint(0, X_train.shape[0], batch_size)
```

```
            imgs = X_train[idx]
            z = np.random.normal(0, 1, (batch_size, z_dim))
            gen_imgs = generator.predict(z)
            d_loss_real = discriminator.train_on_batch(imgs, real)
            d_loss_fake = discriminator.train_on_batch(gen_imgs, fake)
            d_loss, accuracy = 0.5 * np.add(d_loss_real, d_loss_fake)
            #训练生成器
            z = np.random.normal(0, 1, (batch_size, z_dim))
            g_loss = gan.train_on_batch(z, real)
            if (iteration + 1) % sample_interval == 0:
                losses.append((d_loss, g_loss))
                accuracies.append(100.0 * accuracy)
                iteration_checkpoints.append(iteration + 1)
                #下列语句可选
                #print("%d [D loss: %f, acc.: %.2f%%] [G loss: %f]" % (iteration +1,
d_loss, 100.0 * accuracy, g_loss))
                sample_images(generator)

    train(10000, 128, 1000)
    losses = np.array(losses)

    #画出生成器与判别器的成本函数
    plt.figure(figsize=(15, 5))
    plt.plot(iteration_checkpoints, losses.T[1], label="Generator loss")
    plt.plot(iteration_checkpoints, losses.T[0], label="Discriminator loss")
    plt.xticks(iteration_checkpoints, rotation=90)
    plt.title("Training Loss")
    plt.xlabel("Iteration")
    plt.ylabel("Loss")
    plt.legend()
```

程序的输出如下：

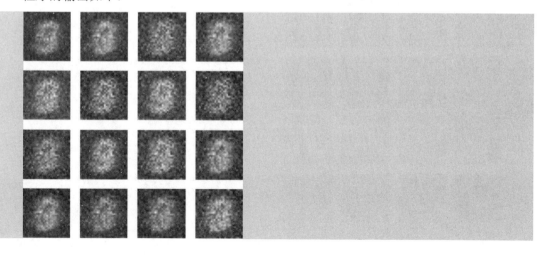

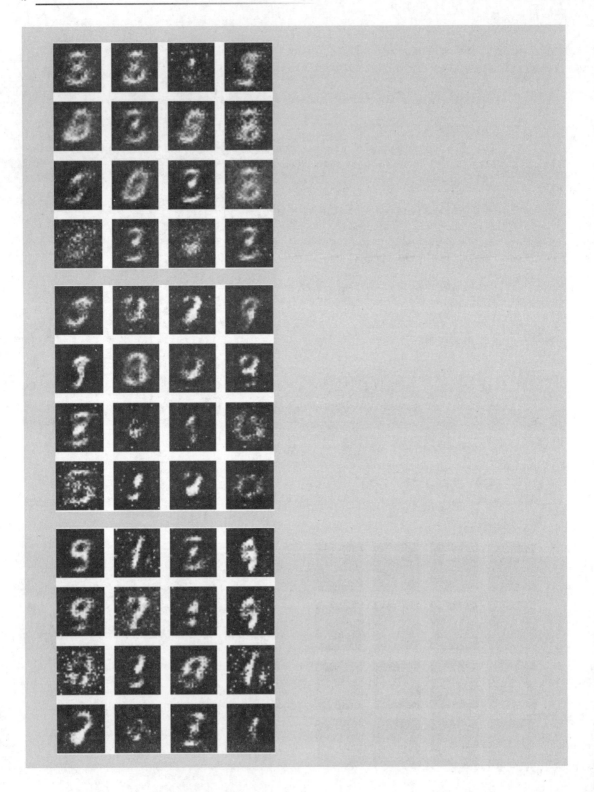

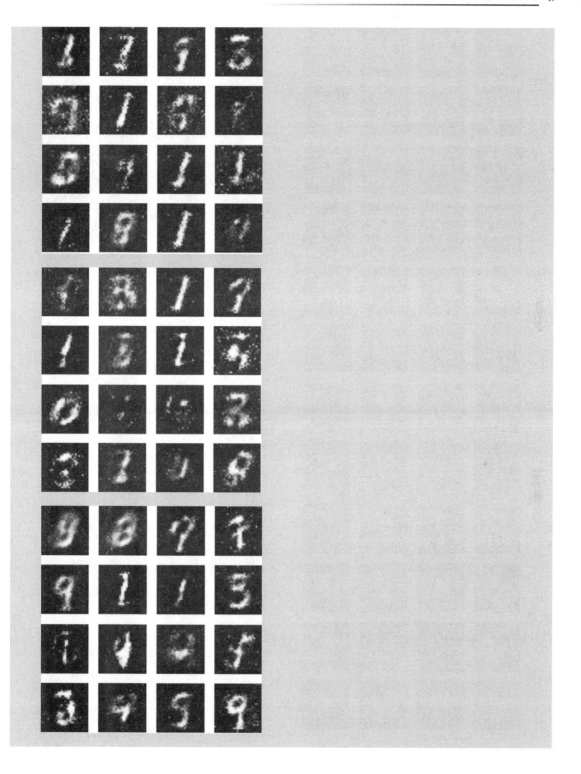

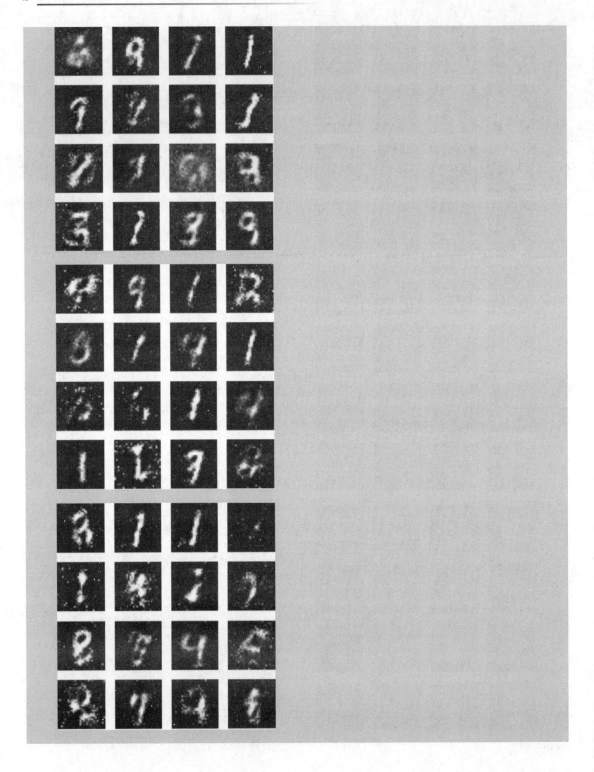

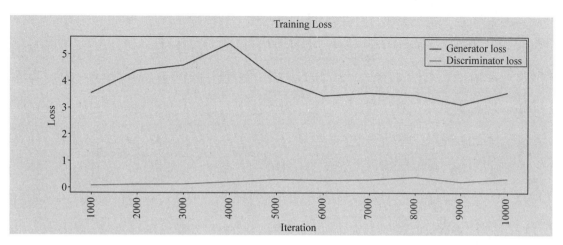

其 PyTorch 版本的代码如下：

```
//chapter6/simplegan_fcnn_pytorch.py

import torch
import torch.nn as nn
import torch.optim as optim
import torchvision.datasets as datasets
import torchvision.transforms as transforms
import numpy as np
import matplotlib.pyplot as plt

device = torch.device("cuda" if torch.cuda.is_available() else "cpu")

img_rows = 28
img_cols = 28
channels = 1

#MNIST 的图像尺寸
img_shape = (channels, img_rows, img_cols)

#生成器的噪声向量尺寸
z_dim = 100

#用于画出生成的图像
def sample_images(generator, image_grid_rows=4, image_grid_columns=4):
    z = torch.randn(image_grid_rows * image_grid_columns, z_dim, device=device)
    gen_imgs = generator(z)
    gen_imgs = 0.5 * gen_imgs + 0.5
    fig, axs = plt.subplots(image_grid_rows, image_grid_columns, figsize=(4, 4), sharey=True, sharex=True)
    cnt = 0
```

```python
        for i in range(image_grid_rows):
            for j in range(image_grid_columns):
                axs[i, j].imshow(gen_imgs[cnt, 0].cpu().detach().NumPy(), cmap='gray')
                axs[i, j].axis('off')
                cnt += 1

class Generator(nn.Module):
    def __init__(self, z_dim):
        super(Generator, self).__init__()
        self.model = nn.Sequential(
            nn.Linear(z_dim, 128),
            nn.LeakyReLU(0.01),
            nn.Linear(128, 28 * 28 * 1),
            nn.Tanh(),
            nn.Unflatten(1, img_shape)
        )

    def forward(self, z):
        img = self.model(z)
        return img


class Discriminator(nn.Module):
    def __init__(self):
        super(Discriminator, self).__init__()
        self.model = nn.Sequential(
            nn.Flatten(),
            nn.Linear(28 * 28 * 1, 128),
            nn.LeakyReLU(0.01),
            nn.Linear(128, 1),
            nn.Sigmoid()
        )

    def forward(self, img):
        validity = self.model(img)
        return validity

#构建生成器与判别器
generator = Generator(z_dim).to(device)
discriminator = Discriminator().to(device)
loss_function = nn.BCELoss()

optimizer_G = optim.Adam(generator.parameters())
optimizer_D = optim.Adam(discriminator.parameters())

losses = []
```

```python
    accuracies = []
    iteration_checkpoints = []

    def train(iterations, batch_size, sample_interval):
        transform = transforms.Compose([transforms.ToTensor(),
transforms.Normalize([0.5], [0.5])])
        train_dataset = datasets.MNIST(root='data', train=True, download=True,
transform=transform)
        train_loader = torch.utils.data.DataLoader(train_dataset, batch_size=
batch_size, shuffle=True)
        #所有真实数据的标签为1
        real_label = torch.ones(batch_size, 1, device=device)
        #所有生成数据的标签为0
        fake_label = torch.zeros(batch_size, 1, device=device)

        for iteration in range(iterations):
            for i, (real_imgs, _) in enumerate(train_loader):
                real_imgs = real_imgs.to(device)
                optimizer_D.zero_grad()
                real_output = discriminator(real_imgs)
                real_loss = loss_function(real_output, real_label)
                z = torch.randn(batch_size, z_dim, device=device)
                fake_imgs = generator(z)
                fake_output = discriminator(fake_imgs.detach())
                fake_loss = loss_function(fake_output, fake_label)
                #训练判别器
                d_loss = real_loss + fake_loss
                d_loss.backward()
                optimizer_D.step()
                optimizer_G.zero_grad()
                z = torch.randn(batch_size, z_dim, device=device)
                gen_imgs = generator(z)
                gen_output = discriminator(gen_imgs)
                #训练生成器
                g_loss = loss_function(gen_output, real_label)
                g_loss.backward()
                optimizer_G.step()
            if (iteration + 1) % sample_interval == 0:
                losses.append((d_loss.item(), g_loss.item()))
                accuracies.append(100.0 * (real_output.mean().item() + 1 -
fake_output.mean().item()) / 2)
                iteration_checkpoints.append(iteration + 1)
                print("%d [D loss: %.4f, acc.: %.2f%%] [G loss: %.4f]" % (iteration
+ 1, d_loss.item(), 100.0 * (real_output.mean().item() + 1 -
fake_output.mean().item()) / 2, g_loss.item()))
                sample_images(generator)
```

```python
    train(10000, 32, 1000)
    losses = np.array(losses)

    #画出生成器与判别器的成本函数
    plt.figure(figsize=(15, 5))
    plt.plot(iteration_checkpoints, losses.T[1], label="Generator loss")
    plt.plot(iteration_checkpoints, losses.T[0], label="Discriminator loss")
    plt.xticks(iteration_checkpoints, rotation=90)
    plt.title("Training Loss")
    plt.xlabel("Iteration")
    plt.ylabel("Loss")
    plt.legend()
    plt.show()
```

通过 Keras 实现基于卷积神经网络的生成对抗网络结构，代码如下：

```python
//chapter6/simplegan_cnn_keras.py

import numpy as np
import matplotlib.pyplot as plt
from keras import datasets, layers, models, optimizers

img_rows = 28
img_cols = 28
channels = 1

#MNIST 的图像尺寸
img_shape = (img_rows, img_cols, channels)

#生成器的噪声向量尺寸
z_dim = 100

#用于画出生成的图像
def sample_images(generator, image_grid_rows=4, image_grid_columns=4):
    z = np.random.normal(0, 1, (image_grid_rows * image_grid_columns, z_dim))
    gen_imgs = generator.predict(z)
    gen_imgs = 0.5 * gen_imgs + 0.5
    fig, axs = plt.subplots(image_grid_rows,image_grid_columns,figsize=(4, 4),
sharey=True,sharex=True)
    cnt = 0
    for i in range(image_grid_rows):
        for j in range(image_grid_columns):
            axs[i, j].imshow(gen_imgs[cnt, :, :, 0], cmap='gray')
            axs[i, j].axis('off')
            cnt += 1

 def build_generator(z_dim):
```

```python
    model = models.Sequential()
    #为了将向量输入CNN中，需要进行形状变换
    model.add(layers.Dense(256 * 7 * 7, input_dim=z_dim))
    model.add(layers.Reshape((7, 7, 256)))
    model.add(layers.Conv2DTranspose(128, kernel_size=3, strides=2, padding='same', use_bias=False))
    model.add(layers.BatchNormalization())
    model.add(layers.LeakyReLU(alpha=0.01))
    model.add(layers.Conv2DTranspose(64, kernel_size=3, strides=1, padding='same', use_bias=False))
    model.add(layers.BatchNormalization())
    model.add(layers.LeakyReLU(alpha=0.01))
    model.add(layers.Conv2DTranspose(1, kernel_size=3, strides=2, padding='same'))
    #注意这里的激活函数
    model.add(layers.Activation('tanh'))
    return model

def build_discriminator(img_shape=(img_rows, img_cols, channels)):
    model = models.Sequential()
    model.add(
        layers.Conv2D(32,kernel_size=3,strides=2,input_shape=img_shape,padding='same'))
    model.add(layers.LeakyReLU(alpha=0.01))
    model.add(layers.Conv2D(64,kernel_size=3,strides=2,input_shape=img_shape,padding='same',use_bias=False))
    model.add(layers.BatchNormalization())
    model.add(layers.LeakyReLU(alpha=0.01))
    model.add(layers.Conv2D(128,kernel_size=3,strides=2,input_shape=img_shape,padding='same',use_bias=False))
    model.add(layers.BatchNormalization())
    model.add(layers.LeakyReLU(alpha=0.01))
    model.add(layers.Flatten())
    #这里是二分类
    model.add(layers.Dense(1, activation='sigmoid'))
    return model

def build_gan(generator, discriminator):
    model = models.Sequential()
    #将生成器与判别器相连
    model.add(generator)
    model.add(discriminator)
    return model

#构建判别器与生成器
discriminator = build_discriminator()
discriminator.compile(loss='binary_crossentropy',optimizer=optimizers.Adam(),
```

```python
           metrics=['accuracy'])
    generator = build_generator(z_dim)
    #在生成器训练时,判别器的参数锁定
    discriminator.trainable = False
    gan = build_gan(generator, discriminator)
    gan.compile(loss='binary_crossentropy', optimizer=optimizers.Adam())

    losses = []
    accuracies = []
    iteration_checkpoints = []

    def train(iterations, batch_size, sample_interval):
        (X_train, _), (_, _) = datasets.mnist.load_data()
        X_train = X_train / 127.5 - 1.0
        X_train = np.expand_dims(X_train, axis=3)
        #所有真实数据的标签为1
        real = np.ones((batch_size, 1))
        #所有生成数据的标签为0
        fake = np.zeros((batch_size, 1))
        for iteration in range(iterations):
            #训练判别器
            idx = np.random.randint(0, X_train.shape[0], batch_size)
            imgs = X_train[idx]
            z = np.random.normal(0, 1, (batch_size, z_dim))
            gen_imgs = generator.predict(z)
            d_loss_real = discriminator.train_on_batch(imgs, real)
            d_loss_fake = discriminator.train_on_batch(gen_imgs, fake)
            d_loss, accuracy = 0.5 * np.add(d_loss_real, d_loss_fake)
            #训练生成器
            z = np.random.normal(0, 1, (batch_size, z_dim))
            g_loss = gan.train_on_batch(z, real)
            if (iteration + 1) % sample_interval == 0:
                losses.append((d_loss, g_loss))
                accuracies.append(100.0 * accuracy)
                iteration_checkpoints.append(iteration + 1)
                sample_images(generator)

    train(10000, 128, 1000)
    losses = np.array(losses)

    #画出生成器与判别器的成本函数
    plt.figure(figsize=(15, 5))
    plt.plot(iteration_checkpoints, losses.T[1], label="Generator loss")
    plt.plot(iteration_checkpoints, losses.T[0], label="Discriminator loss")
    plt.xticks(iteration_checkpoints, rotation=90)
    plt.title("Training Loss")
    plt.xlabel("Iteration")
```

```python
plt.ylabel("Loss")
plt.legend()
```

其 PyTorch 版本的代码如下：

```
//chapter6/simplegan_cnn_pytorch.py

import torch
import torch.nn as nn
import torch.optim as optim
import torchvision.datasets as datasets
import torchvision.transforms as transforms
import numpy as np
import matplotlib.pyplot as plt

device = torch.device("cuda" if torch.cuda.is_available() else "cpu")

img_rows = 28
img_cols = 28
channels = 1

#MNIST 的图像尺寸
img_shape = (channels, img_rows, img_cols)

#生成器的噪声向量尺寸
z_dim = 100

#用于画出生成的图像
def sample_images(generator, image_grid_rows=4, image_grid_columns=4):
    z = torch.randn(image_grid_rows * image_grid_columns, z_dim, device=device)
    gen_imgs = generator(z)
    gen_imgs = 0.5 * gen_imgs + 0.5
    fig, axs = plt.subplots(image_grid_rows, image_grid_columns, figsize=(4, 4), sharey=True, sharex=True)
    cnt = 0
    for i in range(image_grid_rows):
        for j in range(image_grid_columns):
            axs[i, j].imshow(gen_imgs[cnt, 0].cpu().detach().NumPy(), cmap='gray')
            axs[i, j].axis('off')
            cnt += 1

class Generator(nn.Module):
    def __init__(self, z_dim):
        super(Generator, self).__init__()
        self.model = nn.Sequential(
```

```python
            nn.Linear(z_dim, 256 * 7 * 7),
            nn.ReLU(),
            #为了将向量输入CNN中，需要进行形状变换
            nn.Unflatten(1, (256, 7, 7)),
            nn.ConvTranspose2d(256, 128, kernel_size=3, stride=2, padding=1, output_padding=1, bias=False),
            nn.BatchNorm2d(128),
            nn.LeakyReLU(0.01),
            nn.ConvTranspose2d(128, 64, kernel_size=3, stride=1, padding=1, bias=False),
            nn.BatchNorm2d(64),
            nn.LeakyReLU(0.01),
            nn.ConvTranspose2d(64, 1, kernel_size=3, stride=2, padding=1, output_padding=1),
            #注意这里的激活函数
            nn.Tanh()
        )

    def forward(self, z):
        img = self.model(z)
        return img

class Discriminator(nn.Module):
    def __init__(self):
        super(Discriminator, self).__init__()
        self.model = nn.Sequential(
            nn.Conv2d(1, 32, kernel_size=3, stride=2, padding=1),
            nn.LeakyReLU(0.01),
            nn.Conv2d(32, 64, kernel_size=3, stride=2, padding=1, bias=False),
            nn.BatchNorm2d(64),
            nn.LeakyReLU(0.01),
            nn.Conv2d(64, 128, kernel_size=3, stride=2, padding=1, bias=False),
            nn.BatchNorm2d(128),
            nn.LeakyReLU(0.01),
            nn.Flatten(),
            nn.Linear(128 * 4 * 4, 1),
            #这里是二分类
            nn.Sigmoid()
        )

    def forward(self, img):
        validity = self.model(img)
        return validity

#构建生成器与判别器
generator = Generator(z_dim).to(device)
```

```python
    discriminator = Discriminator().to(device)
    loss_function = nn.BCELoss()

    optimizer_G = optim.Adam(generator.parameters())
    optimizer_D = optim.Adam(discriminator.parameters())

    losses = []
    accuracies = []
    iteration_checkpoints = []

    def train(iterations, batch_size, sample_interval):
        transform = transforms.Compose([transforms.ToTensor(),
transforms.Normalize([0.5], [0.5])])
        train_dataset = datasets.MNIST(root='data', train=True, download=True,
transform=transform)
        train_loader = torch.utils.data.DataLoader(train_dataset, batch_size=
batch_size, shuffle=True)
        #所有真实数据的标签为1
        real_label = torch.ones(batch_size, 1, device=device)
        #所有生成数据的标签为0
        fake_label = torch.zeros(batch_size, 1, device=device)

        for iteration in range(iterations):
            for i, (real_imgs, _) in enumerate(train_loader):
                real_imgs = real_imgs.to(device)
                optimizer_D.zero_grad()
                real_output = discriminator(real_imgs)
                real_loss = loss_function(real_output, real_label)
                z = torch.randn(batch_size, z_dim, device=device)
                fake_imgs = generator(z)
                fake_output = discriminator(fake_imgs.detach())
                fake_loss = loss_function(fake_output, fake_label)
                #训练判别器
                d_loss = real_loss + fake_loss
                d_loss.backward()
                optimizer_D.step()
                optimizer_G.zero_grad()
                z = torch.randn(batch_size, z_dim, device=device)
                gen_imgs = generator(z)
                gen_output = discriminator(gen_imgs)
                #训练生成器
                g_loss = loss_function(gen_output, real_label)
                g_loss.backward()
                optimizer_G.step()
            if (iteration + 1) % sample_interval == 0:
                losses.append((d_loss.item(), g_loss.item()))
                accuracies.append(100.0 * (real_output.mean().item() + 1 -
```

```
fake_output.mean().item()) / 2)
            iteration_checkpoints.append(iteration + 1)
            sample_images(generator)

train(10000, 128, 1000)
losses = np.array(losses)

#画出生成器与判别器的成本函数
plt.figure(figsize=(15, 5))
plt.plot(iteration_checkpoints, losses.T[1], label="Generator loss")
plt.plot(iteration_checkpoints, losses.T[0], label="Discriminator loss")
plt.xticks(iteration_checkpoints, rotation=90)
plt.title("Training Loss")
plt.xlabel("Iteration")
plt.ylabel("Loss")
plt.legend()
plt.show()
```

除了普通的生成对抗网络,模型还可以对生成的数据进行引导,这便是条件生成对抗网络(Conditional GAN),它允许通过信号来指导生成结果。这意味着,除了随机向量之外,还需要为生成器输入数据的分类标签,如图 6-12 所示,因此判别器不仅要判断数据的真实性,还要判断出数据的类型。

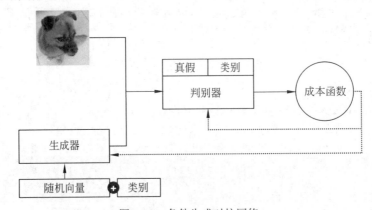

图 6-12　条件生成对抗网络

通过 Keras 实现条件生成对抗网络结构,代码如下:

```
//chapter6/conditionalgan_keras.py

import numpy as np
import matplotlib.pyplot as plt
from keras import datasets, layers, models, optimizers

img_rows = 28
img_cols = 28
```

```python
    channels = 1
    num_classes = 10

    #MNIST 的图像尺寸
    img_shape = (img_rows, img_cols, channels)

    #生成器的噪声向量尺寸
    z_dim = 100

    #用于画出生成的图像,这里增加了类别信息
    def sample_images(image_grid_rows=2, image_grid_columns=5):
        z = np.random.normal(0, 1, (image_grid_rows * image_grid_columns, z_dim))
        labels = np.arange(0, 10).reshape(-1, 1)
        gen_imgs = generator.predict([z, labels])
        gen_imgs = 0.5 * gen_imgs + 0.5
        fig, axs = plt.subplots(image_grid_rows,image_grid_columns,figsize=(10, 4),
sharey=True,sharex=True)
        cnt = 0
        for i in range(image_grid_rows):
            for j in range(image_grid_columns):
                axs[i, j].imshow(gen_imgs[cnt, :, :, 0], cmap='gray')
                axs[i, j].axis('off')
                axs[i, j].set_title("Digit: %d" % labels[cnt])
                cnt += 1

    def build_generator(z_dim):
        model = models.Sequential()
        #为了将向量输入 CNN 中,需要进行形状变换
        model.add(layers.Dense(256 * 7 * 7, input_dim=z_dim))
        model.add(layers.Reshape((7, 7, 256)))
        model.add(layers.Conv2DTranspose(128, kernel_size=3, strides=2, padding=
'same', use_bias=False))
        model.add(layers.BatchNormalization())
        model.add(layers.LeakyReLU(alpha=0.01))
        model.add(layers.Conv2DTranspose(64, kernel_size=3, strides=1, padding=
'same', use_bias=False))
        model.add(layers.BatchNormalization())
        model.add(layers.LeakyReLU(alpha=0.01))
        model.add(layers.Conv2DTranspose(1, kernel_size=3, strides=2, padding=
'same'))
        #注意这里的激活函数
        model.add(layers.Activation('tanh'))
        return model

    #构建条件生成对抗网络的生成器
    def build_cgan_generator(z_dim):
        z = layers.Input(shape=(z_dim, ))
```

```python
    #条件标签，取值范围为 0~9
    label = layers.Input(shape=(1, ), dtype='int32')
    #对条件标签进行编码，编码后的张量尺寸为（批次大小，1，z_dim）
    label_embedding = layers.Embedding(num_classes, z_dim, input_length=1)(label)
    #对张量进行展平，展平后的张量尺寸为（批次大小，z_dim）
    label_embedding = layers.Flatten()(label_embedding)
    #将编码加载到随机向量中
    joined_representation = layers.Multiply()([z, label_embedding])
    generator = build_generator(z_dim)
    conditioned_img = generator(joined_representation)
    return models.Model([z, label], conditioned_img)

def build_discriminator(img_shape=(img_rows, img_cols, channels)):
    model = models.Sequential()
    model.add(
        layers.Conv2D(32,
            kernel_size=3,
            strides=2,
            input_shape=(img_shape[0], img_shape[1], img_shape[2] + 1),
            padding='same'))
    model.add(layers.LeakyReLU(alpha=0.01))
    model.add(
        layers.Conv2D(64,
            kernel_size=3,
            strides=2,
            input_shape=img_shape,
            padding='same',
            use_bias=False))
    model.add(layers.BatchNormalization())
    model.add(layers.LeakyReLU(alpha=0.01))
    model.add(
        layers.Conv2D(128,
            kernel_size=3,
            strides=2,
            input_shape=img_shape,
            padding='same',
            use_bias=False))
    model.add(layers.BatchNormalization())
    model.add(layers.LeakyReLU(alpha=0.01))
    model.add(layers.Flatten())
    #这里是二分类
    model.add(layers.Dense(1, activation='sigmoid'))
    return model

#构建条件生成对抗网络的判别器
def build_cgan_discriminator(img_shape):
```

```python
    img = layers.Input(shape=img_shape)
    #图像的真实类型
    label = layers.Input(shape=(1, ), dtype='int32')
    #对图像类型进行编码,编码后的张量尺寸为(批次大小,1,28*28*1)
    label_embedding = layers.Embedding(num_classes,
                                       np.prod(img_shape),
                                       input_length=1)(label)
    #对张量进行展平,展平后的张量尺寸为(批次大小,28*28*1)
    label_embedding = layers.Flatten()(label_embedding)
    label_embedding = layers.Reshape(img_shape)(label_embedding)
    #这里对图像与类型编码进行了拼接,便于后续计算
    concatenated = layers.Concatenate(axis=-1)([img, label_embedding])
    discriminator = build_discriminator(img_shape)
    #同时对图像真假与类别进行判断
    classification = discriminator(concatenated)
    return models.Model([img, label], classification)

def build_cgan(generator, discriminator):
    z = layers.Input(shape=(z_dim,))
    label = layers.Input(shape=(1,))
    img = generator([z, label])
    classification = discriminator([img, label])
    model = models.Model([z, label], classification)
    return model

#构建判别器与生成器
discriminator = build_cgan_discriminator()
discriminator.compile(loss='binary_crossentropy',
                      optimizer=optimizers.Adam(),
                      metrics=['accuracy'])
generator = build_cgan_generator(z_dim)
#在生成器训练时,判别器的参数锁定
discriminator.trainable = False
cgan = build_cgan(generator, discriminator)
cgan.compile(loss='binary_crossentropy', optimizer=optimizers.Adam())

losses = []
accuracies = []
iteration_checkpoints = []

def train(iterations, batch_size, sample_interval):
    (X_train, y_train), (_, _) = datasets.mnist.load_data()
    X_train = X_train / 127.5 - 1.0
    X_train = np.expand_dims(X_train, axis=3)
    #所有真实数据的标签为1
    real = np.ones((batch_size, 1))
    #所有生成数据的标签为0
```

```python
        fake = np.zeros((batch_size, 1))
        for iteration in range(iterations):
            #训练判别器
            idx = np.random.randint(0, X_train.shape[0], batch_size)
            #这里同时输入图像与类别
            imgs, labels = X_train[idx], y_train[idx]
            z = np.random.normal(0, 1, (batch_size, 100))
            gen_imgs = generator.predict([z, labels])
            d_loss_real = discriminator.train_on_batch([imgs, labels], real)
            d_loss_fake = discriminator.train_on_batch([gen_imgs, labels], fake)
            d_loss, accuracy = 0.5 * np.add(d_loss_real, d_loss_fake)
            #训练生成器
            z = np.random.normal(0, 1, (batch_size, z_dim))
            g_loss = cgan.train_on_batch([z, labels], real)
            if (iteration + 1) % sample_interval == 0:
                losses.append((d_loss, g_loss))
                accuracies.append(100.0 * accuracy)
                iteration_checkpoints.append(iteration + 1)
                print("%d [D loss: %f, acc.: %.2f%%] [G loss: %f]" % (iteration + 1, d_loss, 100.0 * accuracy, g_loss))
                sample_images()

train(10000, 128, 1000)

#画出最后生成的图像
image_grid_rows = 10
image_grid_columns = 5
z = np.random.normal(0, 1, (image_grid_rows * image_grid_columns, z_dim))
labels_to_generate = np.array([[i for j in range(5)] for i in range(10)])
labels_to_generate = labels_to_generate.flatten().reshape(-1, 1)
gen_imgs = generator.predict([z, labels_to_generate])
gen_imgs = 0.5 * gen_imgs + 0.5
fig, axs = plt.subplots(image_grid_rows,image_grid_columns,figsize=(10, 20),sharey=True,sharex=True)

cnt = 0
for i in range(image_grid_rows):
    for j in range(image_grid_columns):
        #Output a grid of images
        axs[i, j].imshow(gen_imgs[cnt, :, :, 0], cmap='gray')
        axs[i, j].axis('off')
        axs[i, j].set_title("Digit: %d" % labels_to_generate[cnt])
        cnt += 1
```

其 PyTorch 版本的代码如下：

```
//chapter6/conditionalgan_pytorch.py
```

```python
import matplotlib.pyplot as plt
import torch
import torch.nn as nn
import torch.optim as optim
import torchvision.datasets as datasets
import torchvision.transforms as transforms

img_rows = 28
img_cols = 28
channels = 1
num_classes = 10

img_shape = (channels, img_rows, img_cols)

z_dim = 100

def sample_images(image_grid_rows=2, image_grid_columns=5):
    z = torch.randn(image_grid_rows * image_grid_columns, z_dim)
    labels = torch.arange(0, 10).repeat(image_grid_rows * image_grid_columns, 1).reshape(-1, 1)
    gen_imgs = generator(z, labels)
    gen_imgs = 0.5 * gen_imgs + 0.5
    fig, axs = plt.subplots(image_grid_rows, image_grid_columns, figsize=(10, 4), sharey=True, sharex=True)
    cnt = 0
    for i in range(image_grid_rows):
        for j in range(image_grid_columns):
            axs[i, j].imshow(gen_imgs[cnt, 0, :, :].detach().cpu(), cmap='gray')
            axs[i, j].axis('off')
            axs[i, j].set_title("Digit: %d" % labels[cnt])
            cnt += 1

class Generator(nn.Module):
    def __init__(self, z_dim):
        super(Generator, self).__init__()
        self.label_emb = nn.Embedding(num_classes, z_dim)
        self.model = nn.Sequential(
            nn.Linear(2*z_dim ,256 * 7 * 7),#128*256 * 7*7
            nn.Flatten(),
            nn.ReLU(),
            nn.Unflatten(1, (256, 7, 7)),
            nn.ConvTranspose2d(256, 128, kernel_size=3, stride=2, padding=1, output_padding=1),
            nn.BatchNorm2d(128),
            nn.ReLU(),
            nn.ConvTranspose2d(128, 64, kernel_size=3, stride=1, padding=1),
            nn.BatchNorm2d(64),
            nn.ReLU(),
```

```python
            nn.ConvTranspose2d(64, 1, kernel_size=3, stride=2, padding=1,
output_padding=1),
            nn.Tanh()
        )

    def forward(self, z, label):
        gen_input = torch.cat((self.label_emb(label), z), dim=1)
        gen_input = gen_input.view(gen_input.size(0), -1, 1, 200)
        gen_output = self.model(gen_input)
        return gen_output

class Discriminator(nn.Module):
    def __init__(self):
        super(Discriminator, self).__init__()
        self.label_emb = nn.Embedding(num_classes, channels)
        self.model = nn.Sequential(
            nn.Conv2d(2, 32, kernel_size=3, stride=2, padding=1),
            nn.LeakyReLU(0.01),
            nn.Conv2d(32, 64, kernel_size=3, stride=2, padding=1),
            nn.BatchNorm2d(64),
            nn.LeakyReLU(0.01),
            nn.Conv2d(64, 128, kernel_size=3, stride=2, padding=1),
            nn.BatchNorm2d(128),
            nn.LeakyReLU(0.01),
            nn.Flatten(),
            nn.Linear(128 * 4 * 4, 1),
            nn.Sigmoid()
        )

    def forward(self, img, label):
        labels_emb = self.label_emb(label).unsqueeze(2).unsqueeze(3).expand(-1,
-1, img.size(2), img.size(3))
        disc_input = torch.cat((img, labels_emb), dim=1)
        disc_output = self.model(disc_input)
        return disc_output.view(-1, 1).squeeze(1)

generator = Generator(z_dim)
discriminator = Discriminator()

device = torch.device("cuda" if torch.cuda.is_available() else "cpu")
generator.to(device)
discriminator.to(device)

d_optimizer = optim.Adam(discriminator.parameters())
g_optimizer = optim.Adam(generator.parameters())
criterion = nn.BCELoss()

def train(iterations, batch_size, sample_interval):
    transform = transforms.Compose([
```

```python
        transforms.ToTensor(),
        transforms.Normalize((0.5,), (0.5,))
    ])

    train_dataset = datasets.MNIST(root="data", train=True, transform=transform, download=True)
    train_loader = torch.utils.data.DataLoader(train_dataset, batch_size=batch_size, shuffle=True)

    real_label = torch.ones(batch_size, ).to(device)
    fake_label = torch.zeros(batch_size, ).to(device)

    for iteration in range(iterations):
        for i, (imgs, labels) in enumerate(train_loader):
            batch_size = imgs.size(0)
            imgs = imgs.to(device)
            labels = labels.to(device)

            #训练判别器
            discriminator.zero_grad()
            real_validity = discriminator(imgs, labels)
            real_loss = criterion(real_validity, real_label.view(-1))

            z = torch.randn(batch_size, z_dim).to(device)
            fake_labels = torch.randint(0, num_classes, (batch_size,)).to(device)#128

            fake_imgs = generator(z, fake_labels)
            fake_validity = discriminator(fake_imgs.detach(), fake_labels)

            fake_loss = criterion(fake_validity, fake_label)

            d_loss = real_loss + fake_loss
            d_loss.backward()
            d_optimizer.step()

            #训练生成器
            generator.zero_grad()
            z = torch.randn(batch_size, z_dim).to(device)
            fake_labels = torch.randint(0, num_classes, (batch_size, )).to(device)
            fake_imgs = generator(z, fake_labels)
            fake_validity = discriminator(fake_imgs, fake_labels)
            g_loss = criterion(fake_validity, real_label)

            g_loss.backward()
            g_optimizer.step()

            if (iteration + 1) % sample_interval == 0:
```

```
                print("[Iteration %d/%d] [D loss: %f] [G loss: %f]" % (
                    iteration + 1, iterations, d_loss.item(), g_loss.item()))

            if (iteration + 1) % sample_interval == 0:
                sample_images()

train(10000, 128, 1000)

image_grid_rows = 10
image_grid_columns = 5
z = torch.randn(image_grid_rows * image_grid_columns, z_dim).to(device)
labels_to_generate = torch.tensor([[i for j in range(5)] for i in
range(10)]).flatten().reshape(-1, 1).to(device)
gen_imgs = generator(z, labels_to_generate)
gen_imgs = 0.5 * gen_imgs + 0.5

fig, axs = plt.subplots(image_grid_rows, image_grid_columns, figsize=(10, 20),
sharey=True, sharex=True)
cnt = 0
for i in range(image_grid_rows):
    for j in range(image_grid_columns):
        axs[i, j].imshow(gen_imgs[cnt, 0, :, :].detach().cpu(), cmap='gray')
        axs[i, j].axis('off')
        axs[i, j].set_title("Digit: %d" % labels_to_generate[cnt])
        cnt += 1
```

循环生成对抗网络（CycleGAN）[43]可以将一些照片转换为艺术品，也可以将艺术品转换为真实的照片。此外，它还可以将斑马转换为马，或将马转换为斑马，如图6-13所示。

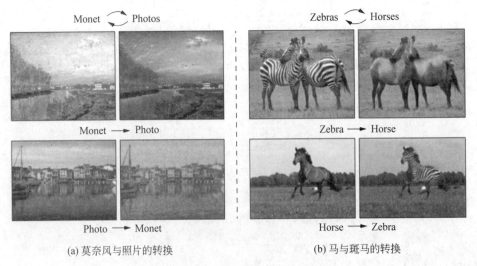

(a) 莫奈风与照片的转换　　　　　　(b) 马与斑马的转换

图 6-13　CycleGAN 的结果示例[43]

注意,这两种马并不在同一空间中,因此模型需要学习这两个空间之间的对应状态,以便进行相互转换。

6.4 未来在哪里

本节将对深度学习的前沿进行一系列思考,一起探讨深度学习将向何方发展。

近些年来,Transformer 正在重塑深度学习行业。第 1 个值得注意的方向是 Transformer,在 2021 年谷歌团队发表的一篇文章《规模化视觉 Transformer》(*Scaling Vision Transformers*)[44] 中,作者提出了一系列更大的视觉 Transformer 模型,配合更大的训练样本量,使卷积神经网络取得了更好的结果,如图 6-14 所示。可以看到,通过大量数据的加持和网络规模的扩大,以获得更优的深度学习模型。

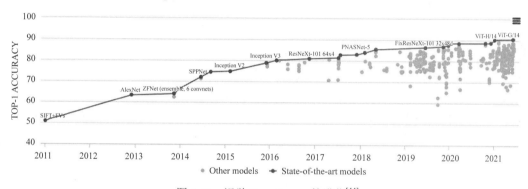

图 6-14 视觉 Transformer 的进化[44]

第 2 个方向是胶囊网络(Capsule Network),由深度学习的早期开创者杰弗里·辛顿(Geoffrey Hinton)在论文《胶囊之间的动态路由》(*Dynamic routing between capsules*)[45]中提出。他认为传统的卷积神经网络缺乏结构的概念,例如,当辨识一个人时,我们知道这个人有眼睛、鼻子、嘴巴等,但对于一个卷积神经网络来讲,它是依靠像素去进行识别的,没有结构的概念。于是,研究人员提出,可以把这些概念固化成一些胶囊,然后用这些胶囊进行投票,通过一系列复杂的运算进行最终预测。

胶囊网络自提出以来一直没有取得较好的效果,2021 年有一篇文章《胶囊网络并不比卷积网络更稳健》(*Capsule network is not more robust than convolutional network*)[46]大胆地指出,胶囊网络的效果尚不如优化过的普通卷积神经网络,如图 6-15 所示,因此,对于胶囊网络的争论可能会持续几年,但整体上改变现有网络结构的思路是正确的。卷积神经网络最初由杰弗里·辛顿等几位开创者提出,经过发扬光大发展到今天,改变了这个世界的诸多领域,也带来了很多亟待解决的问题。当然,胶囊网络不一定是问题的最终解决方案,但这一思路值得每个人学习。

第 3 个方向是自动化深度学习,即使用计算机帮助人们自动化完成网络结构的设计。例如,在 2019 年的一篇论文《Auto-DeepLab:用于语义图像分割的分层神经结构搜索》

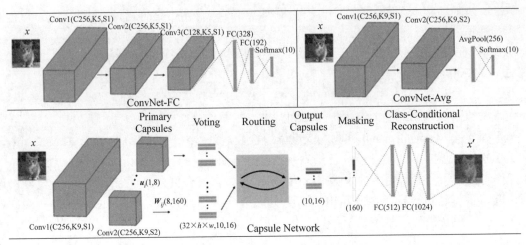

图 6-15 卷积神经网络与胶囊网络[46]

（*Auto-DeepLab: Hierarchical neural architecture search for semantic image segmentation*）[47]中，作者提出了一种名为 Auto-DeepLab 的算法，基于 DeepLab 系列的设计思路，自动搜索出一个更好的网络架构。通过这种方法，完全能够自动化地完成网络设计过程，甚至包括网络模块的设计，如图 6-16 所示。

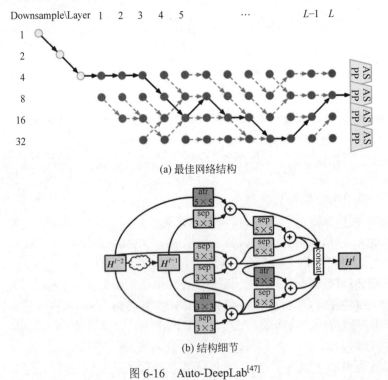

(a) 最佳网络结构

(b) 结构细节

图 6-16 Auto-DeepLab[47]

由于需要不断地搜索网络超参数，并在此基础上对神经网络进行训练和调优，自动深度学习非常耗费计算资源，这一过程需要强大的集群才能完成。虽然耗时较长，但是其效果也是惊人的。在日常实践中，可以通过 AutoKeras[48]框架自动化地构建基础的神经网络。

第 4 个方向是记忆（Memory），是指神经网络是否能够具有记忆能力。《西部世界》中的机器人之所以有了自我意识的觉醒，正是因为它们慢慢地具有了记忆能力。来自谷歌 DeepMind 的研究人员在论文《使用具有动态外部存储器的神经网络混合计算》（*Hybrid computing using a neural network with dynamic external memory*）[49]中提出了微分神经计算机（Differentiable Neural Computer）的概念，它包含神经网络、读写能力及模拟记忆的矩阵。可以发现通过加入记忆后，可以拥有一些基本的推理能力，如图 6-17 所示。有了记忆之后，可以在解决问题时不再依靠直觉，而能够通过记忆的内容进行逻辑推理。

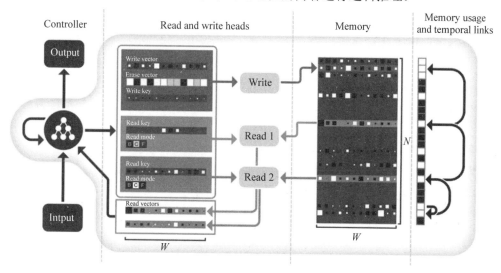

图 6-17　微分神经计算机[49]

第 5 个方向是知识图谱（Knowledge Graph）与深度学习的结合，虽然神经网络本身没有更大的存储空间，但是可以通过知识图谱存储大量知识，从而让神经网络拥有推理能力。通过神经网络和知识图谱之间的信息交流，可以让网络具有超强的感知能力，同时保证推理过程的理论依据。在这个过程中，可以使用图神经网络（Graph Neural Network，GNN）对知识图谱进行操作，这一思路能够用于节点分类和图分类，在欺诈检测等领域有广泛应用。

例如在一个知识图谱中，人们已经定位出了若干欺诈用户，但并非所有欺诈用户都能够被成功标记。这里便可以通过半监督学习（Semi-Supervised Learning）的方式，通过图神经网络来建模剩余节点的欺诈情况。再例如，文本也可以看作一张图，通过有监督的方式能够对文本进行分类，确定文本的情感是乐观的还是悲观的。

第 6 个方向是终生学习（Lifelong Learning），这种系统能够像人一样进行自我进化和自我学习。这个系统从小树苗开始，通过对它进行输入各种模态数据的训练，使它不断地成长为一棵大树。这方面的工作已经做了很多，例如论文《渐进式神经网络》（*Progressive neural* networks）[50]中提出的终生学习方案，首先训练一个模型，然后用一个新的任务对它进行优化，并训练一个新的任务，最后训练一个更新的任务，如图 6-18 所示。例如，可以开始让模型学会玩游戏 A，然后让它玩游戏 B 和游戏 C，能够发现，通过这样的迭代过程，模型既能玩好游戏 A，也能玩好游戏 B 和 C。

论文《克服神经网络中的灾难性遗忘》（Overcoming catastrophic forgetting in neural networks）[51]中提出了弹性权重巩固（Elastic Weight Consolidation）方法，即在训练完任务 A 后锁定权重，然后训练任务 B，训练完后也锁定权重，接着训练任务 C。通过这种方式，系统在学习完成一个简单的任务之后，就可以去学习另一个简单的任务，从而实现简单版的终生学习。

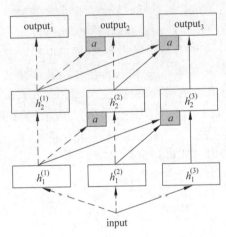

图 6-18　渐进式神经网络[50]

当然，以上这些方法都是初级的探索，真正的终生学习系统要比这些简单任务的学习复杂得多。

第 7 个方向是人们的最终梦想，那就是构建通用人工智能。通用人工智能应该具备 3 个特点，即多任务学习、稳定的知识库与逻辑推理能力。目前，人工智能在学习一个任务之后，很难应用在其他任务上，也无法将所学的知识固化下来。深度学习可以在一定程度上实现多任务学习，但对于逻辑推理等方面并不能胜任，因此，将这 3 种特点结合起来，将会是人工智能领域的重要研究方向。

本章习题

1. 阅读原始论文，使用 Keras 或者 PyTorch 完成任天堂游戏智能体的核心卷积神经网络代码。

2. 阅读原始论文，基于 Keras 或者 PyTorch 实现 AlphaGo 与 AlphaGoZero 的模型结构，并比较二者的不同。

3. 构想 CycleGAN 的 Keras 或者 PyTorch 的代码实现架构。

4. 学习并总结视觉 Transformer 的演进历程与前沿发展，基于 ChatGPT 等大规模自然语言模型的最新进展，展望视觉大模型的未来发展趋势。

第 7 章 专题讲座

在专题讲座部分,将会针对一些著名的神经网络结构,对卷积神经网络和 Transformer 进行深入介绍。神经网络结构的设计需要经验与技巧的积累,希望通过这一系列讲座,使大家能够在日后的工作中选择和设计更好的网络结构。本章介绍的网络都相对较新,并且有优秀的设计思想,通过学习这些网络,可以总结出神经网络设计中的一些共性。

7.1 DenseNet

在本节中,将介绍密集网络(DenseNet)。在前面的章节中,笔者曾多次强调,神经网络是一个高效的特征提取器,底层的网络层用于提取形态、边缘、轮廓等信息,中层将这些信息整合,高层的网络层用于学习与语义相关的信息。VGGNet 这类相对简单的网络没有直接从底层到高层的连接结构,不能很好地将底层和中层信息传递到高层,从而导致网络的参数利用效率较低。

ResNet 通过残差连接,可以让信息快速地从底层传递到高层,从而使网络获得较大的性能提升。在 100 层甚至 1000 层的深度下,ResNet 依然能够有效地运行。正是因为 ResNet 在设计过程中对神经网络的特征提取特性有高层次的认识,所以其结构在许多任务中取得了优异的效果。

DenseNet 可以看作这一思路的进一步推广,原始论文的题目叫作《密集连接的卷积网络》(*Densely connected convolutional networks*)[52],发表在 2017 年的计算机视觉顶级会议 IEEE Conference on Computer Vision and Pattern Recognition(CVPR)。

DenseNet 旨在最大化各层之间的信息交换,即通过密集连接使底层信息尽可能多地传递到高层。它由不同的模块组成,每个模块都通过所谓的密集连接方式进行信息传递。与 ResNet 不同,DenseNet 能够将各层级特征近乎原封不动地保留下来。通过这些连接,其高层特征是各层级特征组合的结果,如图 7-1 所示,最终的预测依赖于所有特征叠加后的

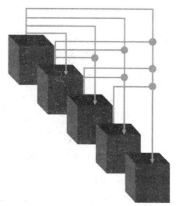

图 7-1 DenseNet 结构

结果。

这种设计的好处是，底层与中层特征可以通过密集连接传递到更高层级，从而使最终的预测结果可以参照各层级特征。与残差网络不同，它通过拼接（Concatenate）的方式将特征组合在一起，从而避免了简单相加（Add）过程中信息的损失。

由于后面的卷积层需要整合来自前面卷积层的通道，DenseNet 的每层卷积的通道数较少。研究人员发现，即使每层的通道数设置得较少，通过密集连接，也能够降低信息损失，模型依然可以获得不错的预测结果，因此，DenseNet 在参数数量有限的情况下，在 ImageNet 数据集上能够取得更低的预测误差。

DenseNet 主要有 4 个版本，全部由 4 组密集块（Dense Block）和过渡层（Transition Layer）构成。密集块中包含若干 1×1 和 3×3 的卷积层，过渡层由一个 1×1 的卷积层和步长为 2 的 2×2 平均池化层组成。与 ResNet 类似，图像输入后，首先经过步长为 2 的 7×7 卷积和步长为 2 的 3×3 最大池化，然后经过 4 组密集块和过渡层，最后对结果进行全局平均池化，通过全连接和归一化得到预测结果。

以 DenseNet-121 为例，网络的详细结构如下：

（1）输入图像大小为 $224\times224\times3$ 的彩色图像。

（2）块 0：①卷积层（$7\times7\times64$），Stride 为 2，不作用激活函数；②批归一化层；③ReLU 激活层；④最大池化（3×3），Stride 为 2。

（3）块 1：①密集块$\times6$；②过渡层。

（4）块 2：①密集块$\times12$；②过渡层。

（5）块 3：①密集块$\times24$；②过渡层。

（6）块 4：密集块$\times16$。

（7）卷积平均池化，将 $7\times7\times1024$ 的特征图像变为 1024 维的向量。

（8）全连接层，输出为 1000 维。

（9）逻辑回归层，对输出进行归一化，获得 1000 种预测类型的概率输出。

其中，密集块定义如下：

（1）批归一化，而后作用激活函数 ReLU，卷积层（$1\times1\times32$）。

（2）批归一化，而后作用激活函数 ReLU，卷积层（$3\times3\times32$）。

（3）将密集块输入与上述结果拼接。

过渡层定义如下：

（1）批归一化，而后作用激活函数 ReLU。

（2）卷积层（1×1），通道数为输入的一半。

（3）2×2 平均池化，Stride 为 2。

可以看一下网络的整体预测效果，在 ImageNet 上，DenseNet 网络参数数量越多，预测效果越好，如图 7-2 所示。与此同时，在同等参数规模下，DenseNet 相比 ResNet 能够取得更好的模型性能。通过特征可视化，研究人员比较了网络学习过程中后面的层与前面的层之间的关联，发现前面的某些层对后面的预测起着重要的作用，如图 7-3 所示，再一次证明了

DenseNet 设计思路的正确。

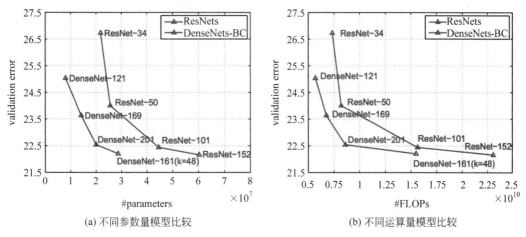

(a) 不同参数量模型比较

(b) 不同运算量模型比较

图 7-2 DenseNet 与 ResNet 的表现对比[52]

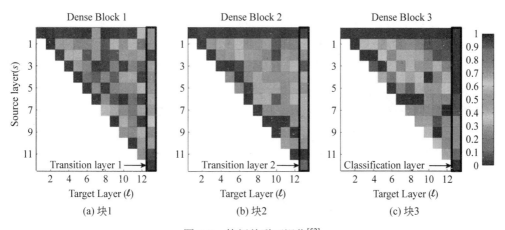

(a) 块1

(b) 块2

(c) 块3

图 7-3 特征关联可视化[52]

通过 Keras 实现 DenseNet-121 网络结构，代码如下：

```
//chapter7/densenet_keras.py

from keras import layers, models

def DenseLayer(x, nb_filter, bn_size=4):
#Bottleneck layers
    x = layers.BatchNormalization(axis=3)(x)
    x = layers.ReLU()(x)
    x = layers.Conv2D(bn_size * nb_filter, (1, 1), strides=(1, 1), padding='same')(x)
    #Composite function
    x = layers.BatchNormalization(axis=3)(x)
```

```
        x = layers.ReLU()(x)
        x = layers.Conv2D(nb_filter, (3, 3), strides=(1, 1), padding='same')(x)
        return x

    def DenseBlock(x, n_layers, growth_rate):
        for _ in range(n_layers):
            conv = DenseLayer(x, nb_filter=growth_rate)
            x = layers.concatenate([x, conv], axis=3)
        return x

    def TransitionLayer(x, compression=0.5):
        nb_filter = int(x.shape.as_list()[-1] * compression)
        x = layers.BatchNormalization()(x)
        x = layers.ReLU()(x)
        x = layers.Conv2D(nb_filter, (1, 1), strides=(1, 1), padding='same')(x)
        x = layers.AveragePooling2D(pool_size=(2, 2), strides=2)(x)
    return x

    def densenet(input_image, growth_rate=32):
        conv1 = layers.Conv2D(growth_rate * 2, (7, 7), strides=2, padding='same')(input_image)
        conv1_bn = layers.BatchNormalization()(conv1)
        conv1_act = layers.ReLU()(conv1_bn)
        conv1_pool = layers.MaxPooling2D(pool_size=(3, 3), strides=2)(conv1_act)
        dense1 = DenseBlock(conv1_pool, 6, growth_rate)
        trans1 = TransitionLayer(dense1)
        dense2 = DenseBlock(trans1, 12, growth_rate)
        trans2 = TransitionLayer(dense2)
        dense3 = DenseBlock(trans2, 24, growth_rate)
        trans3 = TransitionLayer(dense3)
        dense4 = DenseBlock(trans3, 16, growth_rate)
        dense4_bn = layers.BatchNormalization()(dense4)
        dense4_act = layers.ReLU()(dense4_bn)
        feature = layers.GlobalAveragePooling2D()(dense4_act)
        _y = layers.Dense(1000, activation='softmax')(feature)
        return _y

    x = models.Input(shape=(256, 256, 3))
    y = densenet(x)
    model = models.Model(x, y)
    print(model.summary())
```

其 PyTorch 版本的代码如下:

```
//chapter7/densenet_pytorch.py

import torch
```

```python
import torch.nn as nn
import torch.nn.functional as F

class DenseBlock(nn.Module):
    def __init__(self, in_channels, growth_rate, num_layers):
        super(DenseBlock, self).__init__()
        self.layers = nn.ModuleList()
        for i in range(num_layers):
            self.layers.append(
                nn.Sequential(
                    nn.BatchNorm2d(in_channels + i * growth_rate),
                    nn.ReLU(inplace=True),
                    nn.Conv2d(in_channels + i * growth_rate, growth_rate, kernel_size=3, stride=1, padding=1, bias=True,
                    ),
                )
            )

    def forward(self, x):
        features = [x]
        for layer in self.layers:
            x = layer(torch.cat(features, dim=1))
            features.append(x)
        return torch.cat(features, dim=1)

class TransitionBlock(nn.Module):
    def __init__(self, in_channels, out_channels):
        super(TransitionBlock, self).__init__()
        self.conv = nn.Conv2d(
            in_channels, out_channels, kernel_size=1, stride=1, bias=True
        )
        self.pool = nn.AvgPool2d(kernel_size=2, stride=2)
        self.bn = nn.BatchNorm2d(out_channels)

    def forward(self, x):
        x = self.conv(x)
        x = self.pool(x)
        x = self.bn(x)
        return F.relu(x)

class DenseNet(nn.Module):
    def __init__(self, num_classes=1000, growth_rate=32):
        super(DenseNet, self).__init__()
        self.features = nn.Sequential(
            nn.Conv2d(3, 64, kernel_size=7, stride=2, padding=3, bias=True),
            nn.BatchNorm2d(64),
            nn.ReLU(inplace=True),
```

```
            nn.MaxPool2d(kernel_size=3, stride=2, padding=1),
        )
        num_features = 64
        block_config = [6, 12, 24, 16]
        for i, num_layers in enumerate(block_config):
            block = DenseBlock(num_features, growth_rate, num_layers)
            self.features.add_module(f"denseblock{i + 1}", block)
            num_features = num_features + num_layers * growth_rate
            if i != len(block_config) - 1:
                trans = TransitionBlock(num_features, num_features //2)
                self.features.add_module(f"transition{i + 1}", trans)
                num_features = num_features //2

        self.avgpool = nn.AdaptiveAvgPool2d((1, 1))
        self.fc = nn.Linear(num_features, num_classes)
        self.softmax = nn.Softmax(dim=1)

    def forward(self, x):
        x = self.features(x)
        x = self.avgpool(x)
        x = x.view(x.size(0), -1)
        y = self.softmax(self.fc(x))
        return y

model = DenseNet()
print(model)
```

7.2 Inception

本节介绍 Inception 系列模型，将带大家理解 Inception 背后的设计思路，并通过代码对其进行实现。Inception 系列模型由谷歌团队提出，在许多应用领域中获得了最优的建模效果。

根据论文内容，Inception 系列模型包含 v1、v2、v3 和 v4 共 4 个版本，这里对它们进行简单介绍。

Inception v1 在 2015 年发表于 CVPR，论文题目为《深入探讨卷积》（*Going deeper with convolution*）[53]，通过这篇文章，研究人员提出了 Inception 的基础设计理念。

Inception v2 的论文题目是《批归一化：通过减少内部协方差变量来加速深度网络训练》（*Batch normalization: Accelerating deep network training by reducing internal covariate shift*）[17]，于 2016 年发表在机器学习峰会 International Conference on Machine Learning（ICML），它实际上也是批归一化方法的开山之作。Inception v2 相比于 Inception v1 改进较小，仅将批归一化引入 Inception v1 中，发现这种方法的效果非常好。

Inception v3 于 2016 年发表于 CVPR，论文题目是《重新思考计算机视觉的 Inception 架构》（*Rethinking the inception architecture for computer vision*）[54]。Inception v3 是一个性能优

化的版本,在提高运算速度的情况下,模型的效果也可以得到进一步提升。

Inception v4 于 2017 年发表于人工智能峰会 Association for the Advancement of Artificial Intelligence Conference on Artificial Intelligence(AAAI),论文题目是《Inception v4、Inception-ResNet 及残差连接对学习的影响》(*Inception-v4, Inception-ResNet and the impact of residual connections on learning*)[55]。全文可以看成一系列的炫技,论文中包含了 20 多幅图像,描绘了各种网络结构,通过组合这些网络结构,可以获得更好的预测效果,其中一个网络被命名为 Inception-ResNet,这意味着 Inception 网络和 ResNet 在各自的道路上发展了若干年后,开始被结合在一起。这个故事与前面讲过的 Faster R-CNN 与 YOLO、DeepLab 与 U-Net 是何其地相似,所以,有时与对手紧密携手,也会事半功倍。

Inception 系列模型通过将多个不同尺寸的卷积核结合到一起,在减少参数数量的同时,增加了参数的使用效率。通俗一点来讲,研究人员认为模型智商不仅与"脑容量"有关,而且在于能否有效地利用这些神经元。Inception 的设计理念既可以有效地提高模型的效果,又能够避免过拟合和计算复杂度的增加。

Inception 架构(Inception Architecture)中包含不同的卷积层,包括 1×1 的卷积、3×3 的卷积、5×5 的卷积及 3×3 的最大池化(步长为 1),如图 7-4 所示。通过这 4 种不同的卷积层和池化层,可以提取出不同层面的特征。最后将这些信息拼接起来,预期可以得到较好的预测效果,然而,这样做法会导致参数量的增加,于是研究人员想到通过 1×1 的卷积,类似于 ResNet 中的瓶颈结构,首先通过 1×1 的卷积层来降低特征图的通道数,然后进行 3×3 或 5×5 的卷积运算,如图 7-5 所示,这样参数量就会大大减少。

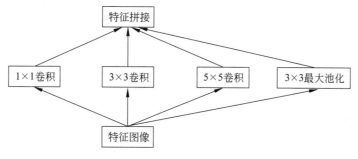

图 7-4 原始 Inception 架构

通过 Inception 架构,就可以构建出 Inception 的整体网络结构。如图 7-6 所示,Inception v1 是一个类似 VGGNet 的结构,只不过其中的卷积层被全部替换成 Inception 架构。需要注意的是,模型的结果预测发生在底层、中层、高层这 3 个层级上,这样的结构可以使整个网络在某些情况下可以部分运行。例如,可以在配置较高的设备上运行整个网络,而在配置较低的设备上可以只运行部分网络,例如只运行第 1 个预测的部分。虽然其预测效果和完整网络相比较差,但仍然能够达到一定的预测准确率,并且结果是可以接受的,因此,研究人员通过这种结构达到了两个目的:第一,通过在各部分引入成本函数,提高网络的学习效果。第二,在一些受限的计算环境中,可以避免将推理过程从头到尾完成,而是直接使用某些中间结果。

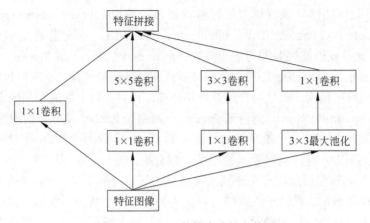

图 7-5 Inception 架构中降低参数量

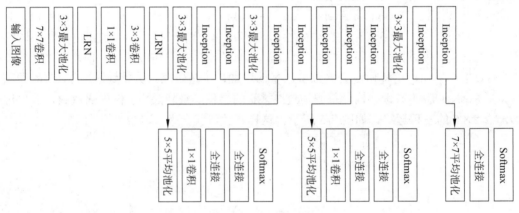

图 7-6 Inception v1

Inception v1 的网络结构如下：

（1）输入图像大小为 224×224×3 的彩色图像。

（2）块 0：①卷积层（7×7×64），Stride 为 2；②Max Pooling（3×3），Stride 为 2；③卷积层（1×1×64）；④卷积层（3×3×192）；⑤Max Pooling（3×3），Stride 为 2。

（3）块 1：①Inception 架构（64，96，128，16，32，32）；②Inception 架构（128，128，192，32，96，64）；③Max Pooling（3×3），Stride 为 2。

（4）块 2：①Inception 架构（192，96，208，16，48，64）；②Inception 架构（160，112，224，24，64，64）；③Inception 架构（128，128，256，24，64，64）；④Inception 架构（112，144，288，32，64，64）；⑤Inception 架构（256，160，320，32，128，128）；⑥Max Pooling（3×3），Stride 为 2。

（5）块 3：①Inception 架构（256，160，320，32，128，128）；②Inception 架构（384，

192，384，48，128，128）。

（6）全局平均池化，将 7×7×1024 的特征图像变为 1024 维的向量。

（7）DropOut（40%）。

（8）全连接层，输出为 1000 维。

（9）逻辑回归层，对输出进行归一化，获得 1000 种预测类型的概率输出。

其中，卷积层的激活函数均为 ReLU，Padding 为 Same。与 AlexNet 类似，这里移除了原始设计中的局部响应归一化层。

Inception 架构（a，b，c，d，e，f）的定义如下。

（1）分支 1：卷积层（1×1×a）。

（2）分支 2：①卷积层（1×1×b）；②卷积层（3×3×c）。

（3）分支 3：①卷积层（1×1×d）；②卷积层（5×5×e）。

（4）分支 4：①Max Pooling（3×3），Stride 为 1；②卷积层（1×1×f）。

（5）将上述结果拼接。

需要注意的是，除了在最后进行模型预测外，Inception v1 还在块 2 中的①及块 2 中的④后，加入了预测模块，其结构如下：

（1）Average Pooling（5×5），Stride 为 3，Padding 为 Valid。

（2）卷积层（1×1×128）。

（3）展平操作。

（4）DropOut（30%）。

（5）全连接层，输出为 1000 维。

（6）逻辑回归层，对输出进行归一化，获得 1000 种预测类型的概率输出。

需要注意，在进行文献检索时，需要使用 Inception v1 的原名，它叫作 GoogLeNet，这个名字可以看成对 LeNet 的致敬。Inception v1 通过有效的滤波器组合，获得了 ImageNet 数据集预测准确率的显著提升。进一步地，通过系综方法，模型的预测效果可以进一步提升，ImageNet 的 Top-5 误差达到了 6.67%。

与此同时，研究人员还在数据层面进行了预测技巧的分析。可以对预测图像进行随机切分，从中提取出不同数目的图像块，进而对这些图像块进行预测，投票获得整张预测图形的预测结果。如果只使用单张图像，则 ImageNet 的 Top-5 误差只能达到 10.07%，但是如果使用 144 个图像块后，则可以将误差降低到 7.89%。

在实践中，系综方法和图像切分都会对性能产生直接影响。例如，使用 7 个模型的计算时间至少是使用 1 个模型的 7 倍，使用 144 张图像的计算时间至少是使用 1 张图像的 144 倍，因此在实际应用中，需要考虑这些提高准确率的方法带来的性能损失，在大多数情况下，人们希望能通过单个模型和单幅图像来获得最终的预测结果。

Inception v2 在 Inception v1 的基础上，增加了批归一化，模型效果获得了进一步提升，如图 7-7 所示。在单个模型和单幅图像的情况下，ImageNet 的 Top-5 误差从 10.07%降到了

7.82%。使用系综方法和图像切分后,误差从 6.67% 和 7.89% 分别降到了 4.9% 和 5.82%。可以看到,加入批归一化后,网络的训练速度更快,并且准确率更高。

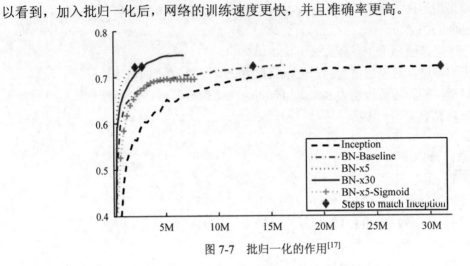

图 7-7　批归一化的作用[17]

在 Inception v3 中,研究人员对模型参数量进行了进一步的缩减。与 VGGNet 的设计理念相似,5×5 卷积层可以拆分成两个 3×3 卷积层,以降低参数量,如图 7-8 所示。与此同时,图 7-9 和图 7-10 中分别展示了拆分卷积层的方法,可以将 $n \times n$ 的卷积层拆分成 $1 \times n$ 和 $n \times 1$ 卷积层的组合,从而进一步减少网络的参数数量,在保持网络性能的情况下提高其计算效率。例如,3×3 的卷积可以转换为 1×3 和 3×1 的结构,既可以纵向切分,也可以横向切分。

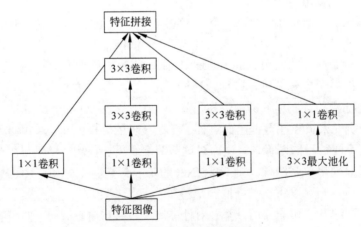

图 7-8　典型 Inception 架构

Inception v3 的整体结构如图 7-11 所示,最左边是输入图像（229×229×3）,之后会经过茎（Stem）结构,对输入图像进行降维和初步特征提取,其具体结构如图 7-12 所示。随后经过三组 Inception（A、B、C）和两组降维（Reduction）块（A、B）的处理后,通过全

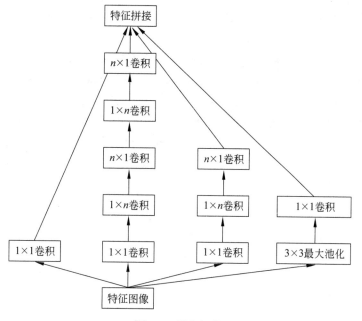

图 7-9　纵向切分

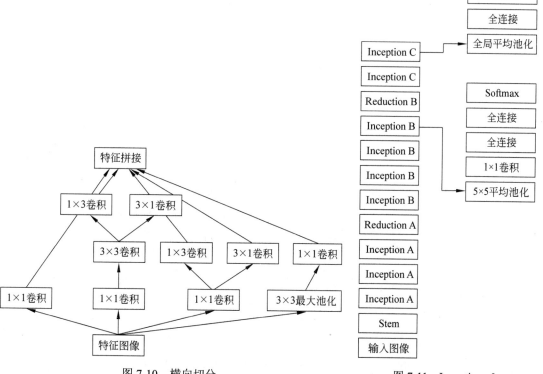

图 7-10　横向切分

图 7-11　Inception v3

局平均池化，获得预测结果。与 Inception v1 和 Inception v2 相似，Inception v3 中会在中层进行分支预测。

在 Inception v3 中，将 Inception v1 版本 Inception 架构中的最大池化全面替换为平均池化。接下来看 Inception A、Inception B 和 Inception C 及 Reduction A、Reduction B 这 5 组网络的定义，Inception A 将 5×5 卷积层换成了两个 3×3 卷积层，如图 7-13 所示。在此基础上，Inception B 将 3×3 卷积层全部改为 7×7 卷积层，从而提高了模型的感受野，并在纵向对 7×7 卷积层进行了拆分，如图 7-14 所示。Inception C 接近 Inception A 的结构，将后方的

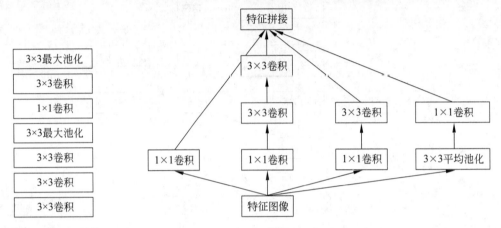

图 7-12　Stem 结构　　　　　　　图 7-13　Inception A

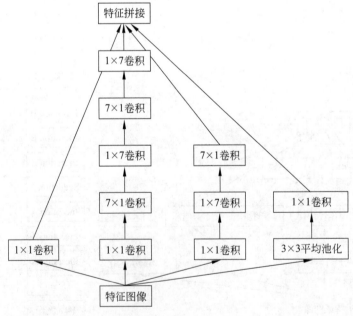

图 7-14　Inception B

两个 3×3 卷积层在横向进行了拆分，如图 7-15 所示。Reduction A 和 Reduction B 网络将平均池化改回了最大池化，并将步长设置为 2，分别如图 7-16 和图 7-17 所示。Reduction A 和 Reduction B 分别在 Inception A 和 Reduction B 的基础上移除了一些 1×1 卷积层，并将后面两个 3×3 卷积层的步长改为 2，以达到降维的目的。

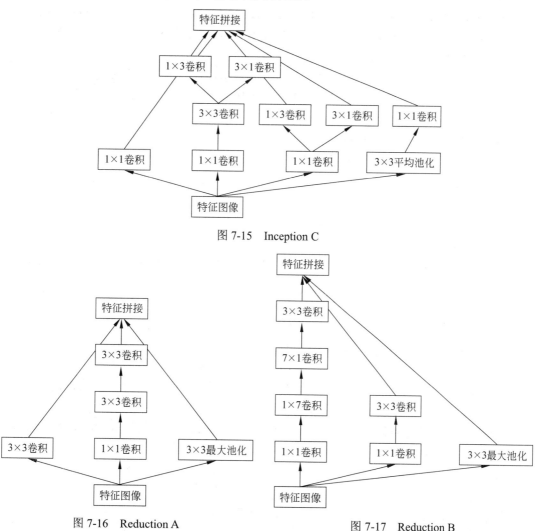

图 7-15　Inception C

图 7-16　Reduction A　　　　图 7-17　Reduction B

Inception v3 的网络结构如下（如不进行特殊说明，卷积层均采用批归一化，激活函数均为 ReLU，Padding 为 Same）：

（1）输入图像大小为 299×299×3 的彩色图像。

（2）Stem 块：①卷积层（3×3×32），Stride 为 2，Padding 为 Valid；②卷积层（3×3×32），Stride 为 1，Padding 为 Valid；③卷积层（3×3×64），Padding 为 Valid；④Max Pooling（3×3），Stride 为 2，Padding 为 Valid；⑤卷积层（1×1×80），Padding 为 Valid；⑥卷积层

（3×3×192），Stride 为 2，Padding 为 Valid；⑦Max Pooling（3×3），Stride 为 2，Padding 为 Valid。

（3）块 1：①Inception A（64，96，96，48，64，32，64）；②Inception A（64，96，96，48，64，64，64）×2；③Reduction A。

（4）块 2：①Inception B（128，128，192，128，192，192，192）；②Inception B（160，160，192，160，192，192，192）×2；③Inception B（192，192，192，192，192，192，192）；④Reduction B。

（5）块 3：Inception C（448，384，384，384，384，192，320）×2。

（6）全局平均池化，将 8×8×2048 的特征图像变为 1024 维的向量。

（7）全连接层，输出为 1000 维。

（8）逻辑回归层，对输出进行归一化，获得 1000 种预测类型的概率输出。

Inception A（a，b，c，d，e，f，g）的定义如下。

（1）分支 1：①卷积层（1×1×a），Padding 为 Valid；②卷积层（3×3×b），Padding 为 Valid；③卷积层（3×3×c），Padding 为 Valid。

（2）分支 2：①卷积层（1×1×d），Padding 为 Valid；②卷积层（3×3×e），Padding 为 Valid。

（3）分支 3：①Average Pooling（3×3），Stride 为 1；②卷积层（1×1×f），Padding 为 Valid。

（4）分支 4：卷积层（1×1×g），Padding 为 Valid。

（5）将上述结果拼接。

Inception B（a，b，c，d，e，f，g）的定义如下。

（1）分支 1：①卷积层（1×1×a），Padding 为 Valid；②卷积层（7×1×b），Padding 为 Valid；③卷积层（1×7×b），Padding 为 Valid；④卷积层（7×1×b），Padding 为 Valid；⑤卷积层（1×7×c），Padding 为 Valid。

（2）分支 2：①卷积层（1×1×d），Padding 为 Valid；②卷积层（1×7×e），Padding 为 Valid；③卷积层（7×1×e），Padding 为 Valid。

（3）分支 3：①Average Pooling（3×3），Stride 为 1；②卷积层（1×1×f），Padding 为 Valid。

（4）分支 4：卷积层（1×1×g），Padding 为 Valid。

（5）将上述结果拼接。

Inception C（a，b，c，d，e，f，g）的定义如下。

（1）分支 1：①卷积层（1×1×a），Padding 为 Valid；②卷积层（3×3×b），Padding 为 Valid；③卷积层（1×3×c），Padding 为 Valid；④卷积层（3×1×c），Padding 为 Valid。

（2）分支 2：①卷积层（1×1×d），Padding 为 Valid；②卷积层（1×3×e），Padding 为 Valid；③卷积层（3×1×e），Padding 为 Valid。

（3）分支 3：①Average Pooling（3×3），Stride 为 1；②卷积层（1×1×f），Padding 为

Valid。

（4）分支 4：卷积层（1×1×g），Padding 为 Valid。

（5）将上述结果拼接。

Reduction A 的定义如下。

（1）分支 1：①卷积层（1×1×64），Padding 为 Valid；②卷积层（3×3×96），Padding 为 Valid；③卷积层（3×3×96），Stride 为 2，Padding 为 Valid。

（2）分支 2：卷积层（3×3×384），Stride 为 2，Padding 为 Valid。

（3）分支 3：Max Pooling（3×3），Stride 为 2。

（4）将上述结果拼接。

Reduction B 的定义如下。

（1）分支 1：①卷积层（1×1×192），Padding 为 Valid；②卷积层（7×1×192），Padding 为 Valid；③卷积层（1×7×192），Padding 为 Valid；④卷积层（3×3×192），Stride 为 2，Padding 为 Valid。

（2）分支 2：①卷积层（1×1×192），Padding 为 Valid；②卷积层（3×3×320），Stride 为 2，Padding 为 Valid。

（3）分支 3：Max Pooling（3×3），Stride 为 2。

（4）将上述结果拼接。

除了在最后进行模型预测外，Inception v3 还在块 2 中的③后加入了预测模块，其结构如下：

（1）Average Pooling（5×5），Stride 为 3，Padding 为 Valid。

（2）卷积层（1×1×128）。

（3）展平操作。

（4）全连接层，输出为 768 维。

（5）全连接层，输出为 1000 维。

（6）逻辑回归层，对输出进行归一化，获得 1000 种预测类型的概率输出。

通过这种极致的优化，模型的效果得到了提升。研究人员对比了 Inception v3 和 Inception v1 的预测结果，使用图像切分后，ImageNet 的 Top-5 误差从 7.89%降到了 4.3%（此处以 Inception v4 的论文中提供的信息为准）。论文中还报道了不同的输入图像的大小对预测结果的影响，输入图像的尺寸越大，图像信息就越完整，模型预测结果就越好。

通过 Keras 实现 Inception v3 网络结构，代码如下：

```
//chapter7/inceptionv3_keras.py

from functools import partial
from keras import layers, models

conv1x1 = partial(layers.Conv2D, kernel_size=1, activation='relu')
conv3x3 = partial(layers.Conv2D, kernel_size=3, padding='same', activation=
```

```
'relu')
    conv5x5 = partial(layers.Conv2D, kernel_size=5, padding='same', activation=
'relu')

    def inception_module(in_tensor, c1, c3_1, c3, c5_1, c5, cp_1):
        conv1 = conv1x1(c1)(in_tensor)
        conv3_1 = conv1x1(c3_1)(in_tensor)
        conv3 = conv3x3(c3)(conv3_1)
        conv5_1 = conv1x1(c5_1)(in_tensor)
        conv5 = conv5x5(c5)(conv5_1)
        pool_conv = conv1x1(cp_1)(in_tensor)
        pool = layers.MaxPool2D(3, strides=1, padding='same')(pool_conv)
        merged = layers.Concatenate(axis=-1)([conv1, conv3, conv5, pool])
        return merged

    def inception(in_tensor):
        conv1 = layers.Conv2D(64, 7, strides=2, activation='relu', padding='same')
(in_tensor)
        pool1 = layers.MaxPool2D(3, 2, padding='same')(conv1)
        conv2_1 = conv1x1(64)(pool1)
        conv2_2 = conv3x3(192)(conv2_1)
        pool2 = layers.MaxPool2D(3, 2, padding='same')(conv2_2)
        inception3a = inception_module(pool2, 64, 96, 128, 16, 32, 32)
        inception3b = inception_module(inception3a, 128, 128, 192, 32, 96, 64)
        pool3 = layers.MaxPool2D(3, 2, padding='same')(inception3b)
        inception4a = inception_module(pool3, 192, 96, 208, 16, 48, 64)
        inception4b = inception_module(inception4a, 160, 112, 224, 24, 64, 64)
        inception4c = inception_module(inception4b, 128, 128, 256, 24, 64, 64)
        inception4d = inception_module(inception4c, 112, 144, 288, 32, 48, 64)
        inception4e = inception_module(inception4d, 256, 160, 320, 32, 128, 128)
        pool4 = layers.MaxPool2D(3, 2, padding='same')(inception4e)
        inception5a = inception_module(pool4, 256, 160, 320, 32, 128, 128)
        inception5b = inception_module(inception5a, 384, 192, 384, 48, 128, 128)
        pool5 = layers.MaxPool2D(3, 2, padding='same')(inception5b)
        avg_pool = layers.GlobalAvgPool2D()(pool5)
        _y = layers.Dense(1000, activation='softmax')(avg_pool)
        return _y

    x = layers.Input(shape=(224, 224, 3))
    y = inception(x)
    model = models.Model(x, y)
    print(model.summary())
```

其 PyTorch 版本的代码如下:

```
//chapter7/inceptionv3_pytorch.py
```

```python
import torch
import torch.nn as nn
import torch.nn.functional as F

def conv1x1(in_channels, out_channels):
    return nn.Sequential(
        nn.Conv2d(in_channels, out_channels, kernel_size=1),
        nn.ReLU()
    )

def conv3x3(in_channels, out_channels, padding=1):
    return nn.Sequential(
        nn.Conv2d(in_channels, out_channels, kernel_size=3, padding=padding),
        nn.ReLU()
    )

def conv5x5(in_channels, out_channels, padding=2):
    return nn.Sequential(
        nn.Conv2d(in_channels, out_channels, kernel_size=5, padding=padding),
        nn.ReLU()
    )

class InceptionModule(nn.Module):
    def __init__(self, in_channels, c1, c3_1, c3, c5_1, c5, cp_1):
        super().__init__()
        self.conv1 = conv1x1(in_channels, c1)
        self.conv3_1 = conv1x1(in_channels, c3_1)
        self.conv3 = conv3x3(c3_1, c3, padding=1)
        self.conv5_1 = conv1x1(in_channels, c5_1)
        self.conv5 = conv5x5(c5_1, c5, padding=2)
        self.pool_conv = conv1x1(in_channels, cp_1)
        self.pool = nn.MaxPool2d(kernel_size=3, stride=1, padding=1)

    def forward(self, x):
        conv1 = self.conv1(x)
        conv3_1 = self.conv3_1(x)
        conv3 = self.conv3(conv3_1)
        conv5_1 = self.conv5_1(x)
        conv5 = self.conv5(conv5_1)
        pool_conv = self.pool_conv(x)
        pool = self.pool(pool_conv)
        out = torch.cat([conv1, conv3, conv5, pool], dim=1)
        return out

class Inception(nn.Module):
    def __init__(self):
        super(Inception, self).__init__()
```

```python
        self.conv1 = nn.Conv2d(3, 64, kernel_size=7, stride=2, padding=3)
        self.maxpool1 = nn.MaxPool2d(kernel_size=3, stride=2, padding=1)
        self.conv2_1 = nn.Conv2d(64, 64, kernel_size=1)
        self.conv2_2 = nn.Conv2d(64, 192, kernel_size=3, padding=1)
        self.maxpool2 = nn.MaxPool2d(kernel_size=3, stride=2, padding=1)
        self.inception3a = InceptionModule(192, 64, 96, 128, 16, 32, 32)
        self.inception3b = InceptionModule(256, 128, 128, 192, 32, 96, 64)
        self.maxpool3 = nn.MaxPool2d(kernel_size=3, stride=2, padding=1)
        self.inception4a = InceptionModule(480, 192, 96, 208, 16, 48, 64)
        self.inception4b = InceptionModule(512, 160, 112, 224, 24, 64, 64)
        self.inception4c = InceptionModule(512, 128, 128, 256, 24, 64, 64)
        self.inception4d = InceptionModule(512, 112, 144, 288, 32, 48, 64)
        self.inception4e = InceptionModule(512, 256, 160, 320, 32, 128, 128)
        self.maxpool4 = nn.MaxPool2d(kernel_size=3, stride=2, padding=1)
        self.inception5a = InceptionModule(832, 256, 160, 320, 32, 120, 128)
        self.inception5b = InceptionModule(832, 384, 192, 384, 48, 128, 128)
        self.maxpool5 = nn.MaxPool2d(kernel_size=3, stride=2, padding=1)
        self.avgpool = nn.AdaptiveAvgPool2d((1, 1))
        self.fc = nn.Linear(1024, 1000)
        self.softmax = nn.Softmax(dim=1)

    def forward(self, x):
        x = F.relu(self.conv1(x))
        x = self.maxpool1(x)
        x = F.relu(self.conv2_1(x))
        x = F.relu(self.conv2_2(x))
        x = self.maxpool2(x)
        x = self.inception3a(x)
        x = self.inception3b(x)
        x = self.maxpool3(x)
        x = self.inception4a(x)
        x = self.inception4b(x)
        x = self.inception4c(x)
        x = self.inception4d(x)
        x = self.inception4e(x)
        x = self.maxpool4(x)
        x = self.inception5a(x)
        x = self.inception5b(x)
        x = self.maxpool5(x)
        x = self.avgpool(x)
        x = x.view(x.size(0), -1)
        y = self.softmax(self.fc(x))
        return y

model = Inception()
print(model)
```

Inception v4 的整体网络结构与 Inception v3 相似,不同的是它对 Stem 结构进行了重构,并改变了 Inception A、Inception B 和 Inception C 的数目。相比 Inception v3,使用图像切分后,ImageNet 的 Top-5 误差从 4.3%降到了 3.8%。

Inception v4 的网络结构如下。

(1) 输入图像大小为 299×299×3 的彩色图像。

(2) 块 0:Stem 块。

(3) 块 1:①Inception A×4;②Reduction A。

(4) 块 2:①Inception B×7;②Reduction B。

(5) 块 3:Inception C×3。

(6) 全局平均池化,将 8×8×2048 的特征图像变为 1024 维的向量。

(7) DropOut(20%)。

(8) 全连接层,输出为 1000 维。

(9) 逻辑回归层,对输出进行归一化,获得 1000 种预测类型的概率输出。

Stem 块的定义如下。

(1) 特征提取:①卷积层(3×3×32),Stride 为 2,Padding 为 Valid;②卷积层(3×3×32);③卷积层(3×3×64),Padding 为 Valid;④子分支 1:卷积层(3×3×96),Stride 为 2,Padding 为 Valid;⑤子分支 2:Max Pooling(3×3),Stride 为 2,Padding 为 Valid;⑥将两个子分支拼接。

(2) 分支 1:①卷积层(1×1×64),Padding 为 Valid;②卷积层(1×7×64);③卷积层(7×1×64);④卷积层(3×3×96),Padding 为 Valid。

(3) 分支 2:①卷积层(1×1×96),Padding 为 Valid;②卷积层(3×3×96),Padding 为 Valid。

(4) 将分支 1 与分支 2 拼接。

(5) 分支 3:卷积层(3×3×192),Stride 为 2,Padding 为 Valid。

(6) 分支 4:Max Pooling(3×3),Stride 为 2,Padding 为 Valid。

(7) 将分支 3 与分支 4 拼接。

Inception A 的定义如下。

(1) 分支 1:①卷积层(1×1×64),Padding 为 Valid;②卷积层(3×3×96);③卷积层(3×3×96)。

(2) 分支 2:①卷积层(1×1×64),Padding 为 Valid;②卷积层(3×3×96)。

(3) 分支 3:①Average Pooling(3×3),Stride 为 1;②卷积层(1×1×96)。

(4) 分支 4:卷积层(1×1×96),Padding 为 Valid。

(5) 将上述结果拼接。

Inception B 的定义如下。

(1) 分支 1:①卷积层(1×1×192),Padding 为 Valid;②卷积层(7×1×192);③卷积层(1×7×224);④卷积层(7×1×224);⑤卷积层(1×7×256)。

（2）分支 2：①卷积层（1×1×192），Padding 为 Valid；②卷积层（1×7×224）；③卷积层（7×1×256）。

（3）分支 3：①Average Pooling（3×3），Stride 为 1；②卷积层（1×1×128），Padding 为 Valid。

（4）分支 4：卷积层（1×1×384），Padding 为 Valid。

（5）将上述结果拼接。

Inception C 的定义如下。

（1）分支 1：①卷积层（1×1×384），Padding 为 Valid；②卷积层（3×3×448）；③卷积层（3×3×512）；④卷积层（1×3×256）；⑤卷积层（3×1×256）。

（2）分支 2：①卷积层（1×1×384），Padding 为 Valid；②卷积层（1×3×256）；③卷积层（3×1×256）。

（3）分支 3：①Max Pooling（3×3），Stride 为 1；②卷积层（3×3×256）。

（4）分支 4：卷积层（1×1×256），Padding 为 Valid。

（5）将上述结果拼接。

Reduction A 的定义如下。

（1）分支 1：①卷积层（1×1×192），Padding 为 Valid；②卷积层（3×3×224）；③卷积层（3×3×256），Stride 为 2，Padding 为 Valid。

（2）分支 2：卷积层（3×3×384），Stride 为 2，Padding 为 Valid。

（3）分支 3：Max Pooling（3×3），Stride 为 2，Padding 为 Valid。

（4）将上述结果拼接。

Reduction B 的定义如下。

（1）分支 1：①卷积层（1×1×192），Padding 为 Valid；②卷积层（3×3×192），Stride 为 2，Padding 为 Valid。

（2）分支 2：①卷积层（1×1×256），Padding 为 Valid；②卷积层（1×7×256）；③卷积层（7×1×320）；④卷积层（3×3×320），Stride 为 2，Padding 为 Valid。

（3）分支 3：Max Pooling（3×3），Stride 为 2，Padding 为 Valid。

（4）将上述结果拼接。

在 Inception v4 之后，研究人员还提出了 Inception-ResNet v1 和 Inception-ResNet v2。通过与残差网络融合，模型拥有更快的训练速度，并且预测效果与 Inception v4 相当。Inception-ResNet v1 与 Inception-ResNet v2 在 ImageNet 上的 Top-5 误差分别为 4.3%与 3.7%。通过 Inception v4 与 3 个 Inception-ResNet v2 的系综组合，在单幅图像的前提下，模型的误差可降低至 3.1%。

7.3　Xception

本节将介绍 Xception 网络，论文题目叫作《用深度可分离卷积进行深度学习》（*Deep learning with depthwise separable convolutions*）[56]，发表于 2017 年的 CVPR，作者只有一位，

是谷歌的工程师弗朗索瓦·肖莱（Francois Chollet）。他是 Keras 的开创者，曾经出版过一本深度学习的畅销书，书名叫《Python 深度学习》（*Deep Learning with Python*）[57]。

这篇论文的研究思路非常清晰，其目的是探究 Inception 网络的设计思路是否可以进行更加广泛的推广。在优化后的 Inception 架构（Inception A）中，包含 1×1 卷积层、3×3 卷积层及平均池化组成的 4 组分支，将其简单化处理后，便可得到由 3 组 1×1 卷积层和 3×3 卷积层组成的分支，如图 7-18 所示，其中，1×1 卷积层用于进行通道数的降维，以减少参数数量。将 1×1 卷积层单独抽取出来，如图 7-19 所示，剩下的 3×3 卷积层可以看作一个通道数为 3 的可分离卷积。所谓可分离卷积，是指每个通道有不同的卷积核对其进行运算，而后将结果拼接起来。对这一设计思路进行推广，便能够将 Inception 架构转换为 1×1 卷积层与 3×3 可分离卷积层的组合，构成 Xception 的基本架构单元，如图 7-20 所示。

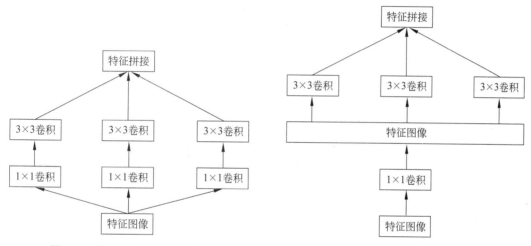

图 7-18 简化版 Inception 架构　　　　图 7-19 抽取 1×1 卷积层

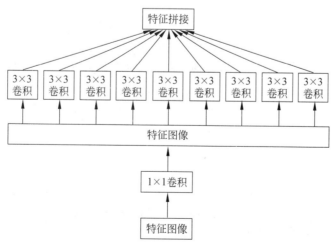

图 7-20 加入可分离卷积的 Inception 架构

Xception 的整体网络结构由输入流（Entry Flow）、中间流（Middle Flow）及输出流（Exit Flow）构成，分别如图 7-21、图 7-22 和图 7-23 所示。

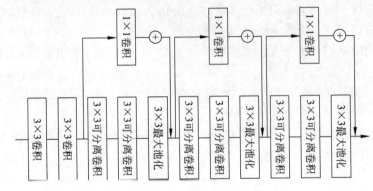

图 7-21　Entry Flow

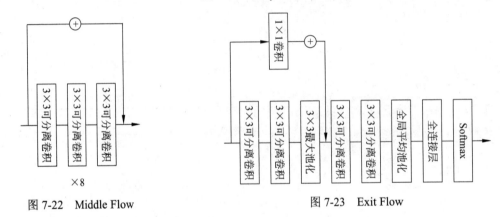

图 7-22　Middle Flow　　　　　　图 7-23　Exit Flow

Xception 的具体结构如下（不作特殊说明，卷积层均包含批归一化与 ReLU 激活函数，Padding 默认为 Same）：

(1) 输入图像大小为 299×299×3 的彩色图像。

(2) 块 0：①卷积层（3×3×32），Stride 为 2，Padding 为 Valid；②卷积层（3×3×64），Padding 为 Valid。

(3) 块 1：①输入流单元（0，128，128）；②输入流单元（1，256，256）；③输入流单元（1，728，728）。

(4) 块 2：中间流单元×8。

(5) 块 3：输出流单元。

(6) 块 4：①深度可分离卷积（3×3×1536）；②深度可分离卷积（3×3×2048）。

(7) 卷积平均池化，将 10×10×2048 的特征图像变为 2048 维的向量。

(8) 全连接层，输出为 1000 维。

(9) 逻辑回归层，对输出进行归一化，获得 1000 种预测类型的概率输出。

输入流单元（r，a，b）的定义如下。

（1）分支1：①卷积层（1×1×256），Stride 为 2，不作用批归一化与激活函数；②批归一化。

（2）分支2：①若 r 为 1，则作用 ReLU 激活函数；②深度可分离卷积（3×3×a）；③深度可分离卷积（3×3×b），不作用批归一化与激活函数；④批归一化。

（3）将分支1与分支2拼接。

中间流单元的定义如下。

（1）特征提取：①ReLU 激活函数；②深度可分离卷积（3×3×728）；③ReLU 激活函数；④深度可分离卷积（3×3×728）；⑤ReLU 激活函数；⑥深度可分离卷积（3×3×728），不作用批归一化与激活函数；⑦批归一化。

（2）将输出与中间流单元的输入拼接。

输出流单元的定义如下。

（1）分支1：①卷积层（1×1×1024），Stride 为 2，不作用批归一化与激活函数；②批归一化。

（2）分支2：①ReLU 激活函数；②深度可分离卷积（3×3×728）；③深度可分离卷积（3×3×1024），不作用批归一化与激活函数；④批归一化；⑤Max Pooling（3×3），Stride 为 2。

（3）将分支1与分支2拼接。

可以看到，Xception 的架构非常清晰，用成熟的深度学习框架，通过几十行代码便能完成整个网络的编写。

通过 Keras 实现 Xception 网络结构，代码如下：

```
//chapter7/xception_keras.py

from keras import layers, models

def xception_block_A(x, filters):
    residual = layers.Conv2D(filters[0], (1, 1), strides=(2, 2),padding='same', use_bias=False)(x)
    residual = layers.BatchNormalization()(residual)
    x = layers.SeparableConv2D(filters[1], (3, 3), padding='same', use_bias=False)(x)
    x = layers.BatchNormalization()(x)
    x = layers.Activation('relu')(x)
    x = layers.SeparableConv2D(filters[2], (3, 3), padding='same', use_bias=False)(x)
    x = layers.BatchNormalization()(x)

    x = layers.MaxPooling2D((3, 3), strides=(2, 2), padding='same')(x)
    x = layers.add([x, residual])
    return x
```

```python
def xception_block_B(x, repeat, filters):
    residual = x
    for index in range(repeat):
        x = layers.Activation('relu')(x)
        x = layers.SeparableConv2D(filters[index], (3, 3), padding='same', use_bias=False)(x)
        x = layers.BatchNormalization()(x)
    x = layers.add([x, residual])
    return x

def xception(img_input, classes=1000):
    x = layers.Conv2D(32, (3, 3), strides=(2, 2), use_bias=False)(img_input)
    x = layers.BatchNormalization()(x)
    x = layers.Activation('relu')(x)
    x = layers.Conv2D(64, (3, 3), use_bias=False)(x)
    x = layers.BatchNormalization()(x)
    x = layers.Activation('relu')(x)
    x = xception_block_A(x, [128, 128, 128])
    x = xception_block_A(x, [256, 256, 256])
    x = xception_block_A(x, [728, 728, 728])
    for i in range(8):
        x = xception_block_B(x, 3, [728, 728, 728])
    x = xception_block_A(x, [1024, 728, 1024])
    x = layers.SeparableConv2D(1536, (3, 3), padding='same', use_bias=False)(x)
    x = layers.BatchNormalization()(x)
    x = layers.Activation('relu')(x)
    x = layers.SeparableConv2D(2048, (3, 3), padding='same', use_bias=False)(x)
    x = layers.BatchNormalization()(x)
    x = layers.GlobalAveragePooling2D(name='avg_pool')(x)
    x = layers.Activation('relu')(x)
    _y = layers.Dense(classes, activation='softmax')(x)
    return _y

x = layers.Input(shape=(224, 224, 3))
y = xception(x)
model = models.Model(x, y)
print(model.summary())
```

其 PyTorch 版本的代码如下：

```
//chapter7/xception_pytorch.py

import torch.nn as nn
import torch.nn.functional as F
```

```python
class SeparableConv2d(nn.Module):
    def __init__(self, in_channels, out_channels, kernel_size=3, stride=1, padding=1):
        super(SeparableConv2d, self).__init__()
        self.depthwise = nn.Conv2d(in_channels, in_channels, kernel_size=kernel_size, stride=stride, padding=padding, groups=in_channels)
        self.pointwise = nn.Conv2d(in_channels, out_channels, kernel_size=1, stride=1, padding=0)

    def forward(self, x):
        x = self.depthwise(x)
        x = self.pointwise(x)
        return x

class Xception(nn.Module):
    def __init__(self):
        super(Xception, self).__init__()
        self.conv1 = nn.Conv2d(3, 32, kernel_size=3, stride=2, padding=0, bias=False)
        self.bn1 = nn.BatchNorm2d(32)
        self.conv2 = nn.Conv2d(32, 64, kernel_size=3, stride=1, padding=0, bias=False)
        self.bn2 = nn.BatchNorm2d(64)
        self.block1 = self._make_layer(64, [128, 128, 128], stride=2)
        self.block2 = self._make_layer(128, [256, 256, 256], stride=2)
        self.block3 = self._make_layer(256, [728, 728, 728], stride=2)
        self.block4 = nn.Sequential(*[self._make_layer(728, [728, 728, 728], stride=1) for _ in range(8)])
        self.block5 = self._make_layer(728, [1024, 728, 1024], stride=2)
        self.conv3 = SeparableConv2d(1024, 1536, kernel_size=3, stride=1, padding=1)
        self.bn3 = nn.BatchNorm2d(1536)
        self.conv4 = SeparableConv2d(1536, 2048, kernel_size=3, stride=1, padding=1)
        self.bn4 = nn.BatchNorm2d(2048)
        self.avg_pool = nn.AdaptiveAvgPool2d(output_size=(1, 1))
        self.fc = nn.Linear(2048, 1000)
        self.softmax = nn.Softmax(dim=1)

    def _make_layer(self, in_channels, filters, stride=1):
        residual = nn.Sequential(
            nn.Conv2d(in_channels, filters[0], kernel_size=1, stride=stride, bias=False),
            nn.BatchNorm2d(filters[0])
        )
        layers = []
```

```
        layers.append(SeparableConv2d(filters[0], filters[1]))
        layers.append(nn.BatchNorm2d(filters[1]))
        layers.append(nn.ReLU(inplace=True))
        layers.append(SeparableConv2d(filters[1], filters[2]))
        layers.append(nn.BatchNorm2d(filters[2]))
        layers.append(nn.MaxPool2d(kernel_size=3, stride=stride, padding=1))
        return nn.Sequential(residual, *layers)

    def forward(self, x):
        x = self.conv1(x)
        x = self.bn1(x)
        x = F.relu(x)
        x = self.conv2(x)
        x = self.bn2(x)
        x = F.relu(x)
        x = self.block1(x)
        x = self.block2(x)
        x = self.block3(x)
        x = self.block4(x)
        x = self.block5(x)
        x = self.conv3(x)
        x = self.bn3(x)
        x = F.relu(x)
        x = self.conv4(x)
        x = self.bn4(x)
        x = F.relu(x)
        x = self.avg_pool(x)
        x = x.view(x.size(0), -1)
        y = self.softmax(self.fc(x))
        return y

model = Xception()
print(model)
```

7.4 ResNeXt

本节介绍 ResNet 的推广工作，叫作 ResNeXt，论文题目为《深度神经网络的聚合残差变换》（*Aggregated residual transformations for deep neural networks*）[58]，发表于2017年的 CVPR。

研究人员在论文中提出了基数（Cardinality）的概念，每个网络层有多少组特征提取器，这是一个与网络深度和宽度同等重要的评价标准。图 7-24 展示了 ResNet 中有瓶颈的残差结构，它可以被改写成 32 组相同的卷积层组合，由 1×1 卷积层、3×3 卷积层、1×1 卷积层构成，如图 7-25 所

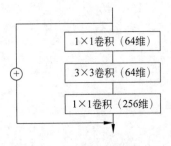

图 7-24 带瓶颈的残差结构

示。进一步地,特征求和可以继续被优化为特征拼接,如图 7-26 所示。在运算过程中,输入信息会同时经过这 32 个路径(Path),这里的 32 就是模型的基数。这与 Inception 系列网络的设计理念类似,通过不同的路径,ResNeXt 可以提取不同层面的信息并进行组合。

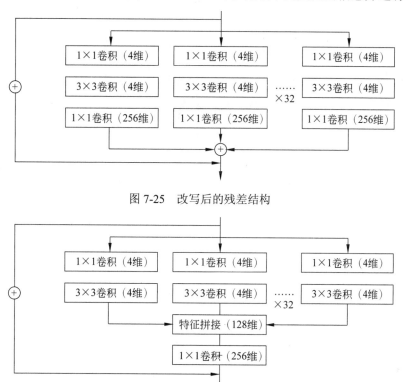

图 7-25 改写后的残差结构

图 7-26 特征求和优化为特征拼接

进一步地,研究人员发现,图 7-25 和图 7-26 中的 32 组相同的卷积层组合等效于通道数更多的两个 1×1 卷积层与 3×3 分组卷积(Group Convolution)层,组数为 32,如图 7-27 所示,因此,与 ResNet 相比,ResNeXt 的参数数量并不会有太大差异,如图 7-28 所示。由于增大了模型的基数,所以它能够在参数数量较少的情况下取得较好的学习效果。

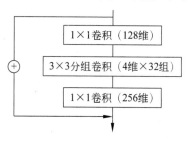

图 7-27 使用分组卷积的残差结构

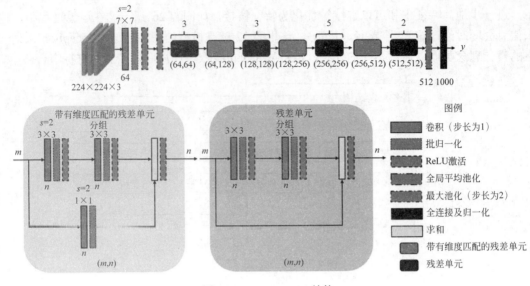

图 7-28 ResNeXt-34 结构

ResNeXt-50 的网络结构如下。

（1）输入图像大小为 224×224×3 的彩色图像。

（2）块 0：①卷积层（7×7×64），Stride 为 2，不作用激活函数；②批归一化层；③ReLU 激活层；④Max Pooling（3×3），Stride 为 2。

（3）块 1：①残差结构（64，256）×1；②残差结构（256，256）×2。

（4）块 2：①残差结构（256，512）×1；②残差结构（512，512）×3。

（5）块 3：①残差结构（512，1024）×1；②残差结构（1024，1024）×5。

（6）块 4：①残差结构（1024，2048）×1；②残差结构（2048，2048）×2。

（7）卷积平均池化，将 7×7×2048 的特征图像变为 2048 维的向量。

（8）全连接层，输出为 1000 维。

（9）逻辑回归层，对输出进行归一化，获得 1000 种预测类型的概率输出。

其中，残差结构（m，n）定义可分为两种情况。

第 1 种情况，若 m 与 n 相同：

（1）输入图像，通道数为 m。

（2）卷积层（1×1×n/4），Stride 为 1，加入批归一化，而后作用激活函数 ReLU。

（3）分组卷积层（3×3×n/4），Stride 为 1，Group 为 32，加入批归一化，而后作用激活函数 ReLU。

（4）卷积层（1×1×n），Stride 为 1，加入批归一化，不作用激活函数。

（5）输入图像与卷积层输出求和，作用激活函数 ReLU。

第 2 种情况，若 m 与 n 不同：

（1）输入图像，通道数为 m，通过卷积层（1×1×n），Stride 为 2，进行维度匹配，加入批归一化，不作用激活函数。

（2）卷积层（1×1×$n/4$），Stride 为 2，加入批归一化，而后作用激活函数 ReLU。

（3）分组卷积层（3×3×$n/4$），Stride 为 1，Group 为 32，加入批归一化，而后作用激活函数 ReLU。

（4）卷积层（1×1×n），Stride 为 1，加入批归一化，不作用激活函数。

（5）卷积层输出与维度匹配后的输入图像求和，作用激活函数 ReLU。

通过 Keras 实现 ResNeXt 网络结构，代码如下：

```
//chapter7/resnext_keras.py

from keras import layers, models

def grouped_convolution_block(init, grouped_channels,cardinality, strides):
    channel_axis = -1
    group_list = []
    for c in range(cardinality):
        x = layers.Lambda(lambda z: z[:, :, :, c * grouped_channels:(c + 1) * grouped_channels])(init)
        x = layers.Conv2D(grouped_channels, (3,3), padding='same', use_bias=False, strides=(strides, strides))(x)
        group_list.append(x)
    group_merge = layers.concatenate(group_list, axis=channel_axis)
    x = layers.BatchNormalization()(group_merge)
    x = layers.Activation('relu')(x)
    return x

def block_module(x, filters, cardinality, strides):
    init = x
    grouped_channels = int(filters / cardinality)
    if init._keras_shape[-1] != 2 * filters:
        init = layers.Conv2D(filters * 2, (1, 1), padding='same', strides=(strides, strides), use_bias=False)(init)
        init = layers.BatchNormalization()(init)
    x = layers.Conv2D(filters, (1, 1), padding='same', use_bias=False)(x)
    x = layers.BatchNormalization()(x)
    x = layers.Activation('relu')(x)
    x = grouped_convolution_block(x, grouped_channels, cardinality, strides)
    x = layers.Conv2D(filters * 2, (1,1), padding='same', use_bias=False)(x)
    x = layers.BatchNormalization()(x)
    x = layers.add([init, x])
    x = layers.Activation('relu')(x)
    return x

def ResNeXt(img_input):
    x = layers.Conv2D(64, (3, 3), padding='same', use_bias=False)(img_input)
```

```
    x = layers.BatchNormalization()(x)
    x = layers.Activation('relu')(x)

    for _ in range(3):
        x = block_module(x, 128, 8, 1)
    x = block_module(x, 256, 8, 2)
    for _ in range(2):
        x = block_module(x, 256, 8, 1)
    x = block_module(x, 512, 8, 2)
    for _ in range(2):
        x = block_module(x, 512, 8, 1)
    x = layers.GlobalAveragePooling2D()(x)
    _y = layers.Dense(1000, activation='softmax')(x)
    return _y

x = layers.Input(shape=(256, 256, 3))
y = ResNeXt(x)
model = models.Model(x, y)
print(model.summary())
```

7.5 Transformer

在卷积神经网络中，神经网络拥有强大的特征提取能力。如果在某个领域训练出了一个基础模型，就可以很容易地通过微调的方式，用少量数据训练出新领域的模型，并获得不错的效果。这是因为神经网络已经通过大量数据学习到了基础模型，所以就可以对这一基础模型进行复用。

在自然语言处理领域中，也可以通过海量数据获得预训练语言模型。在互联网上有大量的文本数据，通常没有标签，可以通过抓取这些数据来作为训练数据。所谓预训练语言模型，就是在没有标签的数据上进行模型的预训练。为了应对新的任务，可以对模型进行微调，以便让它适配到各种新任务上。

自然语言的表征学习旨在把人类语言转换为更易于计算机理解的形式，特别是在神经网络技术的发展下，对语言更好地进行表征成为一个活跃话题。近些年来，这一领域获得了诸多技术突破。2013 年 Word2Vec 出现，2014 年 LSTM 和 GRU 开始流行，2015 年提出了注意力机制，2016 年有了自注意力机制的概念，2017 年是一个转折点，基于多头注意力机制的 Transformer 模型问世[59]，2018 年研究人员提出基于双向 LSTM 的语言模型 ELMo[60]，同年 BERT 模型被提出[61]，2019 年 OpenAI 提出了 GPT-2[62]，2020 年的 GPT-3 模型再一次刷新了自然语言处理能力的上限[63]。这些模型都统一被称为预训练语言模型，是自然语言处理领域最热门的研究方向之一。

通过对前面课程的学习，大家知道由于自然语言的稀疏性，独热编码等方式并不适合自然语言的表征，词嵌入方法通过一个短向量（多数情况下是一个浮点数组）来表示单词，这一方法也因此被称为自然语言的分布式表征（Distributed Representation）。Word2Vec 和全局向量（Global Vectors，GloVe）等都是优秀的词嵌入算法，有助于提高计算机对语言的理解能力，为自然语言处理提供了新的思路。分布式表征可以在更低的维度下表示单词的同时，编码单词之间的顺序特征。编码后的单词可以进行一些数学运算，这样就能在一定程度上获得单词之间的语音信息。

然而这些算法有一个缺陷，无法很好地解决一词多义的问题。为了解决这个问题，需要使用句子级别的表征方法，例如 ELMo 和 BERT。这些方法通过神经网络来捕获句子中词语的上下文信息，更好地解决一词多义的问题。ELMo 使用双向 LSTM 作为特征提取器，而 BERT 使用 Transformer 作为特征提取器，其原理并不相同。ELMo 依赖于循环神经网络的时序特征提取能力，而 BERT 将整个句子作为整体进行训练，通过多头注意力机制进行特征提取。

Transformer 是一种用于自然语言处理的深度学习模型，是 BERT 和 GPT-3 等预训练语言模型的基础。Transformer 的运算单元是前文介绍的多头自注意力模块，通过对一系列特征的提取，模型能够学习到文本中的复杂语义关系，并更精确地进行预测。

Transformer 的完整版本是编码器-解码器结构，编码器接收输入语句，提取特征并输出语义相关的信息，而解码器则处理这些向量并生成目标语言的相关结果。例如，可以把编码器看作一种语言，通过解码器可以将它翻译成另一种语言，从而实现机器翻译。

在 Transformer 的衍生模型中，BERT 使用的是 Transformer 的编码器，GPT 使用的是 Transformer 的解码器，因此，GPT 擅长自然语言生成任务，BERT 适合自然语言分析。

截至 2022 年，GPT 共有 3 个版本。该模型的核心思想是通过二阶段训练，即通用语言模型加微调，来完成定制任务。首先通过大量无标签文本生成基础模型，随后根据自然语言处理任务，用有标签的数据进行微调，这样 GPT 就可以完成文本分类、蕴含（Entailment）判断、相似性、多选等任务。对于使用者而言，可以直接使用训练好的模型参数作为初始状态，用少量数据进行微调，即可将其应用到特定领域。这样做可以节省训练成本，提高模型性能，这就是预训练语言模型的精髓所在。

在 GPT 的 3 个版本中，GPT-1 和 GPT-2 的参数数目较少，而 GPT-3 的参数数量非常庞大，它的训练需要极高的成本。在训练数据方面，3 个版本的数据量分别达到了十亿、百亿和千亿级。在训练模式方面，GPT-2 采用了零样本学习（Zero-Shot Learning）的方法，而 GPT-3 采用了部分有标签的数据，从而进一步提高了模型的效果。

由于 GPT-3 模型太大，在很多场景下无法直接使用，谷歌团队提出了 BERT 模型，更适合普通用户使用。BERT 是一种无监督的预训练语言模型，它与 GPT 的主要区别在于它是一个双向语言模型。这种双向模型可以获得更好的效果，并可以深入理解语言本身。BERT 参考了 ELMo 中的双向编码思想，并借鉴了 GPT 中使用 Transformer 作为特征提取器的方法，通过结合掩码预测（Masked Token Prediction）和下一句预测（Next Sentence Prediction）两种技巧进行模型训练。掩码预测会让模型依赖前后文信息进行预测，这样模型对单词的理解会更深刻。在下一句预测中，通过预测两句话之间的关系，让模型可以更好地理解语句之间的关联。

在实践中，将 BERT 第 1 个位置的输出作为模型的预测结果，其对应的输入为类别标志（Class Token，[CLS]）。在判断语句的类型时，直接将文本作为后续的输入。在判断两句话之间的关系（例如问答）时，将问题和答案文本依次输入，以分隔符（Separator，[SEP]）划分。前文介绍的视觉 Transformer 采用的就是第 1 种结构，将图像看作 16×16 个单词的文本，输入 BERT 中，取出其第 1 个位置的输出作为表征向量，通过全连接层作用并归一化后，便可获得各种类型的预测概率。

总结一下，BERT 与 GPT-3 有显著的差异：第一，从架构的角度，GPT-3 使用的是解码器架构，而 BERT 使用的是编码器架构。第二，从训练的角度，GPT-3 通过预测下一个单词进行训练，而 BERT 则使用掩码预测和下一句预测来完成训练。第三，从数据的角度，BERT 的训练样本量约为 25 亿，来自维基百科（Wikipedia），而 GPT-3 的训练样本量约为 4990 亿，来自整个互联网，是 BERT 的约 200 倍。第四，从参数的角度，BERT 的参数量约为 3.4 亿，而 GPT-3 的参数量约为 1750 亿，是 BERT 的约 500 倍。

本章习题

1. 计算 ResNet-101 与 DenseNet-121 的参数量，比较两种模型的差异。
2. 比较 Inception 与 Xception 的相同点与不同点。
3. 比较 ResNet 与 ResNeXt 的相同点与不同点。
4. 尝试使用 PyTorch 实现 ResNeXt，可使用其自带的分组卷积层。
5. 通过本章的学习，你对深度学习模型结构的设计有了哪些新的认识？

第 8 章 Transformer 和它的朋友们

前面的章节详细介绍了循环神经网络的基本理论和真实应用，然而，循环神经网络 RNN 及其变体仍然存在一些较难解决的问题：首先，虽然 LSTM 可以在一定程度上缓解 RNN 的梯度消失问题，但是当序列长度超过一定程度时，仍然会存在一定问题。其次，循环神经网络的计算过程具有前项依赖性，无法进行并行运算，推理时间较长。另一个重要问题是，进入循环神经网络的序列需要是前后顺序相关的，若序列数据规律不完全按时间排列或存在跳跃现象，则会存在一定问题。

随着技术的不断发展，越来越多的循环神经网络应用被 Transformer 相关的技术替代。Transformer 是一种非常典型的注意力模型，正在颠覆整个自然语言处理领域，甚至成功跨界计算机视觉领域，给整个深度学习领域的发展带来了意外的惊喜。在本章中，将主要讲解注意力机制、Transformer 系列模型和它的应用。

8.1 注意力模型

8.1.1 看图说话

注意力模型的思想来源于人类对于物体的观察，人们会集中注意力在物体的某个特定区域，以便准确地描述它。举个简单的例子，想象一位小朋友正在区分猫和狗，会发现猫的胡须是区分它们的一个重要因素。如果模型也具备这种注意力集中的能力，就可以从原始信号中更有效地提取出有用的特征，这就是注意力模型的动机。除了图像外，注意力模型也可以用于自然语言处理中，帮助模型更准确地理解文本。

看图说话就是这样的一种应用，它可以根据用户上传的图像，输出一段文字来描述图像的内容。为了完成上述过程，直观的做法是：首先需要使用卷积神经网络来提取图像的特征，这些特征可以构成一组高度为 h，宽度为 w，通道数为 d 的特征图。可以将这个特征图展开成一个向量，这样便可获得图像的表征。接下来，可以使用全连接层来降维，将其转换为一个更短的表征向量。最后，可以使用这个向量作为卷积神经网络的输入，这样就能够在生成语言的同时参考图像的特征，如图 8-1 所示。

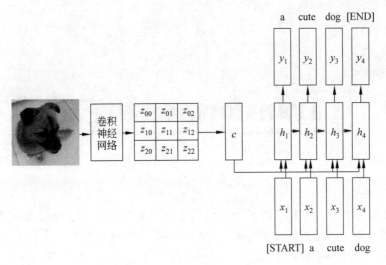

图 8-1　不含注意力机制的看图说话模型

这里存在一个很大的问题，即每个时刻模型输入的都是同一张表征向量，模型无法将注意力集中到每个词应该聚焦的位置。例如，如果一个词叫作 hat，则它只跟帽子的像素有关，但模型依然会考虑整张图像的特征。为了更好地解决注意力分散问题，需要引入注意力机制，能够根据特征图中每个位置的特征来计算权重，从而告诉模型应该在哪些地方集中注意力。

注意力机制的运行过程比较简单，注意力模型通过参考上一时刻的输出及输入的特征，再通过一个全连接神经网络，便可计算出注意力权重，并对其归一化。随后将注意力权重与图像特征叠加，降维后获得当前时刻的图像表征，如图 8-2 所示。

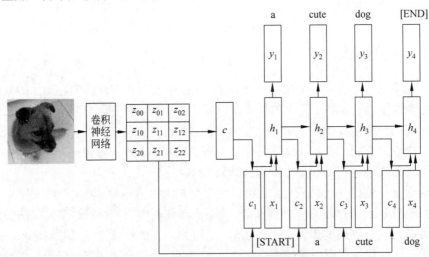

图 8-2　有注意力机制的看图说话模型

可以使用可视化的方式来检查注意力模型的输出是否正确，如图 8-3 所示。例如，在第 1 个例子中，可以看到一位女士扔飞盘的图像，模型生成"飞盘（Frisbee）"这个词时，会将注意力集中在飞盘的位置,而生成"公园(Park)"时,注意力模型会将注意力集中在背景中。通过这种方式,人们便可以更好地理解模型。

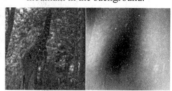

图 8-3　看图说话的注意力机制[64]

8.1.2　语言翻译

包含注意力机制的循环神经网络也可以用在语言翻译任务上,当目标单词输出时,可以为每个输入单词给出注意力权重,构成加权后的特征向量,从而获得更加准确的翻译结果,如图 8-4 所示。在 Transformer 出现之前,绝大多数先进的自然语言翻译系统使用了这样一种模型架构。

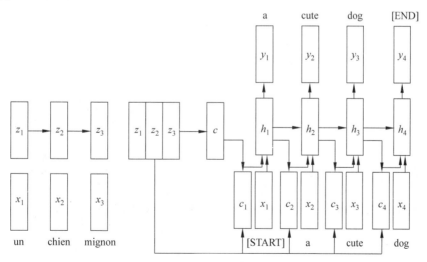

图 8-4　有注意力机制的语言翻译模型

通过一个英法翻译的例子可以看到模型的注意力分布情况,如图 8-5 所示。可以看到,大部分单词的语序是一致的，故其注意力集中在对角线上，但是，注意中间的 3 个词，它们的顺序是颠倒的，这是因为法语的 zone 对应英语的 Area，而法语的 européenne 对应英语的 European。通过可视化，说明模型确实找到了这些词之间的对应关系。

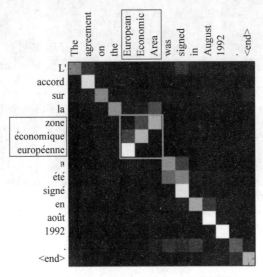

图 8-5　语言翻译的注意力机制

8.1.3　几种不同的注意力机制

通过以上几个例子，大家对注意力机制有了一个简单的认识。简单来讲，注意力机制的基本原理就是对整体的特征进行分解（如图像切块、句子分词），然后分别计算分解后各部分与标签的权重，最后对各部分的特征进行加权并以此作为输出，而权重代表了各部分的注意力，反映了该部分对标签的影响程度。

注意力机制可以分为软注意力机制（Soft Attention）和硬注意力机制（Hard Attention）。对于硬注意力机制，各部分权重只能为 0 或 1，也就是说只有某几部分会参与最后的输出，并且权重均为 1。目前，人们常用的是软注意力机制，各部分权重的取值范围为[0,1]，并且权重之和为 1。

基于卷积神经网络的注意力机制又可以分为基于通道域的注意力机制和基于空间域的注意力机制。下面我们简单介绍一个在图像中被广泛使用的注意力机制——卷积块注意力模块（Convolutional Block Attention Module，CBAM）[65]。CBAM 是一个简单但有效的轻量级注意力模块，可以通过端到端的方式集成到基于卷积神经网络的结构中。CBAM 的结构模块如图 8-6 所示，其主要网络架构较为简单，先后集成了上述两个注意力模块，一个是通道域注意力模块（Channel Attention Module），另一个是空间域注意力模块（Spatial Attention Module）。

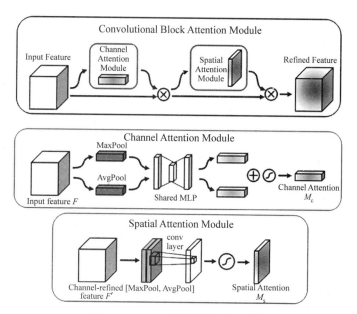

图 8-6　CBAM 中的注意力机制[65]

下面使用 Keras 实现简易版本的 CBAM：

```
//chapter8/cbam_keras.py

import tensorflow as tf
from keras import layers, models

class CBAMLayer(layers.Layer):
    def __init__(self,channel):
        super(CBAMLayer,self).__init__()

        self.channel = channel
        self.max_pool = layers.GlobalMaxPooling2D()
        self.ave_pool = layers.GlobalAveragePooling2D()
        self.dense1 = layers.Dense(channel //8, activation=tf.nn.relu)
        self.dense2 = layers.Dense(channel)
        self.max = layers.Lambda(lambda x: tf.keras.backend.max(x, axis=3, keepdims=True))
        self.mean = layers.Lambda(lambda x: tf.keras.backend.mean(x, axis=3, keepdims=True))
        self.conv = layers.Conv2D(1, kernel_size=(7,7), strides=1, padding="same", use_bias=False)
        self.bn = layers.BatchNormalization(axis=3, epsilon=1e-4)

    def _mlp(self,x):
        x = tf.reshape(x,shape=(-1,1,1,self.channel))
        x = self.dense1(x)
```

```python
        x = self.dense2(x)
        return x

    def _channel_attention(self, x):
        #全局最大池化
        x_max = self.max_pool(x)
        x_max = self.mlp(x_max)

        #全局平均池化
        x_ave = self.ave_pool(x)
        x_ave = self.mlp(x_ave)

        x_sum = x_max + x_ave
        x = tf.multiply(x, tf.nn.sigmoid(x_sum))

        return x

    def _spatial_attention(self, x, training):
        #通道上的最大特征
        x1 = self.max(x)
        #通道上的平均特征
        x2 = self.mean(x)
        x_sum = tf.concat([x1, x2], 3)

        x_sum = self.conv(x_sum)
        x_sum = self.bn(x_sum, training)

        x = tf.multiply(x, tf.nn.sigmoid(x_sum))

        return x

    def call(self, x, training=False):
        x = self._channel_attention(x)
        x = self._spatial_attention(x, training)
        return x

if __name__=="__main__":
    channel = 512
    input = layers.Input(shape=(10, 10, 512))
    output = CBAMLayer(channel)(input)
    model = models.Model(input,output)
    model.summary()
```

程序的输出如下：

```
Model: "model"
```

```
Layer (type)                 Output Shape              Param #
=================================================================
input_1 (InputLayer)         [(None, 10, 10, 512)]     0

cbam_layer (CBAMLayer)       (None, 10, 10, 512)       66214

=================================================================
Total params: 66,214
Trainable params: 66,212
Non-trainable params: 2
```

其 PyTorch 版本的代码如下：

```python
//chapter8/cbam_pytorch.py

import torch
import torch.nn as nn

class CBAMLayer(nn.Module):
    def __init__(self, channels):
        super(CBAMLayer, self).__init__()

        self.max_pool = nn.AdaptiveMaxPool2d((1, 1))
        self.ave_pool = nn.AdaptiveAvgPool2d((1, 1))
        self.dense1 = nn.Sequential(
            nn.Linear(channels, channels //8),
            nn.ReLU()
        )
        self.dense2 = nn.Linear(channels //8, channels)
        self.max = nn.MaxPool2d(kernel_size=(1, 1))
        self.mean = nn.AvgPool2d(kernel_size=(1, 1))
        self.conv = nn.Conv2d(channels * 2, 1, kernel_size=(7, 7), stride=1,
padding=3, bias=False)
        self.bn = nn.BatchNorm2d(1, eps=1e-4)

    def _mlp(self, x):
        batch_size, channels, _, _ = x.size()
        x = x.view(batch_size, channels)
        x = self.dense1(x)
        x = self.dense2(x)
        return x

    def _channel_attention(self, x):
        #全局最大池化
        x_max = self.max_pool(x)
        x_max = self._mlp(x_max)
```

```python
        #全局平均池化
        x_ave = self.ave_pool(x)
        x_ave = self._mlp(x_ave)

        x_sum = x_max + x_ave
        x = x * torch.sigmoid(x_sum.unsqueeze(2).unsqueeze(3))

        return x

    def _spatial_attention(self, x, training):
        #通道上的最大特征
        x1 = self.max(x)
        #通道上的平均特征
        x2 = self.mean(x)
        x_sum = torch.cat([x1, x2], 1)

        x_sum = self.conv(x_sum)
        x_sum = self.bn(x_sum)

        x = x * torch.sigmoid(x_sum)

        return x

    def forward(self, x, training=False):
        x = self._channel_attention(x)
        x = self._spatial_attention(x, training)
        return x

if __name__ == "__main__":
    channels = 512
    input = torch.randn(1, channels, 10, 10)
    cbam_layer = CBAMLayer(channels)
    output = cbam_layer(input)
    print(output.shape)
```

程序的输出如下：

```
torch.Size([1, 512, 10, 10])
```

8.2 Transformer

8.2.1 自注意力机制和 Transformer

下面介绍自注意力（Self-Attention）机制，即通过注意力来建立一个从特征到特征的提取机制，如图 8-7 所示。

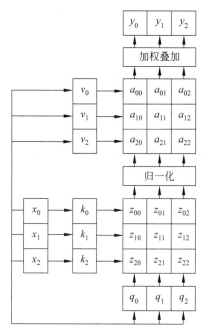

图 8-7 自注意力模型

假设输入一堆不同的英文单词,输出是这些单词提取出来的特征,其维度可能与输入的维度不同。为了使用注意力机制,需要定义一些概念,如键向量(Key Vector)、值向量(Value Vector)、查询向量(Query Vector)。将输入的文本表示为一组词向量构成的矩阵 $\boldsymbol{X}$,其维度为 $N{\times}D$,通过它可以计算出以上的 3 个向量,定义为

$$\boldsymbol{k} = \boldsymbol{X}\boldsymbol{W}_k \tag{8-1}$$
$$\boldsymbol{v} = \boldsymbol{X}\boldsymbol{W}_v \tag{8-2}$$
$$\boldsymbol{q} = \boldsymbol{X}\boldsymbol{W}_q \tag{8-3}$$

可以看到,三者均可以通过权重矩阵对 $\boldsymbol{X}$ 作用获得。

模型的注意力定义为

$$e_{ij} = \frac{q_j \cdot k_i}{\sqrt{D}} \tag{8-4}$$

$$\boldsymbol{a} = \mathrm{softmax}(\boldsymbol{e}) \tag{8-5}$$

其中,D 为词向量的维度。

模型最终的输出就是作用注意力后的结果,其形式为

$$y_j = \sum_i a_{ij} v_i \tag{8-6}$$

在这个模型中,有很多需要学习的参数,包括 $\boldsymbol{W}_k$、$\boldsymbol{W}_v$ 和 $\boldsymbol{W}_q$,这些参数都需要在模型的训练过程中进行学习。通过这种方式,就可以自动学习出注意力,并将其作用于原始的特征上,得到新的特征。整个过程与全连接神经网络的逐层特征提取过程十分相似,但是与全

连接神经网络不同的是，注意力是一种比较聪明的特征提取方式，通过自注意力机制，可以找到特征之间的内在关系，从而使学习更加高效。

在提出自注意力机制时，研究人员发现了一个新问题，即输入和输出之间没有顺序的概念，即便是调换输入元素的位置，最终结果也不会有太大的影响。在这种情况下，自注意力模型不太适合处理时间序列数据，因此研究人员提出在自注意力中添加位置编码（Positional Encoding），把顺序信息编码到输入中。考虑到三角函数的空间重复性，位置编码由三角函数定义。

有了自注意力模型的基础，接下来介绍多头自注意力（Multi-Head Self-Attention）模型，如图8-8所示。它的定义与自注意力非常相似，只是变"胖"了。换句话说，自注意力模型中只有一个头，多头自注意力有许多头，能够从多个维度对输入数据进行特征提取，这里的头类似于卷积神经网络的卷积核。

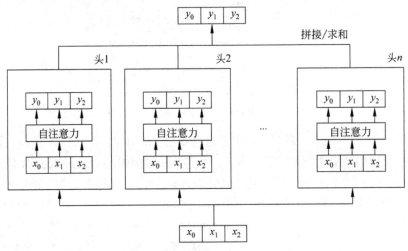

图 8-8　多头自注意力模型

2017年，随着一篇文章《注意力是你所需要的一切》（*Attention is all you need*）[59]的发表，大名鼎鼎的Transformer横空出世。Transformer的论文发表在全球顶级人工智能会议之一的NeurIPS上，然而其在当时并未引起轰动，甚至没有获得口头报告的机会，更不用说获奖了，但这并不影响它颠覆整个自然语言处理领域，甚至成功跨界计算机视觉领域，给整个深度学习领域的发展带来了巨大影响。截至2023年中旬，Transformer的论文被引数近8万次。

如图8-9所示，可以看到Transformer中最重要的组成部分就是多头自注意力，通过对左侧进行编码，对右侧进行解码，就可以像卷积神经网络一样构造出特征到特征的逐层学习机制。

相比于循环神经网络，Transformer有以下两个优点：首先，由于能够同时输入各个时刻的数据，Transformer能够较好地处理长序列；其次，它可以进行并行计算。这意味着，

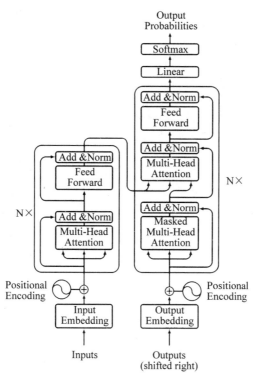

图 8-9 Transformer 架构[59]

对于一个句子，它可以直接输入整个句子并进行处理，这使它的计算速度更快。Transformer 的缺点也非常明显，因为一次需要输入整个序列，其内存占用较大，一度被认为难以在普通环境中训练和使用。随着 GPU 显存和计算能力的不断提高，人们开始尝试建立越来越庞大的 Transformer 模型，并取得了不错的效果。值得注意的是，在图像数据中，人们喜欢用批归一化，而在时间序列数据中，人们更倾向于使用层归一化（Layer Normalization），这样做可以取得更好的优化结果。

首先介绍 Transformer 的输入，其输入由词嵌入和位置编码相加得到。词嵌入直接通过 Embedding 层得到，若输入句子的长度为 50，Embedding 层的维度为 512，则输入数据维度为（50,），输出为（50, 512）。位置编码的定义如下：

$$PE_{pos,2i} = \sin(pos / 10000^{2i/d_{model}})$$

$$PE_{pos,2i+1} = \cos(pos / 10000^{2i/d_{model}})$$

其中，d_{model} 为词向量的维度。

其 Keras 代码如下：

```
//chapter8/positional_encoding_keras.py

import numpy as np
import tensorflow as tf
```

```python
def get_angles(pos, i, d_model):
    angle_rates = 1 / np.power(10000, (2 * (i //2)) / np.float32(d_model))
    return pos * angle_rates

def positional_encoding(position, d_model):
    angle_rads = get_angles(np.arange(position)[:, np.newaxis],
                            np.arange(d_model)[np.newaxis, :],
                            d_model)
    sines = np.sin(angle_rads[:, 0::2])
    cones = np.cos(angle_rads[:, 1::2])
    pos_encoding = np.concatenate([sines, cones], axis=-1)
    pos_encoding = pos_encoding[np.newaxis, ...]
    return tf.cast(pos_encoding, dtype=tf.float32)

pos_encoding = positional_encoding(50, 512)
print(pos_encoding.shape)
```

程序的输出如下：

```
(1, 50, 512)
```

其 PyTorch 版本的代码如下：

```python
//chapter8/positional_encoding_pytorch.py

import torch

def get_angles(pos, i, d_model):
    angle_rates = 1 / torch.pow(10000, (2 * (i //2)) / torch.float32(d_model))
    return pos * angle_rates

def positional_encoding(seq_len, d_model):
    positional_encoding = torch.zeros(seq_len, d_model)
    position = torch.arange(0, seq_len, dtype=torch.float).unsqueeze(1)
    div_term = torch.exp(torch.arange(0, d_model, 2).float() * (-torch.log(torch.tensor(10000.0)) / d_model))
    positional_encoding[:, 0::2] = torch.sin(position * div_term)
    positional_encoding[:, 1::2] = torch.cos(position * div_term)
    positional_encoding = positional_encoding.unsqueeze(0)
    return positional_encoding

pos_encoding = positional_encoding(50, 512)
print(pos_encoding.shape)
```

程序的输出如下：

```
torch.Size([1, 50, 512])
```

为了方便理解，上述代码所获得的位置编码如图 8-10 所示。

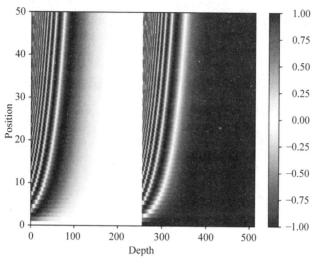

图 8-10　（50，512）维度数据的位置编码

下面介绍掩码，掩码是为了避免输入中补齐的位置对句子造成影响，而补齐指的是用 0 将同一训练批次的数据归一化到同一最大长度，其中补 0 的位置掩码为 1。在训练中需要的另一种掩码是前瞻掩码（Look-Ahead Mask），其用于对未预测的位置进行掩码。举例来讲，若一个句子有 5 个单词，在预测第 3 个单词时，只会使用第 1 个和第 2 个单词，而不会使用第 4 个和第 5 个单词。

两种掩码均可以通过 Keras 实现：

```
//chapter8/generate_mask_keras.py

import numpy as np
import tensorflow as tf

def generate_padding_mask(seq):
    seq = tf.cast(tf.math.equal(seq, 0), tf.float32)
    return seq[:, np.newaxis, np.newaxis, :]

def generate_look_ahead_mask(size):
    mask = 1 - tf.linalg.band_part(tf.ones((size, size)), -1, 0)
    return mask

input_tensor = [[1, 2, 3, 0, 0], [4, 5, 0, 0, 0]]
print(generate_padding_mask(input_tensor))
mask = generate_look_ahead_mask(3)
print(mask)
```

程序的输出如下：

```
tf.Tensor(
[[[[0. 0. 0. 1. 1.]]]
 [[[0. 0. 1. 1. 1.]]]], shape=(2, 1, 1, 5), dtype=float32)
tf.Tensor(
[[0. 1. 1.]
 [0. 0. 1.]
 [0. 0. 0.]], shape=(3, 3), dtype=float32)
```

其 PyTorch 版本的代码如下：

```
//chapter8/generate_mask_pytorch.py

import torch

def generate_padding_mask(seq):
    seq = seq.type(torch.float32)
    return seq[:, None, None, :]

input_tensor = torch.tensor([[1, 2, 3, 0, 0], [4, 5, 0, 0, 0]])
print(generate_padding_mask(input_tensor))

def generate_look_ahead_mask(size):
    mask = 1 - torch.tril(torch.ones((size, size)))
    return mask
mask = generate_look_ahead_mask(3)
print(mask)
```

程序的输出如下：

```
tensor([[[[0., 0., 0., 1., 1.]]],
        [[[0., 0., 1., 1., 1.]]]])
tensor([[0., 1., 1.],
        [0., 0., 1.],
        [0., 0., 0.]])
```

下面介绍自注意力机制的计算流程，如图 8-11 所示，在进行自注意力计算时，有 3 个

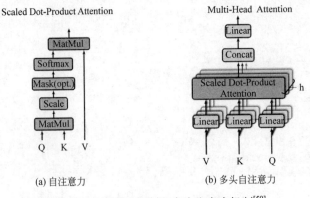

图 8-11　自注意力机制和多头注意力机制[59]

输入,分别是 Q、K 和 V。在代码实现中,可以将掩码位置乘以−1e9 使其通过 Softmax 后输出为 0,从而达到掩码效果。在 Transformer 中,Q、K 和 V 被分成多头,从而表示所关注的不同特征信息。在拆分之后,每个头的维度为原始维度除以多头注意力的个数,总计算成本与单头注意力相同。

其 Keras 代码如下:

```
//chapter8/multi_head_attention_keras.py

import tensorflow as tf
from keras import layers

def scaled_dot_product_attention(q, k, v, mask):
    matmul_qk = tf.matmul(q, k, transpose_b=True)

    dk = tf.cast(tf.shape(k)[-1], tf.float32)
    scaled_attention_logits = matmul_qk / tf.math.sqrt(dk)

    if mask is not None:
        scaled_attention_logits += (mask * -1e9)

    attention_weights = tf.nn.Softmax(scaled_attention_logits, axis=-1)

    output = tf.matmul(attention_weights, v)

    return output, attention_weights

class MultiHeadAttention(layers.Layer):
    def __init__(self, d_model, num_heads):
        super(MultiHeadAttention, self).__init__()

        self.num_heads = num_heads
        self.d_model = d_model

        assert d_model % num_heads == 0
        self.depth = d_model //num_heads

        self.wq = layers.Dense(d_model)
        self.wk = layers.Dense(d_model)
        self.wv = layers.Dense(d_model)

        self.dense = layers.Dense(d_model)

    def call(self, q, k, v, mask):
        batch_size = tf.shape(q)[0]
        q_len = tf.shape(q)[1]
        kv_len = tf.shape(k)[1]
```

```python
            q = self.wq(q)
            k = self.wk(k)
            v = self.wv(v)
            
            q = tf.reshape(q, (batch_size, q_len, self.num_heads, self.depth))
            k = tf.reshape(k, (batch_size, kv_len, self.num_heads, self.depth))
            v = tf.reshape(v, (batch_size, kv_len, self.num_heads, self.depth))
            
            q = tf.transpose(q, perm=[0, 2, 1, 3])
            k = tf.transpose(k, perm=[0, 2, 1, 3])
            v = tf.transpose(v, perm=[0, 2, 1, 3])
            
            output, attention_weights = scaled_dot_product_attention(q, k, v, mask)
            output = tf.transpose(output, [0, 2, 1, 3])
            
            output = tf.reshape(output, (batch_size, -1, self.d_model))
            output = self.dense(output)
            return output, attention_weights

mha = MultiHeadAttention(d_model=512, num_heads=8)
y = tf.random.uniform((1, 50, 512))
output, att = mha(y, y, y, mask=None)
print(output.shape, att.shape)
```

程序的输出如下：

```
(1, 50, 512) (1, 8, 50, 50)
```

其 PyTorch 版本的代码如下：

```python
//chapter8/multi_head_attention_pytorch.py

import torch
import torch.nn as nn
import torch.nn.functional as F

def scaled_dot_product_attention(q, k, v, mask):
    matmul_qk = torch.matmul(q, k.transpose(-1, -2))
    dk = torch.cast(torch.shape(k)[-1], torch.float32)
    scaled_attention_logits = matmul_qk / torch.sqrt(dk)
    
    if mask is not None:
        scaled_attention_logits += (mask * -1e9)
    
    attention_weights = F.softmax(scaled_attention_logits, dim=-1)
    
    output = torch.matmul(attention_weights, v)
```

```python
        return output, attention_weights

    class MultiHeadAttention(nn.Module):
        def __init__(self, d_model, num_heads):
            super(MultiHeadAttention, self).__init__()
            self.num_heads = num_heads
            self.d_model = d_model

            assert d_model % num_heads == 0

            self.depth = d_model //num_heads

            self.WQ = nn.Linear(d_model, d_model)
            self.WK = nn.Linear(d_model, d_model)
            self.WV = nn.Linear(d_model, d_model)

            self.fc = nn.Linear(d_model, d_model)

        def forward(self, query, key, value, mask=None):
            batch_size = query.size(0)

            Q = self.WQ(query)
            K = self.WK(key)
            V = self.WV(value)

            Q = Q.view(batch_size, -1, self.num_heads, self.depth).transpose(1, 2)
            K = K.view(batch_size, -1, self.num_heads, self.depth).transpose(1, 2)
            V = V.view(batch_size, -1, self.num_heads, self.depth).transpose(1, 2)

            scores = torch.matmul(Q, K.transpose(-1, -2)) / torch.sqrt(torch.tensor(self.depth, dtype=torch.float))

            if mask is not None:
                scores = scores.masked_fill(mask == 0, -1e9)

            attention = torch.softmax(scores, dim=-1)
            output = torch.matmul(attention, V)
            output = output.transpose(1, 2).contiguous().view(batch_size, -1, self.num_heads * self.depth)

            output = self.fc(output)

            return output, attention

    mha = MultiHeadAttention(d_model=512, num_heads=8)
    y = torch.randn(1, 50, 512)
```

```
output, att = mha(y, y, y, mask=None)
print(output.shape, att.shape)
```

程序的输出如下:

```
torch.Size([1, 50, 512]) torch.Size([1, 8, 50, 50])
```

Transformer 的编码器依次由多头注意力机制模块（Multi-Head Attention）、求和并归一化（Add & Norm）、前馈网络（Feed Forward）、再次求和并归一化组成，如图 8-9 中左侧的部分所示，其中 N 表示编码器的个数。

其 Keras 代码如下:

```
//chapter8/encoder_keras.py

import tensorflow as tf
import keras
from keras import layers
from positional_encoding_keras import positional_encoding
from multi_head_attention_keras import MultiHeadAttention

def feed_forward_network(d_model, diff):
    return keras.Sequential([
        layers.Dense(diff, activation='relu'),
        layers.Dense(d_model)
    ])

class EncoderLayer(layers.Layer):
    def __init__(self, d_model, n_heads, ddf, dropout_rate=0.1):
        super(EncoderLayer, self).__init__()

        self.mha = MultiHeadAttention(d_model, n_heads)
        self.ffn = feed_forward_network(d_model, ddf)

        self.layernorm1 = layers.LayerNormalization(epsilon=1e-6)
        self.layernorm2 = layers.LayerNormalization(epsilon=1e-6)

        self.dropout1 = layers.Dropout(dropout_rate)
        self.dropout2 = layers.Dropout(dropout_rate)

    def call(self, inputs, training, mask):
        att_output, _ = self.mha(inputs, inputs, inputs, mask)
        att_output = self.dropout1(att_output, training=training)
        out1 = self.layernorm1(inputs + att_output)

        ffn_output = self.ffn(out1)
        ffn_output = self.dropout2(ffn_output, training=training)
        out2 = self.layernorm2(out1 + ffn_output)
```

```python
        return out2

class Encoder(layers.Layer):
    def __init__(self, n_layers, d_model, n_heads, ddf,
                 input_vocab_size, max_seq_len, drop_rate=0.1):
        super(Encoder, self).__init__()

        self.n_layers = n_layers
        self.d_model = d_model

        self.embedding = layers.Embedding(input_vocab_size, d_model)
        self.pos_embedding = positional_encoding(max_seq_len, d_model)

        self.encode_layer = [EncoderLayer(d_model, n_heads, ddf, drop_rate)for _ in range(n_layers)]

        self.dropout = layers.dropout(drop_rate)

    def call(self, inputs, training, mask):
        seq_len = inputs.shape[1]
        word_emb = self.embedding(inputs)
        word_emb *= tf.math.sqrt(tf.cast(self.d_model, tf.float32))
        emb = word_emb + self.pos_embedding[:, :seq_len, :]
        x = self.dropout(emb, training=training)

        for i in range(self.n_layers):
            x = self.encode_layer[i](x, training, mask)
        return x

encoder = Encoder(n_layers=2, d_model=512, n_heads=8, ddf=1024,
input_vocab_size=5000, max_seq_len=200)
encoder_output = encoder(tf.random.uniform((32, 100)), False, None)
print(encoder_output.shape)
```

程序的输出如下:

```
(32, 100, 512)
```

其PyTorch版本的代码如下:

```
//chapter8/encoder_pytorch.py

import torch
import torch.nn as nn
from positional_encoding_PyTorch import positional_encoding
from multi_head_attention_PyTorch import MultiHeadAttention

training = False
```

```python
    def feed_forward_network(d_model, diff):
        return nn.Sequential(nn.Linear(d_model, diff), nn.ReLU(), nn.Linear(diff, d_model))

    class EncoderLayer(nn.Module):
        def __init__(self, d_model, n_heads, ddf, dropout_rate=0.1):
            super(EncoderLayer, self).__init__()
            self.mha = MultiHeadAttention(d_model, n_heads)
            self.ffn = feed_forward_network(d_model, ddf)

            self.layernorm1 = nn.LayerNorm(d_model, eps=1e-6)
            self.layernorm2 = nn.LayerNorm(d_model, eps=1e-6)

            self.dropout1 = nn.Dropout(dropout_rate)
            self.dropout2 = nn.Dropout(dropout_rate)

        def forward(self, inputs, mask):
            att_output, _ = self.mha(inputs, inputs, inputs, mask)
            att_output = self.dropout1(att_output)
            out1 = self.layernorm1(inputs + att_output)

            ffn_output = self.ffn(out1)
            ffn_output = self.dropout2(ffn_output)
            out2 = self.layernorm2(out1 + ffn_output)
            return out2

    class Encoder(nn.Module):
        def __init__(self, n_layers, d_model, n_heads, ddf, input_vocab_size, max_seq_len, drop_rate=0.1):
            super(Encoder, self).__init__()
            self.n_layers = n_layers
            self.d_model = d_model

            self.embedding = nn.Embedding(input_vocab_size, d_model)
            self.pos_embedding = positional_encoding(max_seq_len, d_model)

            self.encode_layers = nn.ModuleList([EncoderLayer(d_model, n_heads, ddf, drop_rate) for _ in range(n_layers)])

            self.dropout = nn.Dropout(drop_rate)

        def forward(self, inputs, mask):
            seq_len = inputs.size(1)
            word_emb = self.embedding(inputs)
            word_emb *= torch.sqrt(torch.tensor(self.d_model, dtype=torch.float32))
            emb = word_emb + self.pos_embedding[:, :seq_len, :]
```

```
        x = self.dropout(emb)

        for i in range(self.n_layers):
            x = self.encode_layers[i](x, mask)
        return x

encoder = Encoder(n_layers=2, d_model=512, n_heads=8, ddf=1024,
input_vocab_size=5000, max_seq_len=200)
if training:
    encoder.train()
encoder_output = encoder(torch.randint(5000, (32, 100)), None)
print(encoder_output.shape)
```

程序的输出如下:

```
torch.Size([32, 100, 512])
```

可以看到，通过 Transformer 的编码器，模型对（32，100）维向量（其中，32 代表这一批次一共有 32 个句子，100 代表归一化后最大长度为 100）进行了特征提取，转换为（32，100，512）维的向量，其中 512 代表了每个位置的特征。也就是说，Transformer 的编码器可以用于特征提取。

在后续的研究中，Transformer 的编码器演化成了另一模型 BERT（图 8-12）及其变体，用于进行大模型的预训练，后续的下游任务可以根据预训练模型抽取的特征进行微调，从而得到更好的结果。

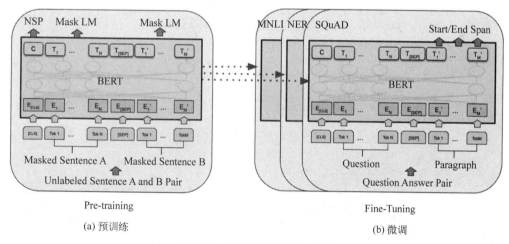

图 8-12　预训练模型 BERT[61]

Transformer 的解码器与编码器部分相似，但其包含了两个 Multi-Head Attention，其中第 1 个采用了掩码操作，而第 2 个则融入了编码器的信息，如图 8-9 中右侧的部分所示。

其 Keras 代码如下：

```
//chapter8/decoder_keras.py
```

```python
import tensorflow as tf
from keras import layers
from positional_encoding_keras import positional_encoding
from multi_head_attention_keras import MultiHeadAttention
from encoder_keras import feed_forward_network

class DecoderLayer(layers.Layer):
    def __init__(self, d_model, num_heads, dff, drop_rate=0.1):
        super(DecoderLayer, self).__init__()

        self.mha1 = MultiHeadAttention(d_model, num_heads)
        self.mha2 = MultiHeadAttention(d_model, num_heads)

        self.ffn = feed_forward_network(d_model, dff)

        self.layernorm1 = layers.LayerNormalization(epsilon=1e-6)
        self.layernorm2 = layers.LayerNormalization(epsilon=1e-6)
        self.layernorm3 = layers.LayerNormalization(epsilon=1e-6)

        self.dropout1 = layers.Dropout(drop_rate)
        self.dropout2 = layers.Dropout(drop_rate)
        self.dropout3 = layers.Dropout(drop_rate)

    def call(self, inputs, encode_out, training, look_ahead_mask, padding_mask):
        att1, _ = self.mha1(inputs, inputs, inputs, look_ahead_mask)
        att1 = self.dropout1(att1, training=training)
        out1 = self.layernorm1(inputs + att1)

        att2, _ = self.mha2(out1, encode_out, encode_out, padding_mask)
        att2 = self.dropout2(att2, training=training)
        out2 = self.layernorm2(out1 + att2)

        ffn_out = self.ffn(out2)
        ffn_out = self.dropout3(ffn_out, training=training)
        out3 = self.layernorm3(out2 + ffn_out)

        return out3

class Decoder(layers.Layer):
    def __init__(self, n_layers, d_model, n_heads, ddf,target_vocab_size, max_seq_len, drop_rate=0.1):
        super(Decoder, self).__init__()

        self.d_model = d_model
        self.n_layers = n_layers
```

```python
        self.embedding = layers.Embedding(target_vocab_size, d_model)
        self.pos_embedding = positional_encoding(max_seq_len, d_model)

        self.decoder_layers = [DecoderLayer(d_model, n_heads, ddf, drop_rate)
for _ in range(n_layers)]

        self.dropout = layers.Dropout(drop_rate)

    def call(self, inputs, encoder_out, training, look_ahead_mask, padding_mask):
        seq_len = tf.shape(inputs)[1]
        h = self.embedding(inputs)
        h *= tf.math.sqrt(tf.cast(self.d_model, tf.float32))
        h += self.pos_embedding[:, :seq_len, :]
        h = self.dropout(h, training=training)

        for i in range(self.n_layers):
            h = self.decoder_layers[i](h, encoder_out, training,
look_ahead_mask, padding_mask)
        return h

decoder = Decoder(n_layers=2, d_model=512, n_heads=8, ddf=1024,
target_vocab_size=5000, max_seq_len=200)
decoder_output = decoder(tf.random.uniform((32, 100)), encoder_output,
False, None, None)
print(decoder_output.shape)
```

程序的输出如下：

```
(32, 100, 512)
```

其 PyTorch 版本的代码如下：

```
//chapter8/decoder_pytorch.py

import torch
import torch.nn as nn
from positional_encoding_keras import positional_encoding
from multi_head_attention_keras import MultiHeadAttention
from encoder_PyTorch import feed_forward_network

training = False

class DecoderLayer(nn.Module):
    def __init__(self, d_model, n_heads, ddf, dropout_rate=0.1):
        super(DecoderLayer, self).__init__()
        self.mha1 = MultiHeadAttention(d_model, n_heads)
        self.mha2 = MultiHeadAttention(d_model, n_heads)
        self.ffn = feed_forward_network(d_model, ddf)
```

```python
        self.layernorm1 = nn.LayerNorm(d_model, eps=1e-6)
        self.layernorm2 = nn.LayerNorm(d_model, eps=1e-6)
        self.layernorm3 = nn.LayerNorm(d_model, eps=1e-6)

        self.dropout1 = nn.Dropout(dropout_rate)
        self.dropout2 = nn.Dropout(dropout_rate)
        self.dropout3 = nn.Dropout(dropout_rate)

    def forward(self, dec_inputs, enc_outputs, look_ahead_mask, padding_mask):
        att1, att_weights_block1 = self.mha1(dec_inputs, dec_inputs, dec_inputs, look_ahead_mask)
        att1 = self.dropout1(att1)
        out1 = self.layernorm1(att1 + dec_inputs)

        att2, att_weights_block2 = self.mha2(out1, enc_outputs, enc_outputs, padding_mask)
        att2 = self.dropout2(att2)
        out2 = self.layernorm2(att2 + out1)

        ffn_output = self.ffn(out2)
        ffn_output = self.dropout3(ffn_output)
        out3 = self.layernorm3(ffn_output + out2)

        return out3, att_weights_block1, att_weights_block2

class Decoder(nn.Module):
    def __init__(self, num_layers, d_model, num_heads, ddf, target_vocab_size, max_seq_len, dropout_rate=0.1):
        super(Decoder, self).__init__()
        self.num_layers = num_layers
        self.d_model = d_model

        self.embedding = nn.Embedding(target_vocab_size, d_model)
        self.pos_embedding = positional_encoding(max_seq_len, d_model)

        self.decode_layers = nn.ModuleList([DecoderLayer(d_model, num_heads, ddf, dropout_rate) for _ in range(num_layers)])

        self.dropout = nn.Dropout(dropout_rate)

    def forward(self, dec_inputs, enc_outputs, look_ahead_mask, padding_mask):
        seq_len = dec_inputs.size(1)
        word_emb = self.embedding(dec_inputs)
        word_emb *= torch.sqrt(torch.tensor(self.d_model, dtype=
```

```
torch.float32))
        emb = word_emb + self.pos_embedding[:, :seq_len, :]
        x = self.dropout(emb)

        for i in range(self.num_layers):
            x, att_weights_block1, att_weights_block2 = self.decode_layers[i]
(x, enc_outputs, look_ahead_mask, padding_mask)

        return x, att_weights_block1, att_weights_block2

decoder = Decoder(num_layers=2, d_model=512, num_heads=8, ddf=1024,
target_vocab_size=5000, max_seq_len=200)
if training:
    decoder.train()
decoder_output = decoder(torch.randint(5000, (32, 100)))
print(decoder_output.shape)
```

程序的输出如下：

```
torch.Size([32, 100, 512])
```

不同于 Transformer 的编码器，在解码器中，由于采用了前瞻掩码，所以每个位置的词都不会"看见"后面的词，也就是预测时是看不见"答案"的，这也是 GPT 系列模型的基本架构，如图 8-13 所示。在训练 GPT 的过程中，将句子的前 N–1 个词进行输入，以此来预测下一个词 N 是什么，这也是一个文本的生成过程。

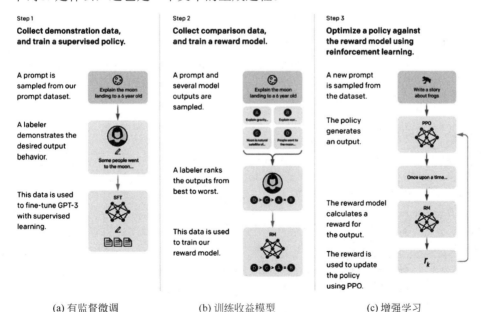

(a) 有监督微调　　　　　(b) 训练收益模型　　　　　(c) 增强学习

图 8-13　GPT 模型基本架构[66]

与 GPT 相比，BERT 具有双向编码能力，可以看到其前后双向信息，具有更强的文本编码性能，可以大幅提升下游任务的性能，但是其失去了直接生成文本的能力，而反观 GPT，其为了保留生成文本的能力，只能采用单向编码。在之后的几年中，BERT 的优势会更为突出，在自然语言处理中大放异彩。

然而，随着 ChatGPT 的发布，其无比优异的性能颠覆了自然语言处理的各个领域，甚至改变了人们的生活方式。OpenAI 的创始人、特斯拉首席执行官埃隆·马斯克（Elon Musk）评论说："ChatGPT 好得吓人，人类离强大到危险的人工智能不远了。"此外，根据瑞士银行的分析，ChatGPT 是有史以来增长最快的应用程序，在推出仅两个月后，其便拥有了超过 1 亿的活跃用户，而相比之下，另一个爆火的应用程序 TikTok 则花了 9 个月的时间才达到这个体量。相信不久的将来，以 ChatGPT 为代表的大模型将渗透到生活的方方面面，为人们的生活进一步提供便利。

以上已经完成了 Transformer 中各个组件的编写，最后可对其进行整合，代码如下：

```python
//chapter8/transformer_keras.py

import numpy as np
import tensorflow as tf
import keras
from keras import layers

def get_angles(pos, i, d_model):
    angle_rates = 1 / np.power(10000, (2 * (i //2)) / np.float32(d_model))
    return pos * angle_rates

def positional_encoding(position, d_model):
    angle_rads = get_angles(np.arange(position)[:, np.newaxis], np.arange(d_model)[np.newaxis, :], d_model)
    sines = np.sin(angle_rads[:, 0::2])
    cones = np.cos(angle_rads[:, 1::2])
    pos_encoding = np.concatenate([sines, cones], axis=-1)
    pos_encoding = pos_encoding[np.newaxis, ...]
    return tf.cast(pos_encoding, dtype=tf.float32)

def generate_padding_mask(seq):
    seq = tf.cast(tf.math.equal(seq, 0), tf.float32)
    return seq[:, np.newaxis, np.newaxis, :]

def generate_look_ahead_mask(size):
    mask = 1 - tf.linalg.band_part(tf.ones((size, size)), -1, 0)
    return mask

def scaled_dot_product_attention(q, k, v, mask):
    matmul_qk = tf.matmul(q, k, transpose_b=True)
```

```python
        dk = tf.cast(tf.shape(k)[-1], tf.float32)
        scaled_attention_logits = matmul_qk / tf.math.sqrt(dk)

        if mask is not None:
            scaled_attention_logits += (mask * -1e9)

        attention_weights = tf.nn.softmax(scaled_attention_logits, axis=-1)

        output = tf.matmul(attention_weights, v)

        return output, attention_weights

class MultiHeadAttention(layers.Layer):
    def __init__(self, d_model, num_heads):
        super(MultiHeadAttention, self).__init__()

        self.num_heads = num_heads
        self.d_model = d_model

        assert d_model % num_heads == 0
        self.depth = d_model //num_heads

        self.wq = layers.Dense(d_model)
        self.wk = layers.Dense(d_model)
        self.wv = layers.Dense(d_model)

        self.dense = layers.Dense(d_model)

    def call(self, q, k, v, mask):
        batch_size = tf.shape(q)[0]
        q_len = tf.shape(q)[1]
        kv_len = tf.shape(k)[1]

        q = self.wq(q)
        k = self.wk(k)
        v = self.wv(v)

        q = tf.reshape(q, (batch_size, q_len, self.num_heads, self.depth))
        k = tf.reshape(k, (batch_size, kv_len, self.num_heads, self.depth))
        v = tf.reshape(v, (batch_size, kv_len, self.num_heads, self.depth))

        q = tf.transpose(q, perm=[0, 2, 1, 3])
        k = tf.transpose(k, perm=[0, 2, 1, 3])
        v = tf.transpose(v, perm=[0, 2, 1, 3])

        output, attention_weights = scaled_dot_product_attention(q, k, v, mask)
```

```python
        output = tf.transpose(output, [0, 2, 1, 3])

        output = tf.reshape(output, (batch_size, -1, self.d_model))
        output = self.dense(output)
        return output, attention_weights

def feed_forward_network(d_model, diff):
    return keras.Sequential([
        layers.Dense(diff, activation='relu'),
        layers.Dense(d_model)
    ])

class EncoderLayer(layers.Layer):
    def __init__(self, d_model, n_heads, ddf, dropout_rate=0.1):
        super(EncoderLayer, self).__init__()

        self.mha = MultiHeadAttention(d_model, n_heads)
        self.ffn = feed_forward_network(d_model, ddf)

        self.layernorm1 = layers.LayerNormalization(epsilon=1e-6)
        self.layernorm2 = layers.LayerNormalization(epsilon=1e-6)

        self.dropout1 = layers.Dropout(dropout_rate)
        self.dropout2 = layers.Dropout(dropout_rate)

    def call(self, inputs, training, mask):
        att_output, _ = self.mha(inputs, inputs, inputs, mask)
        att_output = self.dropout1(att_output, training=training)
        out1 = self.layernorm1(inputs + att_output)

        ffn_output = self.ffn(out1)
        ffn_output = self.dropout2(ffn_output, training=training)
        out2 = self.layernorm2(out1 + ffn_output)
        return out2

class Encoder(layers.Layer):
    def __init__(self, n_layers, d_model, n_heads, ddf, input_vocab_size,
                 max_seq_len, drop_rate=0.1):
        super(Encoder, self).__init__()

        self.n_layers = n_layers
        self.d_model = d_model

        self.embedding = layers.Embedding(input_vocab_size, d_model)
        self.pos_embedding = positional_encoding(max_seq_len, d_model)

        self.encode_layer = [EncoderLayer(d_model, n_heads, ddf, drop_rate)
```

```python
                                    for _ in range(n_layers)]

        self.dropout = layers.Dropout(drop_rate)

    def call(self, inputs, training, mask):
        seq_len = inputs.shape[1]
        word_emb = self.embedding(inputs)
        word_emb *= tf.math.sqrt(tf.cast(self.d_model, tf.float32))
        emb = word_emb + self.pos_embedding[:, :seq_len, :]
        x = self.dropout(emb, training=training)

        for i in range(self.n_layers):
            x = self.encode_layer[i](x, training, mask)
        return x

class DecoderLayer(layers.Layer):
    def __init__(self, d_model, num_heads, dff, drop_rate=0.1):
        super(DecoderLayer, self).__init__()

        self.mha1 = MultiHeadAttention(d_model, num_heads)
        self.mha2 = MultiHeadAttention(d_model, num_heads)

        self.ffn = feed_forward_network(d_model, dff)

        self.layernorm1 = layers.LayerNormalization(epsilon=1e-6)
        self.layernorm2 = layers.LayerNormalization(epsilon=1e-6)
        self.layernorm3 = layers.LayerNormalization(epsilon=1e-6)

        self.dropout1 = layers.Dropout(drop_rate)
        self.dropout2 = layers.Dropout(drop_rate)
        self.dropout3 = layers.Dropout(drop_rate)

    def call(self, inputs, encode_out, training, look_ahead_mask, padding_mask):
        att1, _ = self.mha1(inputs, inputs, inputs, look_ahead_mask)
        att1 = self.dropout1(att1, training=training)
        out1 = self.layernorm1(inputs + att1)

        att2, _ = self.mha2(out1, encode_out, encode_out, padding_mask)
        att2 = self.dropout2(att2, training=training)
        out2 = self.layernorm2(out1 + att2)

        ffn_out = self.ffn(out2)
        ffn_out = self.dropout3(ffn_out, training=training)
        out3 = self.layernorm3(out2 + ffn_out)

        return out3
```

```python
    class Decoder(layers.Layer):
        def __init__(self, n_layers, d_model, n_heads, ddf, target_vocab_size,
max_seq_len, drop_rate=0.1):
            super(Decoder, self).__init__()

            self.d_model = d_model
            self.n_layers = n_layers

            self.embedding = layers.Embedding(target_vocab_size, d_model)
            self.pos_embedding = positional_encoding(max_seq_len, d_model)

            self.decoder_layers = [DecoderLayer(d_model, n_heads, ddf, drop_rate)
for _ in range(n_layers)]

            self.dropout = layers.Dropout(drop_rate)

        def call(self, inputs, encoder_out, training, look_ahead_mask,
padding_mask):
            seq_len = tf.shape(inputs)[1]
            h = self.embedding(inputs)
            h *= tf.math.sqrt(tf.cast(self.d_model, tf.float32))
            h += self.pos_embedding[:, :seq_len, :]
            h = self.dropout(h, training=training)

            for i in range(self.n_layers):
                h = self.decoder_layers[i](h, encoder_out, training,
look_ahead_mask, padding_mask)
            return h

    class Transformer(keras.Model):
        def __init__(self, n_layers, d_model, n_heads, diff, input_vocab_size,
target_vocab_size, max_seq_len, drop_rate=0.1):
            super(Transformer, self).__init__()

            self.encoder = Encoder(n_layers, d_model, n_heads, diff,
input_vocab_size, max_seq_len, drop_rate)

            self.decoder = Decoder(n_layers, d_model, n_heads, diff,
target_vocab_size, max_seq_len, drop_rate)

            self.final_layer = layers.Dense(target_vocab_size)

        def call(self, inputs, targets, training, encode_padding_mask,
look_ahead_mask, decode_padding_mask):
            encode_out = self.encoder(inputs, training, encode_padding_mask)
            decode_out = self.decoder(targets, encode_out, training,
```

```
look_ahead_mask, decode_padding_mask)
        out = self.final_layer(decode_out)

        return out

    transformer = Transformer(n_layers=2, d_model=512, n_heads=8, diff=1024,
input_vocab_size=5000, target_vocab_size=6000, max_seq_len=200)
    inp = tf.random.uniform((32, 100))
    target = tf.random.uniform((32, 200))
    out = transformer(inp, target, training=False, encode_padding_mask=None,
look_ahead_mask=None, decode_padding_mask=None)
    print(out.shape)
```

程序的输出如下:

```
(32, 200, 6000)
```

其 PyTorch 版本的代码如下:

```
//chapter8/transformer_pytorch.py

import torch
import torch.nn as nn
import torch.nn.functional as F

training = False

def get_angles(pos, i, d_model):
    angle_rates = 1 / torch.pow(10000, (2 * (i //2)) / torch.float32(d_model))
    return pos * angle_rates

def positional_encoding(seq_len, d_model):
    positional_encoding = torch.zeros(seq_len, d_model)
    position = torch.arange(0, seq_len, dtype=torch.float).unsqueeze(1)
    div_term = torch.exp(torch.arange(0, d_model, 2).float() * (-torch.log
(torch.tensor(10000.0)) / d_model))
    positional_encoding[:, 0::2] = torch.sin(position * div_term)
    positional_encoding[:, 1::2] = torch.cos(position * div_term)
    positional_encoding = positional_encoding.unsqueeze(0)
    return positional_encoding

def generate_padding_mask(seq):
    seq = seq.type(torch.float32)
    return seq[:, None, None, :]

def generate_look_ahead_mask(size):
    mask = 1 - torch.tril(torch.ones((size, size)))
    return mask
```

```python
def scaled_dot_product_attention(q, k, v, mask):
    matmul_qk = torch.matmul(q, k.transpose(-1, -2))
    dk = torch.cast(torch.shape(k)[-1], torch.float32)
    scaled_attention_logits = matmul_qk / torch.sqrt(dk)

    if mask is not None:
        scaled_attention_logits += (mask * -1e9)

    attention_weights = F.softmax(scaled_attention_logits, dim=-1)

    output = torch.matmul(attention_weights, v)

    return output, attention_weights

class MultiHeadAttention(nn.Module):
    def __init__(self, d_model, num_heads):
        super(MultiHeadAttention, self).__init__()
        self.num_heads = num_heads
        self.d_model = d_model

        assert d_model % num_heads == 0

        self.depth = d_model //num_heads

        self.WQ = nn.Linear(d_model, d_model)
        self.WK = nn.Linear(d_model, d_model)
        self.WV = nn.Linear(d_model, d_model)

        self.fc = nn.Linear(d_model, d_model)

    def forward(self, query, key, value, mask=None):
        batch_size = query.size(0)

        Q = self.WQ(query)
        K = self.WK(key)
        V = self.WV(value)

        Q = Q.view(batch_size, -1, self.num_heads, self.depth).transpose(1, 2)
        K = K.view(batch_size, -1, self.num_heads, self.depth).transpose(1, 2)
        V = V.view(batch_size, -1, self.num_heads, self.depth).transpose(1, 2)

        scores = torch.matmul(Q, K.transpose(-1, -2)) / torch.sqrt(torch.tensor(self.depth, dtype=torch.float))

        if mask is not None:
            scores = scores.masked_fill(mask == 0, -1e9)
```

```python
            attention = torch.softmax(scores, dim=-1)
            output = torch.matmul(attention, V)
            output = output.transpose(1, 2).contiguous().view(batch_size, -1, self.num_heads * self.depth)

            output = self.fc(output)

            return output, attention

    def feed_forward_network(d_model, diff):
        return nn.Sequential(nn.Linear(d_model, diff), nn.ReLU(), nn.Linear(diff, d_model))

    class EncoderLayer(nn.Module):
        def __init__(self, d_model, n_heads, ddf, dropout_rate=0.1):
            super(EncoderLayer, self).__init__()
            self.mha = MultiHeadAttention(d_model, n_heads)
            self.ffn = feed_forward_network(d_model, ddf)

            self.layernorm1 = nn.LayerNorm(d_model, eps=1e-6)
            self.layernorm2 = nn.LayerNorm(d_model, eps=1e-6)

            self.dropout1 = nn.Dropout(dropout_rate)
            self.dropout2 = nn.Dropout(dropout_rate)

        def forward(self, inputs, mask):
            att_output, _ = self.mha(inputs, inputs, inputs, mask)
            att_output = self.dropout1(att_output)
            out1 = self.layernorm1(inputs + att_output)

            ffn_output = self.ffn(out1)
            ffn_output = self.dropout2(ffn_output)
            out2 = self.layernorm2(out1 + ffn_output)
            return out2

    class Encoder(nn.Module):
        def __init__(self, n_layers, d_model, n_heads, ddf, input_vocab_size, max_seq_len, drop_rate=0.1):
            super(Encoder, self).__init__()
            self.n_layers = n_layers
            self.d_model = d_model

            self.embedding = nn.Embedding(input_vocab_size, d_model)
            self.pos_embedding = positional_encoding(max_seq_len, d_model)

            self.encode_layers = nn.ModuleList([EncoderLayer(d_model, n_heads,
```

```python
                      ddf, drop_rate) for _ in range(n_layers)])
        self.dropout = nn.Dropout(drop_rate)

    def forward(self, inputs, mask):
        seq_len = inputs.size(1)
        word_emb = self.embedding(inputs)
        word_emb *= torch.sqrt(torch.tensor(self.d_model, dtype=torch.float32))
        emb = word_emb + self.pos_embedding[:, :seq_len, :]
        x = self.dropout(emb)

        for i in range(self.n_layers):
            x = self.encode_layers[i](x, mask)
        return x

class DecoderLayer(nn.Module):
    def __init__(self, d_model, n_heads, ddf, dropout_rate=0.1):
        super(DecoderLayer, self).__init__()
        self.mha1 = MultiHeadAttention(d_model, n_heads)
        self.mha2 = MultiHeadAttention(d_model, n_heads)
        self.ffn = feed_forward_network(d_model, ddf)

        self.layernorm1 = nn.LayerNorm(d_model, eps=1e-6)
        self.layernorm2 = nn.LayerNorm(d_model, eps=1e-6)
        self.layernorm3 = nn.LayerNorm(d_model, eps=1e-6)

        self.dropout1 = nn.Dropout(dropout_rate)
        self.dropout2 = nn.Dropout(dropout_rate)
        self.dropout3 = nn.Dropout(dropout_rate)

    def forward(self, dec_inputs, enc_outputs, look_ahead_mask, padding_mask):
        att1, att_weights_block1 = self.mha1(dec_inputs, dec_inputs, dec_inputs, look_ahead_mask)
        att1 = self.dropout1(att1)
        out1 = self.layernorm1(att1 + dec_inputs)

        att2, att_weights_block2 = self.mha2(out1, enc_outputs, enc_outputs, padding_mask)
        att2 = self.dropout2(att2)
        out2 = self.layernorm2(att2 + out1)

        ffn_output = self.ffn(out2)
        ffn_output = self.dropout3(ffn_output)
        out3 = self.layernorm3(ffn_output + out2)

        return out3, att_weights_block1, att_weights_block2
```

```python
class Decoder(nn.Module):
    def __init__(self, num_layers, d_model, num_heads, ddf, target_vocab_size,
max_seq_len, dropout_rate=0.1):
        super(Decoder, self).__init__()
        self.num_layers = num_layers
        self.d_model = d_model

        self.embedding = nn.Embedding(target_vocab_size, d_model)
        self.pos_embedding = positional_encoding(max_seq_len, d_model)

        self.decode_layers = nn.ModuleList([DecoderLayer(d_model, num_heads,
ddf, dropout_rate) for _ in range(num_layers)])

        self.dropout = nn.Dropout(dropout_rate)

    def forward(self, dec_inputs, enc_outputs, look_ahead_mask, padding_mask):
        seq_len = dec_inputs.size(1)
        word_emb = self.embedding(dec_inputs)
        word_emb *= torch.sqrt(torch.tensor(self.d_model, dtype=torch.float32))
        emb = word_emb + self.pos_embedding[:, :seq_len, :]
        x = self.dropout(emb)

        for i in range(self.num_layers):
            x, att_weights_block1, att_weights_block2 = self.decode_layers[i]
(x, enc_outputs, look_ahead_mask, padding_mask)

        return x, att_weights_block1, att_weights_block2

class Transformer(nn.Module):
    def __init__(self, num_layers, d_model, num_heads, ddf, input_vocab_size,
target_vocab_size, max_seq_len,
                 drop_rate=0.1):
        super(Transformer, self).__init__()
        self.encoder = Encoder(num_layers, d_model, num_heads, ddf,
input_vocab_size, max_seq_len, drop_rate)
        self.decoder = Decoder(num_layers, d_model, num_heads, ddf,
target_vocab_size, max_seq_len, drop_rate)
        self.final_layer = nn.Linear(d_model, target_vocab_size)

    def forward(self, enc_inputs, dec_inputs, enc_mask, look_ahead_mask,
dec_padding_mask):
        enc_outputs = self.encoder(enc_inputs, enc_mask)
        dec_outputs, _, _ = self.decoder(dec_inputs, enc_outputs,
look_ahead_mask, dec_padding_mask)
        final_outputs = self.final_layer(dec_outputs)
        return final_outputs
```

```
transformer = Transformer(num_layers=2, d_model=512, num_heads=8, ddf=1024,
input_vocab_size=5000, target_vocab_size=5000, max_seq_len=200)
    if training:
        transformer.train()
encoder_input = torch.randint(5000, (32, 100))
decoder_input = torch.randint(5000, (32, 100))
transformer_output = transformer(encoder_input, decoder_input, enc_mask=
None, look_ahead_mask=None, dec_padding_mask=None)
    print(transformer_output.shape)
```

程序的输出如下：

```
torch.Size([32, 100, 5000])
```

8.2.2 Transformer 在视觉领域的应用

Transformer 是一种用于处理文本的模型，但它也可以用于计算机视觉领域。视觉 Transformer（Vision Transformer，ViT）文章的题目很有意思，即《一张图像等同于 16×16 个词》(*An image is worth 16×16 words*)[67]。具体来讲，一张图像可以看成 16×16 张小图像，等效于 16×16 个词，可以用 Transformer 的方法进行学习。这篇文章证明了在使用 ViT 模型之后，计算机视觉任务的预测速度会更快，整体效果也不错。谷歌团队进行了大量工作，如图 8-14 所示，发现在拥有海量训练图像时，在自然图像分类任务上，ViT 的效果比卷积神经网络（如 ResNet）更好。

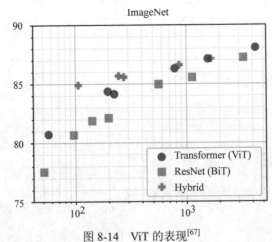

图 8-14 ViT 的表现[67]

ViT 的整体架构如图 8-15 所示，其中 Transformer Encoder 的结构基本上和 Transformer 中的结构是一样的。在自然语言处理中，输入往往是二维的数据，而在自然图像处理中，输入往往是一个三维的 RGB 图像。为了使维度统一，需要进行维度转换，将三维输入转换为符合 Transformer 的二维输入。图 8-15 将一张 RGB 图片（$H \times W \times C$）分成了 9 个相同大小的小块,即每个小块的尺寸为 $\left(\frac{H}{3} \times \frac{W}{3} \times C\right)$。

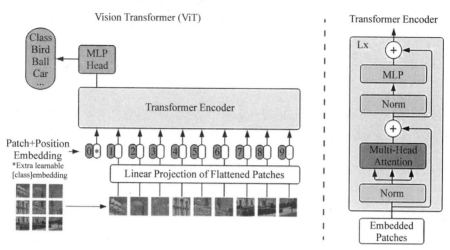

图 8-15　ViT 的整体架构[67]

ViT 将图片分成几张小图,然后对引入位置进行编码以保留位置信息。可以将卷积的卷积核设为 16×16,将步长也设为 16,在输入的图片为 (224, 224, 3) 维时,其输出为 (14, 14, 768),然后将前两维展平,获得维度为 (196, 768) 的特征。接下来,加入起始位置分类编码 0*,变为 (197, 768) 维的特征。最后,加入位置信息。

在将 (224, 224, 3) 维的图片整理为 (197, 768) 维的序列信息后,ViT 将序列信息传入编码器进行特征提取,该编码器与 8.2.1 节所介绍的 Transformer 的编码器非常相似。

经过编码器后,模型输出维度为 (197×768),ViT 接下来会提取其在第一维加入的分类编码信息,其维度为 (1×768),并用其进行图片分类。

ViT 的 Keras 代码如下:

```
//chapter8/vit_keras.py

import tensorflow as tf
import keras
from keras import layers

class PatchEmbed(layers.Layer):
    def __init__(self, img_size=224, patch_size=16, embed_dim=768):
        super(PatchEmbed, self).__init__()
        self.embed_dim = embed_dim
        self.img_size = (img_size, img_size)
        self.grid_size = (img_size //patch_size, img_size //patch_size)
        self.num_patches = self.grid_size[0] * self.grid_size[1]

        self.proj = tf.keras.layers.Conv2D(filters=embed_dim, kernel_size=
```

```python
patch_size, strides=patch_size, padding='SAME')

    def call(self, inputs):
        B, H, W, C = inputs.shape
        x = self.proj(inputs)
        x = tf.reshape(x, [B, self.num_patches, self.embed_dim])
        return x

class AddClassTokenAddPosEmbed(layers.Layer):
    def __init__(self, embed_dim=768, num_patches=196):
        super(AddClassTokenAddPosEmbed, self).__init__()
        self.embed_dim = embed_dim
        self.num_patches = num_patches

        self.cls_token = self.add_weight(name="cls", shape=[1, 1, self.embed_dim], initializer=keras.initializers.Zeros(), trainable=True, dtype=tf.float32)

        self.pos_embed = self.add_weight(name="pos_embed", shape=[1, self.num_patches + 1, self.embed_dim], initializer=keras.initializers.RandomNormal(), trainable=True, dtype=tf.float32)

    def call(self, inputs):
        B, _, _ = inputs.shape
        cls_token = tf.broadcast_to(self.cls_token, shape=[B, 1, self.embed_dim])
        x = tf.concat([cls_token, inputs], axis=1)
        x = x + self.pos_embed
        return x

emb = PatchEmbed()
emb2 = AddClassTokenAddPosEmbed()
out = emb2(emb(tf.random.uniform((10, 224, 224, 3))))
print(out.shape)

#这里采用一种更为简洁的写法,对Q、K和V矩阵统一进行表示
class MutilHeadAttention(layers.Layer):
    def __init__(self, d_model, num_heads=8, use_bias=False, attn_drop_ratio=0.1, proj_drop_ratio=0.1):
        super(MutilHeadAttention, self).__init__()

        self.num_heads = num_heads
        self.depth = d_model //num_heads
        self.scale = self.depth ** -0.5

        self.qkv = layers.Dense(d_model*3, use_bias=use_bias)
        self.attn_drop = layers.Dropout(attn_drop_ratio)
```

```python
        self.proj = layers.Dense(d_model)
        self.proj_drop = layers.Dropout(proj_drop_ratio)

    def call(self, inputs, training):

        B, N, C = inputs.shape

        qkv = self.qkv(inputs)
        qkv = tf.reshape(qkv, [B, N, 3, self.num_heads, self.depth])
        qkv = tf.transpose(qkv, [2, 0, 3, 1, 4])
        q, k, v = qkv[0], qkv[1], qkv[2]

        attn = tf.matmul(a=q, b=k, transpose_b=True) * self.scale
        attn = tf.nn.softmax(attn, axis=-1)
        attn = self.attn_drop(attn, training=training)

        x = tf.matmul(attn, v)
        x = tf.transpose(x, [0, 2, 1, 3])
        x = tf.reshape(x, [B, N, C])

        x = self.proj(x)
        x = self.proj_drop(x, training=training)

        return x

class MLP(layers.Layer):
    def __init__(self, d_model, diff, drop=0.1):
        super(MLP, self).__init__()
        self.fc1 = layers.Dense(diff, activation="gelu")
        self.drop = layers.Dropout(drop)
        self.fc2 = layers.Dense(d_model)

    def call(self, inputs, training):
        x = self.fc1(inputs)
        x = self.drop(x, training=training)
        x = self.fc2(x)
        return x

class Encoder(layers.Layer):
    def __init__(self, d_model, num_heads=8, use_bias=False, mlp_drop_ratio=
0.1, attn_drop_ratio=0.1, proj_drop_ratio=0.1, drop_path_ratio=0.1):
        super(Encoder, self).__init__()

        self.norm1 = layers.LayerNormalization(epsilon=1e-6)
        self.attn = MutilHeadAttention(d_model, num_heads=num_heads, use_bias=
use_bias, attn_drop_ratio=attn_drop_ratio, proj_drop_ratio=proj_drop_ratio)
```

```python
        self.drop_path = layers.Dropout(rate=drop_path_ratio, noise_shape=(None, 1, 1))

        self.norm2 = layers.LayerNormalization(epsilon=1e-6)
        self.mlp = MLP(d_model, d_model*4, drop=mlp_drop_ratio)

    def call(self, inputs, training):
        x = inputs + self.drop_path(self.attn(self.norm1(inputs)), training=training)
        x = x + self.drop_path(self.mlp(self.norm2(x)), training=training)
        return x

encoder = Encoder(d_model=768)
out = encoder(tf.random.uniform((10, 197, 768)))
print(out.shape)

class VisionTransformer(keras.Model):
    def __init__(self, img_size=224, patch_size=16, embed_dim=768, n_layers=2,
                 num_heads=8, use_bias=True, mlp_drop_ratio=0.1, attn_drop_ratio=0.1, proj_drop_ratio = 0.1, drop_path_ratio=0.1, num_classes=1000):
        super(VisionTransformer, self).__init__()

        self.num_classes = num_classes
        self.embed_dim = embed_dim
        self.n_layers = n_layers
        self.use_bias = use_bias

        self.patch_embed = PatchEmbed(img_size=img_size, patch_size=patch_size, embed_dim=embed_dim)
        num_patches = self.patch_embed.num_patches

        self.cls_pos_embed = AddClassTokenAddPosEmbed(embed_dim=embed_dim,
                                                      num_patches=num_patches)

        self.pos_drop = layers.Dropout(drop_path_ratio)

        self.encoders = [Encoder(d_model=embed_dim, num_heads=num_heads,
                                 use_bias=use_bias, mlp_drop_ratio=mlp_drop_ratio, attn_drop_ratio=attn_drop_ratio, proj_drop_ratio=proj_drop_ratio, drop_path_ratio=drop_path_ratio) for _ in range(self.n_layers)]

        self.norm = layers.LayerNormalization(epsilon=1e-6)

        self.out = layers.Dense(num_classes)

    def call(self, inputs, training):
```

```
            x = self.patch_embed(inputs)
            x = self.cls_pos_embed(x)
            x = self.pos_drop(x, training=training)

            for encoder in self.encoders:
                x = encoder(x, training=training)

            x = self.norm(x)
            x = self.out(x[:, 0])
            return x

vit = VisionTransformer()
out = vit(tf.random.uniform((10, 224, 224, 3)))
print(out.shape)
```

程序的输出如下：

```
(10, 197, 768)
(10, 197, 768)
(10, 1000)
```

其 PyTorch 版本的代码如下：

```
//chapter8/vit_pytorch.py

import torch
import torch.nn as nn
import torch.nn.functional as F

class PatchEmbed(nn.Module):
    def __init__(self, img_size=224, patch_size=16, embed_dim=768):
        super(PatchEmbed, self).__init__()
        self.embed_dim = embed_dim
        self.img_size = (img_size, img_size)
        self.grid_size = (img_size //patch_size, img_size //patch_size)
        self.num_patches = self.grid_size[0] * self.grid_size[1]

        self.proj = nn.Conv2d(3, embed_dim, kernel_size=patch_size, stride=patch_size, padding=0)

    def forward(self, inputs):
        B, C, H, W = inputs.shape
        x = self.proj(inputs)
        x = x.flatten(2).transpose(1, 2)
        return x

class AddClassTokenAddPosEmbed(nn.Module):
    def __init__(self, embed_dim=768, num_patches=196):
```

```python
        super(AddClassTokenAddPosEmbed, self).__init__()
        self.embed_dim = embed_dim
        self.num_patches = num_patches

        self.cls_token = nn.Parameter(torch.zeros(1, 1, embed_dim))
        self.pos_embed = nn.Parameter(torch.randn(1, num_patches + 1, embed_dim))

    def forward(self, inputs):
        B, N, _ = inputs.shape
        cls_tokens = self.cls_token.expand(B, -1, -1)
        x = torch.cat([cls_tokens, inputs], dim=1)
        x = x + self.pos_embed
        return x

emb = PatchEmbed()
emb2 = AddClassTokenAddPosEmbed()
out = emb2(emb(torch.rand(10, 3, 224, 224)))
print(out.shape)

#这里采用一种更为简洁的写法，对Q、K和V矩阵统一进行表示
class MultiHeadAttention(nn.Module):
    def __init__(self, d_model, num_heads=8, use_bias=False,
                 attn_drop_ratio=0.1, proj_drop_ratio=0.1):
        super(MultiHeadAttention, self).__init__()
        self.num_heads = num_heads
        self.depth = d_model //num_heads
        self.scale = self.depth ** -0.5

        self.qkv = nn.Linear(d_model, d_model * 3, bias=use_bias)
        self.attn_drop = nn.Dropout(attn_drop_ratio)
        self.proj = nn.Linear(d_model, d_model)
        self.proj_drop = nn.Dropout(proj_drop_ratio)

    def forward(self, inputs):
        B, N, C = inputs.shape

        qkv = self.qkv(inputs).reshape(B, N, 3, self.num_heads, self.depth).permute(2, 0, 3, 1, 4)
        q, k, v = qkv[0], qkv[1], qkv[2]

        attn = (q @ k.transpose(-2, -1)) * self.scale
        attn = F.softmax(attn, dim=-1)
        attn = self.attn_drop(attn)

        x = (attn @ v).transpose(1, 2).reshape(B, N, C)
        x = self.proj(x)
```

```python
        x = self.proj_drop(x)
        return x

class MLP(nn.Module):
    def __init__(self, d_model, diff, drop=0.1):
        super(MLP, self).__init__()
        self.fc1 = nn.Linear(d_model, diff)
        self.drop = nn.Dropout(drop)
        self.fc2 = nn.Linear(diff, d_model)

    def forward(self, inputs):
        x = F.gelu(self.fc1(inputs))
        x = self.drop(x)
        x = self.fc2(x)
        return x

class Encoder(nn.Module):
    def __init__(self, d_model, num_heads=8, use_bias=False,
                 mlp_drop_ratio=0.1, attn_drop_ratio=0.1,
                 proj_drop_ratio=0.1, drop_path_ratio=0.1):
        super(Encoder, self).__init__()

        self.norm1 = nn.LayerNorm(d_model)
        self.attn = MultiHeadAttention(d_model, num_heads=num_heads, use_bias=use_bias, attn_drop_ratio=attn_drop_ratio, proj_drop_ratio=proj_drop_ratio)
        self.drop_path = nn.Dropout(drop_path_ratio)
        self.norm2 = nn.LayerNorm(d_model)
        self.mlp = MLP(d_model, d_model * 4, drop=mlp_drop_ratio)

    def forward(self, inputs):
        x = inputs + self.drop_path(self.attn(self.norm1(inputs)))
        x = x + self.drop_path(self.mlp(self.norm2(x)))
        return x

encoder = Encoder(d_model=768)
out = encoder(torch.rand(10, 197, 768))
print (out.shape)

class VisionTransformer(nn.Module):
    def __init__(self, img_size=224, patch_size=16, embed_dim=768,
                 n_layers=2, num_heads=8, use_bias=True,
                 mlp_drop_ratio=0.1, attn_drop_ratio=0.1,
                 proj_drop_ratio=0.1, drop_path_ratio=0.1,
                 num_classes=1000):
        super(VisionTransformer, self).__init__()

        self.patch_embed = PatchEmbed(img_size=img_size, patch_size=
```

```
        patch_size, embed_dim=embed_dim)
        num_patches = self.patch_embed.num_patches

        self.cls_pos_embed = AddClassTokenAddPosEmbed(embed_dim=embed_dim,
num_patches=num_patches)

        self.pos_drop = nn.Dropout(proj_drop_ratio)

        self.encoders = nn.ModuleList([
            Encoder(d_model=embed_dim, num_heads=num_heads, use_bias=use_bias,
mlp_drop_ratio=mlp_drop_ratio, attn_drop_ratio=attn_drop_ratio, proj_drop_ratio=
proj_drop_ratio, drop_path_ratio=drop_path_ratio) for _ in range(n_layers)
        ])

        self.norm = nn.LayerNorm(embed_dim)
        self.head = nn.Linear(embed_dim, num_classes)

    def forward(self, inputs):
        x = self.patch_embed(inputs)
        x = self.cls_pos_embed(x)
        x = self.pos_drop(x)

        for encoder in self.encoders:
            x = encoder(x)

        x = self.norm(x)
        x = x[:, 0]
        x = self.head(x)
        return x

vit = VisionTransformer()
out = vit(torch.rand(10, 3, 224, 224))
print(out.shape)
```

程序的输出如下:

```
torch.Size([10, 197, 768])
torch.Size([10, 197, 768])
torch.Size([10, 1000])
```

随着各类 Transformer 模型的蓬勃发展,其用于自然图像分类的准确率也逐步提高。如近期大火的 Swin Transformer[68],其将 ViT 中固定大小的采样按层次分成不同大小的视窗(Window),从而大大提高了计算效率,如图 8-16 所示。Swin Transformer 还采用滑窗操作,具有层级设计。

除了图像分类任务,Transformer 在图像分割领域也获得了广泛使用,如将 Transformer 与 U-Net 结合的模型 TransUNet[69],如图 8-17 所示。

第8章　Transformer和它的朋友们 ▶ 287

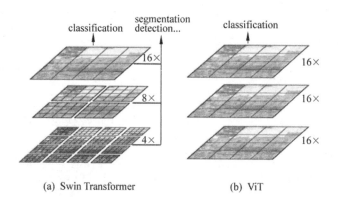

图 8-16　Swin Transformer 和 ViT 模型的比较[68]

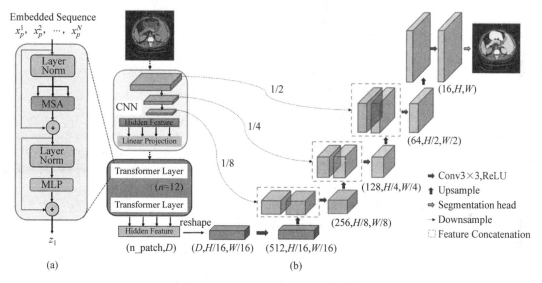

图 8-17　TransUNet 模型结构[69]

TransUNet 模型很好理解，其将 U-Net 的 16×特征提取部分用 Transformer 所替代，在医学图像分割领域取得了很好的效果。

其 Keras 代码如下：

```
//chapter8/transunet_keras.py

import numpy as np
import tensorflow as tf
import keras
from keras import layers

#将TransUNet的CNN特征提取器用下面简单的卷积神经网络替代
class SimpleCNN(layers.Layer):
    def __init__(self):
```

```python
        super(SimpleCNN, self).__init__()
        self.cnn_2x = layers.Conv2D(64, kernel_size=3, strides=2, padding="same", activation='relu')
        self.cnn_4x = layers.Conv2D(128, kernel_size=3, strides=2, padding="same", activation='relu')
        self.cnn_8x = layers.Conv2D(256, kernel_size=3, strides=2, padding="same", activation='relu')
        self.cnn_16x = layers.Conv2D(512, kernel_size=3, strides=2, padding="same", activation='relu')

    def call(self, x):
        x_2x = self.cnn_2x(x)
        x_4x = self.cnn_4x(x_2x)
        x_8x = self.cnn_8x(x_4x)
        x_16x = self.cnn_16x(x_8x)
        return x_2x, x_4x, x_8x, x_16x

cnn = SimpleCNN()
x_2x, x_4x, x_8x, x_16x = cnn(tf.random.uniform((10, 224, 224, 3)))
print(x_2x.shape, x_4x.shape, x_8x.shape, x_16x.shape)

#将CNN特征提取器的最后一层特征转换为可以输入Transformer的格式
class AddPosEmbed(layers.Layer):
    def __init__(self):
        super(AddPosEmbed, self).__init__()

    def build(self, input_shape):
        self.pe = tf.Variable(name="pos_embed", initial_value=keras.initializers.RandomNormal()(shape=(1, input_shape[1], input_shape[2])), trainable=True, dtype=tf.float32)

    def call(self, x):
        return x + tf.cast(self.pe, dtype=x.dtype)

class TransEmbed(tf.keras.layers.Layer):
    def __init__(self, embed_dim=768, patch_size=1):
        super(TransEmbed, self).__init__()
        self.embed_dim = embed_dim
        self.cnn = layers.Conv2D(filters=self.embed_dim, kernel_size=patch_size, strides=patch_size, padding="valid")
        self.pos_embed = AddPosEmbed()

    def call(self, x):
        B, H, W, C = x.shape
        x = self.cnn(x)
        x = tf.reshape(x, (B, H*W, self.embed_dim))
        x = self.pos_embed(x)
```

```python
        return x

emb = TransEmbed()
out = emb(tf.random.uniform((10, 14, 14, 256)))
print(out.shape)

#利用16x卷积神经网络所提取的特征作为输入的Transformer结构
class MultiHeadAttention(layers.Layer):
    def __init__(self, d_model, num_heads=8, use_bias=False, dropout=0.1):
        super(MultiHeadAttention, self).__init__()

        self.num_heads = num_heads
        self.depth = d_model // num_heads
        self.scale = self.depth ** -0.5

        self.qkv = layers.Dense(d_model*3, use_bias=use_bias)
        self.attn_drop = layers.Dropout(dropout)

        self.proj = layers.Dense(d_model)
        self.proj_drop = layers.Dropout(dropout)

    def call(self, inputs, training):

        B, N, C = inputs.shape

        qkv = self.qkv(inputs)
        qkv = tf.reshape(qkv, [B, N, 3, self.num_heads, self.depth])
        qkv = tf.transpose(qkv, [2, 0, 3, 1, 4])
        q, k, v = qkv[0], qkv[1], qkv[2]

        attn = tf.matmul(a=q, b=k, transpose_b=True) * self.scale
        attn = tf.nn.softmax(attn, axis=-1)
        attn = self.attn_drop(attn, training=training)

        x = tf.matmul(attn, v)
        x = tf.transpose(x, [0, 2, 1, 3])
        x = tf.reshape(x, [B, N, C])

        x = self.proj(x)
        x = self.proj_drop(x, training=training)

        return x

class MLP(layers.Layer):
    def __init__(self, d_model, diff, drop=0.1):
        super(MLP, self).__init__()
        self.fc1 = layers.Dense(diff, activation="gelu")
```

```python
            self.drop = layers.Dropout(drop)
            self.fc2 = layers.Dense(d_model)

        def call(self, inputs, training):
            x = self.fc1(inputs)
            x = self.drop(x, training=training)
            x = self.fc2(x)
            return x

    class TransformerBlock(layers.Layer):

        def __init__(self, num_heads=8, mlp_dim=3072, dropout=0.1, d_model=768, use_bias=False):
            super(TransformerBlock, self).__init__()

            self.num_heads = num_heads
            self.mlp_dim = mlp_dim
            self.dropout = dropout

            self.norm1 = layers.LayerNormalization(epsilon=1e-6)
            self.attn = MultiHeadAttention(d_model, num_heads=num_heads, use_bias=use_bias, dropout=dropout)

            self.norm2 = layers.LayerNormalization(epsilon=1e-6)
            self.mlp = MLP(d_model, d_model*4, drop=dropout)

        def call(self, inputs, training):
            x = self.norm1(inputs)
            x = self.attn(x, training=training)
            x += inputs
            x2 = self.norm2(x)
            x2 = self.mlp(x2, training=training)
            x += x2
            return x

    encoder = TransformerBlock()
    out = encoder(tf.random.uniform((10, 196, 768)))
    print(out.shape)

    #TransUNet右侧的特征融合部分
    class DecoderBlock(layers.Layer):
        def __init__(self, filters):
            super(DecoderBlock, self).__init__()
            self.filters = filters

            self.conv1 = layers.Conv2D(filters=self.filters, kernel_size=3, padding='same', activation='relu')
```

```python
        self.conv2 = layers.Conv2D(filters=self.filters, kernel_size=3, padding='same')
        self.upsampling = layers.UpSampling2D(size=2, interpolation="bilinear")

    def call(self, inputs, skip=None):
        x = self.upsampling(inputs)
        if skip is not None:
            x = tf.concat([x, skip], axis=-1)
        x = self.conv1(x)
        x = self.conv2(x)
        return x

class Decoder(layers.Layer):
    def __init__(self, decoder_channels=[256, 128, 64, 16], n_skip=3):
        super(Decoder, self).__init__()
        self.decoder_channels = decoder_channels
        self.n_skip = n_skip

        self.decoders = [DecoderBlock(filters=d_model) for d_model in self.decoder_channels]

    def call(self, x, features):
        for i, decoder_block in enumerate(self.decoders):
            if features is not None:
                skip = features[i] if (i < self.n_skip) else None
            else:
                skip = None
            x = decoder_block(x, skip=skip)
        return x

encoder = Decoder()
out = encoder(x=tf.random.uniform((10, 14, 14, 768)), features=[x_8x, x_4x, x_2x])
print(out.shape)

#加入一个简单的分割模块,用于对每个像素进行3分类
class Segmentation(layers.Layer):
    def __init__(self, num_classes=3, kernel_size=1):
        super(Segmentation, self).__init__()

        self.num_classes = num_classes
        self.kernel_size = kernel_size

        self.conv = layers.Conv2D(filters=self.num_classes, kernel_size=self.kernel_size, padding="same")
```

```python
    def call(self, inputs):
        x = self.conv(inputs)
        return x

seg = Segmentation()
out = seg(tf.random.uniform((10, 224, 224, 16)))
print(out.shape)

#最终的TransUNet模型
class TransUNet(keras.Model):
    def __init__(self, d_model=768, n_layers=2, num_heads=8, use_bias=False,
mlp_dim=3072, dropout=0.1, decoder_channels=[256,128,64,16], n_skip=3,
num_classes=3):
        super(TransUNet, self).__init__()

        self.n_layers = n_layers
        self.d_model = d_model

        self.cnn = SimpleCNN()
        self.emb = TransEmbed()

        self.norm1 = layers.LayerNormalization(epsilon=1e-6)

        self.encoders = [TransformerBlock(num_heads=num_heads, d_model=
d_model, use_bias=use_bias, mlp_dim=mlp_dim, dropout=dropout) for i in
range(self.n_layers)]

        self.norm2 = layers.LayerNormalization(epsilon=1e-6)

        self.decoder = Decoder(decoder_channels=decoder_channels, n_skip=
n_skip)
        self.seg_out = Segmentation(num_classes=num_classes)

    def call(self, inputs, training):

        feat_2x, feat_4x, feat_8x, feat_16x = self.cnn(inputs)

        trans_inp = self.emb(feat_16x)
        trans_inp = self.norm1(trans_inp)
        for encoder in self.encoders:
            trans_inp = encoder(trans_inp, training=training)
        trans_out = self.norm2(trans_inp)

        size = int(np.sqrt(trans_out.shape[1]))
        feat_16x = tf.reshape(trans_out, (-1, size, size, self.d_model))

        feat = self.decoder(x=feat_16x, features=[feat_8x, feat_4x, feat_2x])
```

```
            logit = self.seg_out(feat)

        return logit

transunet = TransUNet()
out = transunet(tf.random.uniform((10, 224, 224, 3)))
print(out.shape)
```

程序的输出如下:

```
(10, 112, 112, 64) (10, 56, 56, 128) (10, 28, 28, 256) (10, 14, 14, 512)
(10, 196, 768)
(10, 196, 768)
(10, 224, 224, 16)
(10, 224, 224, 3)
(10, 224, 224, 3)
```

本章系统地介绍了注意力机制及根据其发展而来的 Transformer 模型,从一开始的全连接神经网络,到后面使用参数共享后的卷积神经网络和循环神经网络,现在又回到了类似于全连接神经网络的自注意力模型。整个深度学习模型演化的过程就像是物理学,兜兜转转后,人们发现宏观和微观最终可以结合在一起,这一发现被称为"大一统理论",所以深度学习的大一统理论是什么呢?

本章习题

1. 通过本章课程的学习,你认为深度学习将会如何发展?
2. 简述卷积神经网络与视觉 Transformer 的异同。
3. 使用 PyTorch 实现 TransUNet 模型结构。

第 9 章 核心实战

在前面的章节中,通过深入介绍深度学习的基本理论,学习了全连接神经网络、卷积神经网络、循环神经网络、Transformer 和深度学习系统。在真实世界的应用中,数据集非常庞大,而且更为复杂,需要构建一整套的深度学习系统进行模型的建立。从本章起,将进入核心实战部分。

在第 1 个编程实战中,会将分类模型应用于真实的大规模数据集中。前面所使用的 MNIST 是一个相对较小的数据集,基于更大的猫狗大战及 ImageNet 数据集,将学习如何处理数据、建立模型、测试模型及与上线相关的知识。通过代码实践,可以比较之前所学习的各种分类模型的相同点和不同点。

在第 2 个编程实战中,将通过深度学习建模真实世界病理影像数据集。这一部分将使用图像分割模型来建立病变区域的识别模型,能够完成像素级别的病变分类,呈现恶性肿瘤的区域。通过这个编程实战,大家将更加深入地了解到真实世界数据的复杂性和多样性。

接下来的章节将带领大家踏上一段新的旅程,攀登更高的山峰。在编程实战之前,建议大家提前准备 1TB 左右的存储空间并下载数据集,包括 ImageNet、猫狗大战与 CAMELYON16。相关链接如下:

```
//ImageNet
https://www.kaggle.com/competitions/ImageNet-object-localization-challenge/data

//猫狗大战
https://www.kaggle.com/competitions/dogs-vs-cats/data

//CAMELYON16
https://camelyon17.grand-challenge.org/Data/
```

当然,还需要准备一台装有 GPU 的 Ubuntu 主机,并安装课程中涉及的各种库。让我们一起开始这段探索之旅吧!

9.1 图像分类

本节将基于 ImageNet 与猫狗大战数据集,实现完整的图像分类训练流程,使用真实世界数据对之前章节中所学习的深度学习模型进行训练。

9.1.1 ImageNet 数据集概述

在进行编程实战之前,先介绍 ImageNet 数据集。2009 年,李飞飞教授的团队发布了一篇 CVPR 论文,提出了当时最大的自然图像数据集,题目叫作《ImageNet:一个大规模的层级图像数据集》(*ImageNet: A Large-Scale Hierarchical Image Database*)[70]。这篇论文至今已被引用超过 5 万次,其影响力不容小觑。随后在 2015 年,该团队又发表了一篇论文,题目叫作《ImageNet 大规模视觉识别挑战》(*ImageNet Large Scale Visual Recognition Challenge*)[72],介绍了这个数据集在竞赛中的表现,该论文也被引用了超过 3 万次,这表明这个数据集对当前深度学习领域产生了深远的影响,同时也促进了许多公司的相关竞赛。

在 ImageNet 之前,图像领域中存在许多公开数据集,包括前面章节中使用的 MNIST,然而,这些数据集图像尺寸相对较小,类型比较局限,并且数据量较少,因此,ImageNet 从这些方面对这些数据集进行了革命性改进。为什么要创建 ImageNet 这个数据集呢?当数据量不足但模型本身很大时,很容易产生过拟合。除了正则化之外,增加数据量是非常有效防止过拟合的方式。数据量增加后,再增加模型的复杂度,这两者之间的竞争可以让模型变得越来越聪明,其推广能力也会越来越好。

通过亚马逊的众包平台,167 个国家的 49 000 名工人标注了大量的数据。ImageNet 在数据量方面做得很好,达到了 1500 万,比其他数据集高了一个数量级。自 2010 年以来,越来越多的队伍参加 ImageNet 竞赛,Top-5 的误差逐年降低,从 2010 年的 0.28 降到了 2016 年的 0.03。

2012 年,研究人员对于神经网络的热情被重新点燃,AlexNet 结合 ImageNet 奠定了使用卷积神经网络学习图像数据的基础。随后,深度学习模型变得越来越深,结构也变得越来越复杂,可以说是数据驱动了深度学习领域的进展。

9.1.2 ImageNet 数据探索与预处理

在进行模型训练之前,需要对 ImageNet 数据进行预处理。ImageNet 数据解压后,每个文件夹对应一个压缩文件,继续解压后可以获得各种类型的对应图像,共计有 1000 种类型。在进行所有项目的数据预处理前,建议将数据集中的数据抽样肉眼过一遍,这个做法通常会对后续的建模有帮助。可以看到,ImageNet 数据集中的内容远比想象中的复杂,这就是为什么人类的 Top-5 准确率仅有不到 95%。

在书写预处理代码前,先建立一个配置文件,将所有需要修改的内容放在其中,以增加

代码的可移植性:

```
//chapter9/imagenet/config.py

#预处理参数
DATA_DIR = 'ImageNet2012/ILSVRC2012_img_train'
CLASS_NUM = 10
TRAIN_LIST = 'train_tiny.csv'
TEST_LIST = 'test_imagenet.csv'
LABEL_MAPPING = 'label.csv'

#数据参数
IMAGE_HEIGHT = 224
IMAGE_WIDTH = 224
IMAGE_CHANNEL = 3

#训练参数
BATCH_SIZE = 64
TRAIN_ITERATION = 100000
SAVE_INTERVAL = 1000
CHECKPOINT_DIR = 'resnet_34'

#测试参数
RESTORE_FROM = 'resnet_34/model.ckpt-30000'
MODEL_PREFIX = '%s/model.ckpt-%s'
```

需要注意的是,为了简化模型的训练过程,这里只取了 ImageNet 数据集的其中 10 类作为所研究的数据。

数据预处理的代码如下:

```
//chapter9/imagenet/preprocessing.py

import glob
import config

labels = []
imgs = [[] for _ in range(config.CLASS_NUM)]

with open(config.TRAIN_LIST, 'w') as train_file:
    with open(config.LABEL_MAPPING, 'w') as label_file:
        print(config.TRAIN_LIST)
        print(config.LABEL_MAPPING)
        for index, path in enumerate(glob.glob(config.DATA_DIR + '/*')):
            print(str(index) + ' ' + path)
            label = path.split('/')[-1]
            print(label)
            label_file.write(str(index) + ',' + label + '\n')
```

```
            labels.append(label)
            for img_path in glob.glob(config.DATA_DIR + '/' + label + '/*'):
                img = img_path.split('/')[-1]
                train_file.write(label + '/' + img + ',' + str(index) + '/n')
                imgs[index].append(img)
        train_file.flush()
        label_file.flush()
```

预处理获得了训练列表与测试列表,训练列表 train_tiny.csv 的前 10 行如下:

```
n01440764/n01440764_10026.JPEG,0
n01440764/n01440764_10027.JPEG,0
n01440764/n01440764_10029.JPEG,0
n01440764/n01440764_10040.JPEG,0
n01440764/n01440764_10042.JPEG,0
n01440764/n01440764_10043.JPEG,0
n01440764/n01440764_10048.JPEG,0
n01440764/n01440764_10066.JPEG,0
n01440764/n01440764_10074.JPEG,0
n01440764/n01440764_1009.JPEG,0
```

训练数据制作完成后,模型在训练的过程需要对数据进行加载。传统的全部读入内存或者转换成 TFRecord 的方法有非常明显的短板,容易造成内存不足或者占用过多的存储空间。在较新的 TensorFlow 版本中,提供了 Data 模块,能够比较容易地构造动态的数据读取流,完成自定义的数据读取方式。

在数据动态读取的过程中,还可以施加数据增强,如随机旋转和翻转等,以提升模型在测试数据上面的表现。英伟达新版的 GPU 已经不再被 TensorFlow 1.x 兼容,在使用 TensorFlow 2.x 运行本书的代码时,需要进行如下的设置:

```
import os
os.environ['TF_FORCE_GPU_ALLOW_GROWTH'] = 'true'
os.environ['TF_CPP_MIN_LOG_LEVEL'] = "2"
import tensorflow.compat.v1 as tf
tf.disable_eager_execution()
```

数据动态读取模块的代码如下:

```
//chapter9/imagenet/data.py

import os
os.environ['TF_FORCE_GPU_ALLOW_GROWTH'] = 'true'
os.environ['TF_CPP_MIN_LOG_LEVEL'] = "2"
import tensorflow.compat.v1 as tf
tf.disable_eager_execution()
import config

#对读取的每条数据进行处理
```

```python
    def _read_list(record):
        #训练数据由 CSV 格式的文件名和标签组成
        image_path, label = tf.io.decode_csv(record,
                                            record_defaults=[[''], [0]])
        label = tf.cast(label, tf.int32)
        onehot_label = tf.one_hot(label, config.CLASS_NUM)
        return image_path, onehot_label

    #对每幅图像进行处理
    def _process_images(image_path, label):
        #将图像文件读入并解码
        filename = config.DATA_DIR + '/' + image_path
        image_string = tf.io.read_file(filename)
        image_decoded = tf.image.decode_jpeg(image_string, channels=config.IMAGE_CHANNEL)
        image_decoded = tf.cast(image_decoded, tf.float32) / 255.
        #对图像进行放缩
        image_resized = tf.image.resize(image_decoded, [config.IMAGE_HEIGHT, config.IMAGE_WIDTH])
        #随机水平镜像
        image_flipped = tf.image.random_flip_left_right(image_resized)
        #随机亮度
        image_distorted = tf.image.random_brightness(image_flipped, max_delta=60)
        #随机对比度
        image_distorted = tf.image.random_contrast(image_distorted, lower=0.2, upper=2.0)
        #图像标准化
        image_distorted = tf.image.per_image_standardization(image_distorted)
        return image_distorted, label

    def make_data(file, batch_size, is_train=True):
        dataset = tf.data.TextLineDataset(file)
        if is_train:
            #随机打乱数据，以 buffersize 作为缓存池的大小
            dataset = dataset.shuffle(buffer_size=10000)
        #针对读取的每条数据，均使用_read_list 及_process_images 进行处理
        dataset = dataset.map(_read_list, num_parallel_calls=4)
        dataset = dataset.map(_process_images, num_parallel_calls=4)
        #根据 batch_size 的大小对读出的数据进行合并
        dataset = dataset.batch(batch_size=config.BATCH_SIZE)
        dataset = dataset.prefetch(buffer_size=batch_size)
        if is_train:
            #将数据列表重复多次（大于训练轮次数）
            dataset = dataset.repeat(100)
        iterator = tf.compat.v1.data.make_initializable_iterator(dataset)
        train_init_op = iterator.make_initializer(dataset)
        return iterator, train_init_op
```

9.1.3 模型训练

在模型训练开始之前，需要先对 ResNet 的实现进行简单推广，使之适应不同的 ResNet 结构与分类数，代码如下：

```
//chapter9/imagenet/resnet.py

from keras import layers
import config

def _after_conv(in_tensor):
    norm = layers.BatchNormalization()(in_tensor)
    return layers.Activation('relu')(norm)

def conv3(in_tensor, filters):
    conv = layers.Conv2D(filters, kernel_size=3, strides=1, padding='same', use_bias=False)(in_tensor)
    return _after_conv(conv)

def conv3_downsample(in_tensor, filters):
    conv = layers.Conv2D(filters, kernel_size=3, strides=2, padding='same', use_bias=False)(in_tensor)
    return _after_conv(conv)

def conv1(in_tensor, filters):
    conv = layers.Conv2D(filters, kernel_size=1, strides=1, padding='same', use_bias=False)(in_tensor)
    return _after_conv(conv)

def conv1_downsample(in_tensor, filters):
    conv = layers.Conv2D(filters, kernel_size=1, strides=2, padding='same', use_bias=False)(in_tensor)
    return _after_conv(conv)

def resnet_block(in_tensor, filters, downsample=False, up_filter=False):
    if downsample:
        conv1_rb = conv3_downsample(in_tensor, filters)
    else:
        conv1_rb = conv3(in_tensor, filters)
    conv2_rb = conv3(conv1_rb, filters)

    if downsample:
        in_tensor = conv1_downsample(in_tensor, filters)
    result = layers.Add()([conv2_rb, in_tensor])

    return layers.Activation('relu')(result)
```

```python
def resnet_block_bottlneck(in_tensor, filters, downsample=False, up_filter=False):
    if downsample:
        conv1_rb = conv1_downsample(in_tensor, int(filters / 4))
    else:
        conv1_rb = conv1(in_tensor, int(filters / 4))
    conv2_rb = conv3(conv1_rb, int(filters / 4))
    conv3_rb = conv1(conv2_rb, filters)

    if downsample:
        in_tensor = conv1_downsample(in_tensor, filters)
    elif up_filter:
        in_tensor = conv1(in_tensor, filters)
    result = layers.Add()([conv3_rb, in_tensor])

    return result

def block(in_tensor, filters, n_block, downsample=False, convx=resnet_block):
    res = in_tensor
    for i in range(n_block):
        if i == 0:
            res = convx(res, filters, downsample, not downsample)
        else:
            res = convx(res, filters, False)
    return res

def resnet(image_batch, filter_numbers=[64, 128, 256, 512],
           block_numbers=[3, 4, 6, 3], convx=resnet_block):
    conv = layers.Conv2D(64, 7, strides=2, padding='same', use_bias=False)(image_batch)
    conv = _after_conv(conv)
    pool1 = layers.MaxPool2D(3, 2, padding='same')(conv)
    conv1_block = block(pool1, filter_numbers[0], block_numbers[0], False, convx)
    conv2_block = block(conv1_block, filter_numbers[1], block_numbers[1], True, convx)
    conv3_block = block(conv2_block, filter_numbers[2], block_numbers[2], True, convx)
    conv4_block = block(conv3_block, filter_numbers[3], block_numbers[3], True, convx)
    pool2 = layers.GlobalAvgPool2D()(conv4_block)
    _y = layers.Dense(config.CLASS_NUM, activation='softmax')(pool2)
    return _y

def resnet_18(image_batch):
    return resnet(image_batch, filter_numbers=[64, 128, 256, 512],
```

```
                block_numbers=[2, 2, 2, 2], convx=resnet_block)

def resnet_34(image_batch):
    return resnet(image_batch, filter_numbers=[64, 128, 256, 512],
                block_numbers=[3, 4, 6, 3], convx=resnet_block)

def resnet_50(image_batch):
    return resnet(image_batch, filter_numbers=[256, 512, 1024, 2048],
                block_numbers=[3, 4, 6, 3], convx=resnet_block_bottlneck)
```

ResNet-34 模型训练的代码如下：

```
//chapter9/imagenet/train.py

import os
os.environ['TF_FORCE_GPU_ALLOW_GROWTH'] = 'true'
os.environ['TF_CPP_MIN_LOG_LEVEL'] = '2'
import time
import tensorflow.compat.v1 as tf
tf.disable_eager_execution()
from tensorflow.keras import layers, models
import data
import config
import resnet
#建议固定随机化的种子，以便复现结果
tf.set_random_seed(1234)

#对阶段性的模型参数进行存储
def save(saver, sess, logdir, step):
    model_name = 'model.ckpt'
    checkpoint_path = os.path.join(logdir, model_name)
    if not os.path.exists(logdir):
        os.makedirs(logdir)
    saver.save(sess, checkpoint_path, global_step=step)

x = layers.Input(shape=(config.IMAGE_HEIGHT, config.IMAGE_WIDTH, config.IMAGE_CHANNEL))
y_ = layers.Input(shape=(config.CLASS_NUM), )
global_step = tf.placeholder(dtype=tf.int32)
y = resnet.resnet_34(x, config.CLASS_NUM)
model = models.Model(x, y)
print(model.summary())
correct_prediction = tf.equal(tf.argmax(y_, 1), tf.argmax(y, 1))
accuracy = tf.reduce_mean(tf.cast(correct_prediction, tf.float32))
cross_entropy = tf.reduce_mean(tf.nn.softmax_cross_entropy_with_logits_v2
```

```
(logits=y, labels=y_))
    lr = tf.train.exponential_decay(0.001, global_step, 5000, 0.5, staircase=
True)
    train_step = tf.train.MomentumOptimizer(lr, 0.9).minimize(cross_entropy)

    #使用数据队列构建训练数据
    iterator, train_init_op = data.make_data(config.TRAIN_LIST, config.BATCH_
SIZE)
    data_iter = iterator.get_next()

    #对TensorFlow运行环境进行基本设置
    tfconfig = tf.ConfigProto()
    tfconfig.gpu_options.allow_growth = True
    tfconfig.allow_soft_placement = True
    init = [tf.global_variables_initializer(), train_init_op]
    saver = tf.train.Saver(var_list=tf.global_variables(), max_to_keep=1000)

    logfile = open('resnet_34.log', 'w')
    with tf.Session(config=tfconfig) as sess:
        #对计算图进行初始化
        sess.run(init)
        for iteration in range(config.TRAIN_ITERATION):
            start_time = time.time()
            next_images, next_labels = sess.run(data_iter)
            #使用feed_dict输入训练数据与标签
            feed_dict = {x: next_images, y_: next_labels, global_step: iteration}
            #运行计算图,输出运行结果
            pred, train_accuracy, train_loss, _ = sess.run([y, accuracy,
cross_entropy, train_step], feed_dict=feed_dict)
            duration = time.time() - start_time
            logfile.write('Iteration: %5d,Accuracy: %.6f,Loss: %.6f,Duration:
 %.3f\n' % (iteration + 1, train_accuracy, train_loss, duration))
            if (iteration + 1) % config.SAVE_INTERVAL == 0:
                save(saver, sess, config.CHECKPOINT_DIR, iteration + 1)
            print('Iteration: %5d \t | Accuracy = %.6f, Loss = %.6f, (%.3f
sec/iteration)' % (iteration + 1, train_accuracy, train_loss, duration))
            logfile.flush()
    logfile.close()
```

日志中的记录如下：

```
Iteration:     1,Accuracy: 0.640625,Loss: 0.675671,Duration: 5.592
Iteration:     2,Accuracy: 0.453125,Loss: 0.720589,Duration: 0.172
Iteration:     3,Accuracy: 0.500000,Loss: 0.704444,Duration: 0.179
Iteration:     4,Accuracy: 0.515625,Loss: 0.692606,Duration: 0.178
```

```
Iteration:     5,Accuracy: 0.562500,Loss: 0.685800,Duration: 0.176
Iteration:     6,Accuracy: 0.500000,Loss: 0.710993,Duration: 0.179
Iteration:     7,Accuracy: 0.546875,Loss: 0.701540,Duration: 0.178
Iteration:     8,Accuracy: 0.500000,Loss: 0.703354,Duration: 0.175
Iteration:     9,Accuracy: 0.546875,Loss: 0.690292,Duration: 0.178
Iteration:    10,Accuracy: 0.546875,Loss: 0.687110,Duration: 0.178
Iteration:    11,Accuracy: 0.468750,Loss: 0.757097,Duration: 0.179
Iteration:    12,Accuracy: 0.484375,Loss: 0.749309,Duration: 0.180
Iteration:    13,Accuracy: 0.593750,Loss: 0.668634,Duration: 0.175
Iteration:    14,Accuracy: 0.453125,Loss: 0.727174,Duration: 0.181
Iteration:    15,Accuracy: 0.390625,Loss: 0.696254,Duration: 0.183
Iteration:    16,Accuracy: 0.406250,Loss: 0.748029,Duration: 0.177
Iteration:    17,Accuracy: 0.484375,Loss: 0.739748,Duration: 0.179
Iteration:    18,Accuracy: 0.515625,Loss: 0.732578,Duration: 0.178
Iteration:    19,Accuracy: 0.515625,Loss: 0.723006,Duration: 0.178
Iteration:    20,Accuracy: 0.500000,Loss: 0.708505,Duration: 0.179
...
```

在实践中,可以对其进行可视化,代码如下:

```
//chapter9/imagenet/train_log_analysis.py

import linecache
import matplotlib.pyplot as plt
LOG_FILE = 'resnet_34.log'
logs = linecache.getlines(LOG_FILE)
iterations = []
accuracies = []
losses = []
durations = []
for log in logs:
    iteration, accuracy, loss, duration = log.split('\n')[0].split(',')
    iteration = int(iteration.split(':')[-1])
    accuracy = float(accuracy.split(':')[-1])
    loss = float(loss.split(':')[-1])
    duration = float(duration.split(':')[-1])
    iterations.append(iteration)
    accuracies.append(accuracy)
    losses.append(loss)
    durations.append(duration)
plt.plot(iterations, accuracies)
plt.show()
```

可视化的结果为

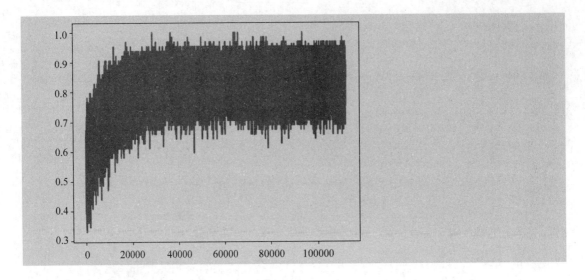

9.1.4 模型测试

模型训练完成后，可使用测试数据对其进行测试，代码如下：

```
//chapter9/imagenet/test.py

import os
os.environ['TF_FORCE_GPU_ALLOW_GROWTH'] = 'true'
os.environ['TF_CPP_MIN_LOG_LEVEL'] = "2"
import tensorflow.compat.v1 as tf
tf.disable_eager_execution()
import numpy as np
import cv2
import resnet
import config

def load(saver, sess, ckpt_path):
    saver.restore(sess, ckpt_path)
    print('Restored model parameters from {}'.format(ckpt_path))

x = tf.placeholder(tf.float32, [config.IMAGE_HEIGHT, config.IMAGE_WIDTH, config.IMAGE_CHANNEL])
x_batch = tf.expand_dims(x, dim=0)
y = resnet.resnet_34(x_batch)

inference_list = open(config.TEST_LIST).readlines()

tfconfig = tf.ConfigProto()
tfconfig.gpu_options.allow_growth = True
tfconfig.allow_soft_placement = True
```

```
        init = tf.global_variables_initializer()

    with tf.Session(config=tfconfig) as sess:
        sess.run(init)
        restore_var = tf.global_variables()
        loader = tf.train.Saver(var_list=restore_var)
        load(loader, sess, config.RESTORE_FROM)
        for item in inference_list:
            filename, label = item.split('\n')[0].split(',')
            label = int(label)
            image = cv2.imread(config.DATA_DIR + '/' + filename).astype
(np.float32)
            image = cv2.resize(image,(config.IMAGE_HEIGHT,config.IMAGE_WIDTH))/255.
            prediction = sess.run(y, feed_dict={x: image})[0][1]
            print(filename + ',' + str(label) + ',' + str(prediction))
```

前面的代码使用的是逐条手动输入的方法，以此来对每条数据进行预测，也可以使用数据队列对其进行实现：

```
//chapter9/imagenet/test_iterator.py

import os
os.environ['TF_FORCE_GPU_ALLOW_GROWTH'] = 'true'
os.environ['TF_CPP_MIN_LOG_LEVEL'] = "2"
import tensorflow.compat.v1 as tf
tf.disable_eager_execution()
import config
import resnet
import data

def load(saver, sess, ckpt_path):
    saver.restore(sess, ckpt_path)
    print('Restored model parameters from {}'.format(ckpt_path))

x = tf.placeholder(tf.float32, [None, config.IMAGE_HEIGHT, config.IMAGE_WIDTH,
config.IMAGE_CHANNEL])
y_ = tf.placeholder(tf.float32, [None, config.CLASS_NUM])
y = resnet.resnet_34(x)
correct_prediction = tf.equal(tf.argmax(y_, 1), tf.argmax(y, 1))
accuracy = tf.reduce_mean(tf.cast(correct_prediction, tf.float32))
cross_entropy = tf.reduce_mean(tf.nn.softmax_cross_entropy_with_logits_v2
(logits=y, labels=y_))

test_iterator, test_init_op = data.make_data(config.TEST_LIST, config.BATCH_SIZE,
is_train=False)
test_data_iter = test_iterator.get_next()
```

```python
    tfconfig = tf.ConfigProto()
    tfconfig.gpu_options.allow_growth = True
    tfconfig.allow_soft_placement = True
    init = [tf.global_variables_initializer(), test_init_op]

    with tf.Session(config=tfconfig) as sess:
        sess.run(init)
        restore_var = tf.global_variables()
        loader = tf.train.Saver(var_list=restore_var)
        load(loader, sess, config.RESTORE_FROM)
        accuracies = []
        losses = []
        for _ in range(int(5000 / config.BATCH_SIZE)):
            next_test_images, next_test_labels = sess.run(test_data_iter)
            feed_dict = {x: next_test_images, y_: next_test_labels}
            test_accuracy, test_loss = sess.run([accuracy, cross_entropy], feed_dict=feed_dict)
            accuracies.append(test_accuracy)
            losses.append(test_loss)
        print('Test Accuracy = %.6f, Test Loss = %.6f' % (sum(accuracies) / len(accuracies), sum(losses) / len(losses)))
```

在实践中,可以对多个模型进行批量测试,以对比它们的表现,代码如下:

```python
//chapter9/imagenet/test_models.py

import os
os.environ['TF_FORCE_GPU_ALLOW_GROWTH'] = 'true'
os.environ['TF_CPP_MIN_LOG_LEVEL'] = "2"
import cv2
import numpy as np
import tensorflow.compat.v1 as tf
tf.disable_eager_execution()
import config
import resnet

def load(saver, sess, ckpt_path):
    saver.restore(sess, ckpt_path)
    print("Restored model parameters from {}".format(ckpt_path))

x = tf.placeholder(tf.float32, [config.IMAGE_HEIGHT, config.IMAGE_WIDTH, config.IMAGE_CHANNEL])
x_batch = tf.expand_dims(x, dim=0)
y = resnet.resnet_34(x_batch)

inference_list = open(config.TEST_LIST).readlines()
```

```
tfconfig = tf.ConfigProto()
tfconfig.gpu_options.allow_growth = True
tfconfig.allow_soft_placement = True
init = tf.global_variables_initializer()
models = ['resnet-34']

with tf.Session(config=tfconfig) as sess:
    sess.run(init)
    restore_var = tf.global_variables()
    loader = tf.train.Saver(var_list=restore_var)
    for model in models:
        for index in range(config.SAVE_INTERVAL, config.TRAIN_ITERATION + 1, config.SAVE_INTERVAL):
            load(loader, sess, config.MODEL_PREFIX % (model, str(index)))
            if not os.path.exists(model):
                os.makedirs(model)
            result_file = open(model + '/' + str(index) + '.csv', 'w')
            for item in inference_list:
                filename, label = item.split('\n')[0].split(',')
                label = int(label)
                image = cv2.imread(config.DATA_DIR + '/' + filename).astype(np.float32)
                image = cv2.resize(image, (config.IMAGE_HEIGHT, config.IMAGE_WIDTH)) / 255.
                prediction = sess.run(y, feed_dict={x: image})
                result_file.write(filename + ',' + str(label) + ',' + str(prediction[0][1]) + '\n')
            result_file.flush()
            result_file.close()
```

9.1.5 模型评价

有了测试结果后，可对结果进行系统化评估和可视化，代码如下：

```
//chapter9/imagenet/metrics.py

import pandas
import matplotlib.pyplot as plt
from sklearn import metrics
import config
aucs = []

def auc(actual, pred):
    fpr, tpr, _ = metrics.roc_curve(actual, pred, pos_label=1)
    return metrics.auc(fpr, tpr)

def roc_plot(fpr, tpr):
```

```
        plt.figure()
        lw = 2
        plt.plot(fpr, tpr, color='darkorange',
                 lw=lw, label='ROC curve (area = %0.2f)' % metrics.auc(fpr, tpr))
        plt.plot([0, 1], [0, 1], color='navy', lw=lw, linestyle='--')
        plt.xlim([0.0, 1.0])
        plt.ylim([0.0, 1.05])
        plt.xlabel('False Positive Rate')
        plt.ylabel('True Positive Rate')
        plt.title('Receiver operating characteristic example')
        plt.legend(loc="lower right")
        plt.show()

    for index in range(config.SAVE_INTERVAL, config.TRAIN_ITERATION + 1,
config.SAVE_INTERVAL):
        data = pandas.read_csv('resnet-34/%s.csv' % str(index), header = None)
        label, probability = data[1], data[2]
        auc_value = auc(label, probability)
        aucs.append(auc_value)

    plt.plot(aucs)
    plt.show()

    fpr, tpr, thresholds = metrics.roc_curve(label, probability, pos_label=1)
    print(fpr, tpr, thresholds)
    roc_plot(fpr, tpr)
```

程序的输出为

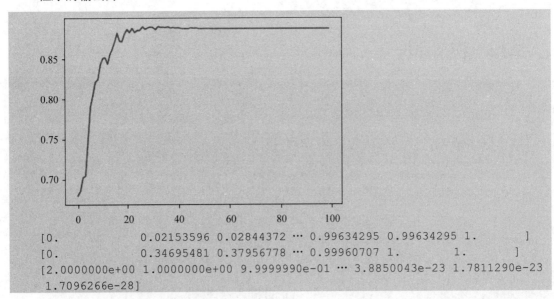

```
[0.         0.02153596 0.02844372 ... 0.99634295 0.99634295 1.        ]
[0.         0.34695481 0.37956778 ... 0.99960707 1.         1.        ]
[2.0000000e+00 1.0000000e+00 9.9999990e-01 ... 3.8850043e-23 1.7811290e-23
 1.7096266e-28]
```

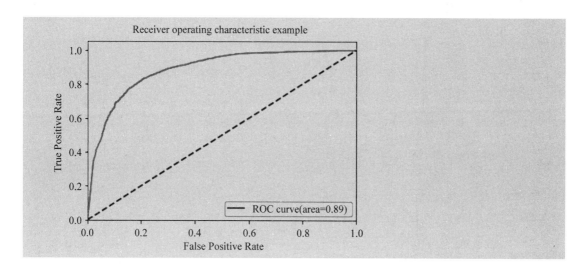

9.1.6 猫狗大战数据集

前面的大部分代码适用于猫狗大战数据集，猫狗大战数据集的配置需要进行修改，修改后的代码如下：

```
//chapter9/dogcat/config.py

#预处理参数
DATA_DIR = 'dog_vs_cat'
CLASS_NUM = 1
TRAIN_LIST = 'train_dogcat.csv'
TEST_LIST = 'test_dogcat.csv'
LABEL_MAPPING = 'label_dogcat.csv'

#数据参数
IMAGE_HEIGHT = 224
IMAGE_WIDTH = 224
IMAGE_CHANNEL = 3

#训练参数
BATCH_SIZE = 64
TRAIN_ITERATION = 100000
SAVE_INTERVAL = 1000
CHECKPOINT_DIR = 'resnet_34'

#测试参数
RESTORE_FROM = 'dogcat/resnet_34/model.ckpt-30000'
MODEL_PREFIX = '%s/model.ckpt-%s'
```

由于每个数据集都有自己的存储结构，猫狗大战数据集的预处理代码如下：

```
//chapter9/dogcat/preprocessing.py

import glob
import random
import config

with open(config.TRAIN_LIST, 'w') as train_file:
    with open(config.TEST_LIST, 'w') as test_file:
        print(config.TRAIN_LIST)
        print(config.LABEL_MAPPING)
        for index, path in enumerate(glob.glob(config.DATA_DIR + '/*')):
            print(str(index) + ' ' + path)
            img = path.split('/')[-1]
            label = int(img.split('.')[0] == 'dog')
            if random.random() >= 0.2:
                train_file.write(img + ',' + str(label) + '\n')
            else:
                test_file.write(img + ',' + str(label) + '\n')
```

9.1.7 模型导出

模型训练和测试完毕后，在上线前需要将其导出为 TensorFlow Serving 所支持的格式，代码如下：

```
//chapter9/dogcat/export.py

import os
os.environ['TF_FORCE_GPU_ALLOW_GROWTH'] = 'true'
os.environ['TF_CPP_MIN_LOG_LEVEL'] = "2"
os.environ['CUDA_VISIBLE_DEVICES'] = ''
import tensorflow.compat.v1 as tf
tf.disable_eager_execution()
import resnet
import config

def load(saver, sess, ckpt_path):
    saver.restore(sess, ckpt_path)
    print('Restored model parameters from {}'.format(ckpt_path))

x = tf.placeholder(tf.float32, [config.IMAGE_HEIGHT, config.IMAGE_WIDTH,
                    config.IMAGE_CHANNEL])
x_batch = tf.expand_dims(x, dim=0)
y = resnet.resnet_34(x_batch)

tfconfig = tf.ConfigProto()
tfconfig.gpu_options.allow_growth = True
```

```
tfconfig.allow_soft_placement = True
init = tf.global_variables_initializer()

with tf.Session(config=tfconfig) as sess:
    sess.run(init)
    restore_var = tf.global_variables()
    loader = tf.train.Saver(var_list=restore_var)
    load(loader, sess, config.RESTORE_FROM)
    #注意下列代码中的"暗号": input 与 prediction
    tf.saved_model.simple_save(sess,
                    "./dogcat/00000001",
                    inputs={"input": x},
                    outputs={"prediction": y})
```

导出完成后,可以看到 dogcat/00000001 目录下有一个 variables 文件夹和一个 .pb 的文件:

```
├──saved_model.pb
├──variables
│    ├──variables.data-00000-of-00001
│    ├──variables.index
```

9.2 语义分割

在核心实战的第二部分,将会使用真实世界的病理切片来训练一个智能诊断模型。本章将使用 CAMELYON16 数据集,其数字病理切片来自美国多家医院,里面包含 400 张乳腺淋巴结的切片。做完乳腺癌切除术的患者需要清扫周围的淋巴结,如果淋巴结没有发现癌的转移,这位患者就比较安全,反之说明癌细胞转移的可能性较大,需要进行进一步治疗。

CAMELYON16 数据集包含 270 张训练集与 130 张测试集,其中训练集有 110 张切片存在转移癌。病理医师使用自动切片分析平台(Automated Slide Analysis Platform,ASAP)对有癌切片进行了标注,获得 XML 格式的标注结果,对应灰度掩模(Mask),其中 255 代表有癌的像素,0 代表其他区域。

所有的训练数据都保存在 CAMELYON16 的 Train 目录下,有癌和无癌的切片文件分别以 Tumor 和 Normal 命名,这些文件都很大,一般在 500MB~1GB。测试数据在 Test 目录下,后续将用于模型的测试。

在训练数据的制作过程中,需要同时用到有癌和无癌的切片文件。需要注意的是,有癌的切片文件会存在无癌的区域,将二者全部用上会带来不平衡样本问题。在实践中可以对有癌的图像块进行过采样后,与无癌图像块组合成为训练样本集。

9.2.1 数字病理切片介绍

在开展任何人工智能项目之前,需要对手头的数据知根知底。数字病理切片来自实体玻片,它是由人体组织切成薄片后放到玻璃片上,随后进行染色、扫描等过程获得的。可以将数字病理扫描仪理解为一个高精度平移台加上高速数码相机,借助物镜获得高分辨率数字图像。前面提到,数字病理切片非常大,通过金字塔结构存储着10倍、25倍、50倍、100倍、200倍、400倍等多个层级的图像。

金字塔结构可以在读取图像时更加快速,如果不使用金字塔结构进行存储,每次读取缩略图时,系统则需要动态地拼接400倍的大量图像,这将对磁盘读写和CPU带来较大的负载。采用金字塔结构后,系统会尽可能地寻找一个与所需倍数匹配的层进行读取,并将拼接后的图像传递给用户。为了实现通用的切片读取,需要一套完善的存储结构来定位并读取相应倍数下的图像区域,这里将会使用第三方框架OpenSlide[72]对数字病理切片进行读取。在系统中安装OpenSlide后,需要安装openslide-python插件来通过Python的API来调用相关的操作,代码如下:

```
//chapter9/pathology/slide_test.py

import openslide
import matplotlib.pyplot as plt
%pylab inline

#构建数字病理切片对象
slide = openslide.OpenSlide('CMU-1.tiff')
#输出其各项参数
print(slide.level_count)
print(slide.dimensions)
print(slide.level_dimensions)
print(slide.level_downsamples)
print(slide.properties)

#输出缩略图并显示
thumbnail = slide.get_thumbnail((1000, 1000))
plt.imshow(thumbnail)

#检测文件的格式
print(openslide.OpenSlide.detect_format('CMU-1.tiff'))
#读取第1层,坐标在(11000, 14000),大小为500×500的图像块,并显示
region = slide.read_region((11000, 14000), 1, (500, 500))
plt.imshow(region)
```

程序的输出如下:

```
9
(46000, 32914)
((46000, 32914), (23000, 16457), (11500, 8228), (5750, 4114), (2875, 2057), (1437, 1028), (718, 514), (359, 257), (179, 128))
(1.0, 2.0, 4.000121536217793, 8.000243072435586, 16.00048614487117, 32.01432201760585, 64.05093591147048, 128.10187182294095, 257.06193261173183)
<_PropertyMap {u'openslide.level[3].height': u'4114',
```

```
u'openslide.level[8].width': u'179', u'openslide.level[4].width': u'2875',
u'openslide.level[7].tile-width': u'256', u'openslide.level[4].height': u'2057',
u'openslide.level[0].width': u'46000', u'openslide.level[7].tile-height': u'256',
u'openslide.quickhash-1':
u'428aa6abf42c774234a463cb90e2cbf88423afc0217e46ec2e308f31e29f1a9f',
u'openslide.level[6].tile-height': u'256', u'openslide.level[2].height': u'8228',
u'openslide.level[1].height': u'16457', u'openslide.level[4].tile-height': u'256',
u'openslide.level[3].width': u'5750', u'openslide.level[1].width': u'23000',
u'openslide.level[5].height': u'1028', u'openslide.level[3].tile-width': u'256',
u'openslide.level[2].width': u'11500', u'openslide.level[7].height': u'257',
u'openslide.level[0].tile-height': u'256', u'openslide.level[5].tile-height':
u'256', u'openslide.level-count': u'9', u'tiff.ResolutionUnit': u'centimeter',
u'openslide.level[0].height': u'32914', u'tiff.YResolution': u'10',
u'openslide.level[3].downsample': u'8.0002430724355857', u'openslide.level[5].
downsample': u'32.014322017605849', u'openslide.level[1].tile-height': u'256',
u'openslide.level[5].width': u'1437', u'openslide.level[0].downsample': u'1',
u'openslide.level[8].downsample': u'257.06193261173183',
u'openslide.level[3].tile-height': u'256', u'openslide.level[8].height':
u'128', u'openslide.level[7].width': u'359', u'openslide.level[6].width': u'718',
u'openslide.level[4].downsample': u'16.000486144871171',
u'openslide.level[8].tile-width': u'256', u'openslide.level[6].downsample':
u'64.050935911470475', u'openslide.level[6].tile-width': u'256',
u'openslide.level[0].tile-width': u'256', u'openslide.level[2].tile-width':
u'256', u'tiff.XResolution': u'10', u'openslide.level[4].tile-width': u'256',
u'openslide.level[1].downsample': u'2', u'openslide.level[2].downsample':
u'4.0001215362177929', u'openslide.level[7].downsample': u'128.10187182294095',
u'openslide.level[6].height': u'514', u'openslide.level[5].tile-width': u'256',
u'openslide.vendor': u'generic-tiff', u'openslide.level[2].tile-height': u'256',
u'openslide.level[1].tile-width': u'256', u'openslide.level[8].tile-height':
u'256'}>
```

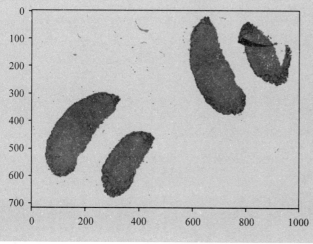

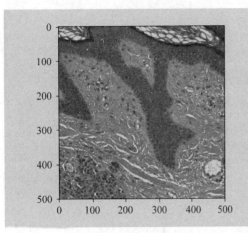

9.2.2 数字病理切片预处理

在进行后续的数据预处理之前,需要先建立配置文件:

```
//chapter9/pathology/config.py

import numpy as np

#公共参数

#图像标准化参数
IMG_MEAN = np.array((179.506896209, 146.561481245, 181.496705501), dtype=np.float32)
NUM_CLASSES = 2
#读取200倍图像层
USE_LEVEL = 1

#预处理参数

LIST_DIRECTORY = 'CAMELYON/lists/'
POOL_SIZE = 8
IMAGE_DIRECTORY = 'CAMELYON/Train_Tumor/'
LABEL_DIRECTORY = 'CAMELYON/Ground_Truth/Mask/'
DATA_DIR = 'CAMELYON/images/'
DATA_LIST = 'CAMELYON/full_train_list'
TRAIN_SIZE = 320
WHOLE_THRESHOLD = 220 * 3

#训练参数

BATCH_SIZE = 8
INPUT_SIZE = '320, 320'
```

```python
IMAGE_SIZE = int(INPUT_SIZE.split(', ')[0])
#初始学习速率
LEARNING_RATE = 1e-3
#总迭代次数
NUM_STEPS = 50000
MOMENTUM = 0.9
#学习速率每 LR_DECAY_STEP 次迭代变成原来的 POWER
LR_DECAY_STEP = 10000
POWER = 0.5
SAVE_PRED_EVERY = 1000
SNAPSHOT_DIR = 'snapshots_deeplabv3plus/'
WEIGHT_DECAY = 0.0005
#是否进行随机放缩
RANDOM_SCALE = True
#是否进行随机镜像与旋转
RANDOM_MIRROR = True

#测试参数

DATA_DIRECTORY = 'CAMELYON/Test/'
PRED_DIRECTORY = 'preds/'
RESULT_DIRECTORY = 'result/'
DATA_LIST_PATH = 'CAMELYON/test_list'
#预测图像大小
PREDEFINED_SIZE = 1000
#考虑周边环境
BORDER_SIZE = 100
#预测时需要考虑环境信息，因此在 PREDEFINED_SIZE 外加了一圈 BORDER_SIZE
TEST_INPUT_SIZE = PREDEFINED_SIZE + 2 * BORDER_SIZE
#简单地过滤白色的背景
WHITE_THRESHOLD = 700
#缩略图的放缩比
SCALE_RATIO = 20
RESTORE_FROM = 'snapshots_deeplabv3plus/model.ckpt-20000'
```

为了完成语义分割模型的建立，需要对数字病理切片及其对应的标注进行切块，形成训练与像素级标注图像块构成的训练数据集。这里可以使用 multiprocessing 库对数字病理切片进行并行处理，数据预处理的代码如下：

```
//chapter9/pathology/preprocessing.py

import os
import glob
from multiprocessing import Pool
import numpy as np
from PIL import Image
from openslide import OpenSlide
```

```python
import config

#每个进程独立处理手头的数字病理切片
def process_image(image_name):
    filename = image_name.split('/')[-1]
    print('Processing: ' + filename)
    #为了实现异步处理,需要将列表放在一个文件夹中
    if os.path.exists(config.LIST_DIRECTORY + 'train_list_' + filename.split('.')[0]):
        os.remove(config.LIST_DIRECTORY + 'train_list_' + filename.split('.')[0])
    train_list = open(config.LIST_DIRECTORY + 'train_list_' + filename.split('.')[0], 'w')
    label_filename = config.LABEL_DIRECTORY + 'Tumor_' + filename.split('.')[0].split('_')[-1] + '_Mask.tif'
    #打开数字病理切片和对应的标注切片
    image_tif = OpenSlide(image_name)
    label_tif = OpenSlide(label_filename)

    #获得切片的尺寸
    image_width = image_tif.level_dimensions[config.USE_LEVEL][0]
    image_height = image_tif.level_dimensions[config.USE_LEVEL][1]
    width_step_num = int(image_width / config.TRAIN_SIZE)
    height_step_num = int(image_height / config.TRAIN_SIZE)

    #顺序读取图像块
    for x_index in range(width_step_num):
        for y_index in range(height_step_num):
            image = np.array(image_tif.read_region(
                location=(int(x_index * config.TRAIN_SIZE * image_tif.level_downsamples[config.USE_LEVEL]), int(y_index * config.TRAIN_SIZE * image_tif.level_downsamples[config.USE_LEVEL])),
                level=config.USE_LEVEL, size=(config.TRAIN_SIZE, config.TRAIN_SIZE)))[:, :, :-1]
            total_color_value = np.sum(image)
            #过滤白色背景
            if total_color_value > config.WHOLE_THRESHOLD:
                continue
            label = np.array(label_tif.read_region(
                location=(int(x_index * config.TRAIN_SIZE * image_tif.level_downsamples[config.USE_LEVEL]), int(y_index * config.TRAIN_SIZE * image_tif.level_downsamples[config.USE_LEVEL])),
                level=config.USE_LEVEL, size=(config.TRAIN_SIZE, config.TRAIN_SIZE)))[:, :, :-1]
            lb = Image.new('L', (config.TRAIN_SIZE, config.TRAIN_SIZE), 0)
            new_label = lb.load()
            for i in range(config.TRAIN_SIZE):
```

```
            for j in range(config.TRAIN_SIZE):
                #在原始标注中,有癌像素为255,需要将其转换为1
                if int(label[i, j, 0]) == 255:
                    new_label[j, i] = 1
            #保存图像块和对应标注,并写入训练列表
            im = Image.fromarray(image, 'RGB')
            image_outfile = filename.split('.')[0] + '_' + str(x_index) + '_'
+ str(y_index) + '.png'
            label_outfile = filename.split('.')[0] + '_' + str(x_index) + '_'
+ str(y_index) + '_label.png'
            im.save(config.DATA_DIR + image_outfile)
            lb.save(config.DATA_DIR + label_outfile)
            train_list.write(image_outfile + ' ' + label_outfile + '\n')
        train_list.flush()
    train_list.close()

image_list = glob.glob(config.IMAGE_DIRECTORY + '*.tif')
#使用多进程进行异步处理
process_pool = Pool(config.POOL_SIZE)
res = process_pool.map_async(process_image, image_list)
res.get()
```

程序的输出如下:

```
Processing: Tumor_017.tif
Processing: Tumor_005.tif
Processing: Tumor_013.tif
Processing: Tumor_009.tif
Processing: Tumor_001.tif
Processing: Tumor_021.tif
Processing: Tumor_025.tif
Processing: Tumor_029.tif
Processing: Tumor_006.tif
Processing: Tumor_014.tif
...
```

对 lists 文件夹的列表进行整合后,获得预处理的数据列表。

9.2.3 样本均衡性处理

在对训练数据进行切分后,非癌样本数将远大于有癌样本数,需要对其均衡性进行处理,代码如下:

```
//chapter9/pathology/oversampling.py

import multiprocessing
from PIL import Image
import config
```

```python
    def process_file(p_index, record_list):
        undersampling_file = open(config.LIST_DIRECTORY + 'train_list_positive_' + str(p_index), 'w')
        index = 0
        record_num = len(record_list)
        for record in record_list:
            index += 1
            if index % 1000 == 0:
                print('Process: ' + str(p_index) + \
                      ' | Step: ' + str(index) + ' / ' + str(record_num))
            label_file = record.split('\n')[0].split(' ')[-1]
            img = Image.open(config.DATA_DIR + label_file)
            label_content = list(img.getdata())
            if max(label_content) == 1:
                undersampling_file.write(record)
        undersampling_file.close()

    def start_process(record_lists):
        processes = []
        index = 0
        for record_list in record_lists:
            index += 1
            processes.append(multiprocessing.Process(target=process_file, args=(index, record_list,)))
        for process in processes:
            process.start()
        for process in processes:
            process.join()

    records = open(config.DATA_LIST).readlines()
    record_num = len(records)
    print('Total Record Number: ' + str(record_num))
    batch_size = record_num / (config.POOL_SIZE - 1)
    record_lists = []
    for batch_index in range(0, config.POOL_SIZE - 1):
        record_lists.append(records[batch_index * batch_size: (batch_index + 1) * batch_size])
    record_lists.append(records[(config.POOL_SIZE - 1) * batch_size:])
    start_process(record_lists)
```

程序的输出如下：

```
Total Record Number: 745448
Process: 1 | Step: 1000 / 106492
Process: 5 | Step: 1000 / 106492
Process: 7 | Step: 1000 / 106492
```

```
Process: 3 | Step: 1000 / 106492
Process: 4 | Step: 1000 / 106492
Process: 2 | Step: 1000 / 106492
Process: 1 | Step: 2000 / 106492
Process: 5 | Step: 2000 / 106492
Process: 4 | Step: 2000 / 106492
Process: 3 | Step: 2000 / 106492
...
```

对选出的阳性样本列表进行若干份复制后，加入原始的训练列表中，便可获得最终版的训练样本列表。

9.2.4 模型训练

与9.2.3节的例子相似，需要先构建数据队列：

```
//chapter9/pathology/imagereader.py

import random
import tensorflow.compat.v1 as tf
tf.disable_eager_execution()

#随机放缩
def image_scaling(img, label, w, h):
    scale = random.uniform(1.0, 1.25)
    w_new = int(w * scale)
    h_new = int(h * scale)
    new_shape = tf.convert_to_tensor([w_new, h_new])
    img = tf.image.resize_images(img, new_shape)
    label = tf.image.resize_images(label, new_shape, method=
tf.image.ResizeMethod.NEAREST_NEIGHBOR)

    st_w = w_new - w
    st_h = h_new - h

    tmp = int(random.random() * (st_w + 1))
    img = img[tmp: tmp + w - 1, :, :]
    label = label[tmp: tmp + w - 1, :, :]

    tmp = int(random.random() * (st_h + 1))
    img = img[:, tmp:tmp + h - 1, :]
    label = label[:, tmp:tmp + h - 1, :]
    img = tf.image.resize_images(img, tf.convert_to_tensor([w, h]))
    label = tf.image.resize_images(label, tf.convert_to_tensor([w, h]),
method=tf.image.ResizeMethod.NEAREST_NEIGHBOR)
    return img, label
```

```python
#随机镜像与旋转
def image_mirroring(img, label):
    if random.random() >= 0.5:
        img = tf.image.flip_left_right(img)
        label = tf.image.flip_left_right(label)
    if random.random() >= 0.5:
        img = tf.image.flip_up_down(img)
        label = tf.image.flip_up_down(label)
    if random.random() >= 0.5:
        img = tf.image.rot90(img, 1)
        label = tf.image.rot90(label, 1)
    if random.random() >= 0.5:
        img = tf.image.rot90(img, 2)
        label = tf.image.rot90(label, 2)
    if random.random() >= 0.5:
        img = tf.image.rot90(img, 3)
        label = tf.image.rot90(label, 3)
    return img, label

#读取列表
def read_labeled_image_list(data_dir, data_list):
    f = open(data_list, 'r')
    images = []
    labels = []
    names = []
    for line in f:
        try:
            if len(line.strip("\n").split(' ')) == 2:
                image, label = line.strip("\n").split(' ')
            elif len(line.strip("\n").split(' ')) == 1:
                image = line.strip("\n")
                label = ''
            name = image.split('.')[0]
        except ValueError:
            print('List file format wrong!')
            exit(1)
        images.append(data_dir + image)
        labels.append(data_dir + label)
        names.append(name)
    return images, labels, names

#读取图像块及标注
def read_images_from_disk(input_queue, input_size, random_scale, random_mirror, ignore_label, img_mean):
    img_contents = tf.read_file(input_queue[0])
    label_contents = tf.read_file(input_queue[1])
    name_contents = input_queue[2]
```

```python
        img = tf.image.decode_png(img_contents, channels=3)
        img = tf.cast(img, dtype=tf.float32)

        #删除平均值，数据分布会更平衡
        img -= img_mean
        label = tf.image.decode_png(label_contents, channels=1)

        if input_size is not None:
            w, h = input_size
            img = tf.image.resize_images(img, tf.convert_to_tensor([w, h]))
            label = tf.image.resize_images(label, tf.convert_to_tensor([w, h]),
                        method=tf.image.ResizeMethod.NEAREST_NEIGHBOR)

            if random_scale:
                img, label = image_scaling(img, label, w, h)

            if random_mirror:
                img, label = image_mirroring(img, label)

        return img, label, tf.convert_to_tensor(name_contents, dtype=tf.string)


    class ImageReader(object):
        def __init__(self, data_dir, data_list, input_size, random_scale,
    random_mirror, img_mean, coord):
            self.data_dir = data_dir
            self.data_list = data_list
            self.input_size = input_size
            self.coord = coord

            self.image_list, self.label_list, self.name_list = read_labeled_
    image_list(self.data_dir, self.data_list)
            self.images = tf.convert_to_tensor(self.image_list, dtype=tf.string)
            self.labels = tf.convert_to_tensor(self.label_list, dtype=tf.string)
            self.image_names = tf.convert_to_tensor(self.name_list, dtype=
    tf.string)
            self.queue = tf.train.slice_input_producer([self.images, self.labels,
    self.image_names], shuffle=input_size is not None)
            self.image, self.label, self.img_name = read_images_from_disk(self.
    queue, self.input_size, random_scale, random_mirror, ignore_label, img_mean)

        def dequeue(self, num_elements):
            image_batch, label_batch, name_batch = tf.train.shuffle_batch
    ([self.image, self.label, self.img_name], num_elements, num_elements * 4,
    num_elements * 2)
            return image_batch, label_batch, name_batch
```

随后便可进行模型训练，基于DeepLabv3+，代码如下：

```
//chapter9/pathology/train.py

import os
os.environ['TF_FORCE_GPU_ALLOW_GROWTH'] = 'true'
os.environ['TF_CPP_MIN_LOG_LEVEL'] = '2'
import time
import tensorflow.compat.v1 as tf
tf.disable_eager_execution()
import deeplabv3plus
from imagereader import ImageReader
import config
tf.set_random_seed(1234)

def save(saver, sess, logdir, step):
    model_name = 'model.ckpt'
    checkpoint_path = os.path.join(logdir, model_name)

    if not os.path.exists(logdir):
        os.makedirs(logdir)
    saver.save(sess, checkpoint_path, global_step=step)
    print('The checkpoint has been created.')

#对标注进行预处理
def prepare_label(input_batch, new_size, num_classes, one_hot=True):
    input_batch = tf.image.resize_nearest_neighbor(input_batch, new_size)
    input_batch = tf.squeeze(input_batch, squeeze_dims=[3])
    if one_hot:
        input_batch = tf.one_hot(input_batch, depth=num_classes)
    return input_batch


def main():
    h, w = map(int, config.INPUT_SIZE.split(','))
    input_size = (h, w)

    #构建数据队列
    coord = tf.train.Coordinator()
    reader = ImageReader(config.DATA_DIR, config.DATA_LIST, input_size,
config.RANDOM_SCALE, config.RANDOM_MIRROR, config.IMG_MEAN, coord)
    image_batch, label_batch, _ = reader.dequeue(config.BATCH_SIZE)
    raw_output = deeplabv3plus.deeplabv3plus(image_batch, config.NUM_CLASSES,
[config.IMAGE_SIZE, config.IMAGE_SIZE])
    raw_output = tf.reshape(raw_output, [-1, config.IMAGE_SIZE,
config.IMAGE_SIZE, config.NUM_CLASSES])
```

```python
        label_proc = prepare_label(label_batch, tf.stack(raw_output.get_
shape()[1:3]),
                                    num_classes=config.NUM_CLASSES, one_hot=False)
        raw_gt = tf.reshape(label_proc, [-1, ])
        raw_output = tf.reshape(raw_output, [-1, config.NUM_CLASSES])

        #去除无意义的标注（标签大于config.NUM_CLASSES）
        indices = tf.squeeze(tf.where(tf.less_equal(raw_gt, config.NUM_CLASSES -
1)), 1)
        gt = tf.cast(tf.gather(raw_gt, indices), tf.int32)
        prediction = tf.gather(raw_output, indices)

        loss = tf.reduce_mean(tf.nn.sparse_softmax_cross_entropy_with_logits
(logits=prediction, labels=gt))
        step_ph = tf.placeholder(dtype=tf.int32)
        lr = tf.train.exponential_decay(config.LEARNING_RATE, step_ph,
config.LR_DECAY_STEP, config.POWER, staircase=True)
        train_step = tf.train.MomentumOptimizer(lr, config.MOMENTUM).minimize
(loss)
        tfconfig = tf.ConfigProto()
        tfconfig.gpu_options.allow_growth = True
        tfconfig.allow_soft_placement = True

        init = tf.global_variables_initializer()
        saver = tf.train.Saver(var_list=tf.global_variables(), max_to_keep=1000)
        logfile = open('deeplabv3plus.log', 'w')

        with tf.Session(config=tfconfig) as sess:
            sess.run(init)
            threads = tf.train.start_queue_runners(coord=coord, sess=sess)
            for step in range(config.NUM_STEPS):
                start_time = time.time()
                feed_dict = {step_ph: step}
                loss_value, _ = sess.run([loss, train_step], feed_dict=feed_dict)
                duration = time.time() - start_time
                logfile.write('Iteration: %5d,Loss: %.6f,Duration: %.3f\n' % (step
+ 1, loss_value, duration))
                if (step + 1) % config.SAVE_PRED_EVERY == 0:
                    save(saver, sess, config.SNAPSHOT_DIR, step + 1)
                    logfile.flush()
                    print('Iteration: %5d \t | Loss: %.6f, (%.3f sec/step)' % ((step
+ 1), loss_value, duration))
            logfile.close()
            coord.request_stop()
            coord.join(threads)
```

```
if __name__=='__main__':
    main()
```

其中需要对 DeepLabv3+ 的核心实现代码进行修改，修改后的代码如下：

```
//chapter9/pathology/deeplabv3plus.py

def deeplabv3plus(image_batch, class_num):
    conv = layers.Conv2D(64, 7, strides=2, padding='same')(image_batch)
    conv = _after_conv(conv)
    pool1 = layers.MaxPool2D(3, 2, padding='same')(conv)
    conv1_block = block(pool1, 64, 3, False)
    conv2_block = block(conv1_block, 128, 4, True)
    conv3_block = block(conv2_block, 256, 6, True)
    conv4_block = block(conv3_block, 512, 3, True, dilation=2)
    encode_result = simple_conv1(aspp(conv4_block), 48)
    concat_result = layers.Concatenate()([conv1_block, encode_result])
    result = conv3(concat_result, 256)
    _y = layers.Activation('softmax')(layers.UpSampling2D(4)(simple_conv1(result, class_num)))
    return _y
```

训练日志的输出如下：

```
Iteration:      1,Loss: 0.683928,Duration: 63.270
Iteration:      2,Loss: 0.593184,Duration: 0.130
Iteration:      3,Loss: 0.565691,Duration: 0.121
Iteration:      4,Loss: 0.680327,Duration: 0.116
Iteration:      5,Loss: 0.493418,Duration: 0.177
Iteration:      6,Loss: 0.524712,Duration: 0.278
Iteration:      7,Loss: 0.853563,Duration: 0.257
Iteration:      8,Loss: 0.535127,Duration: 0.306
Iteration:      9,Loss: 0.802993,Duration: 0.223
Iteration:     10,Loss: 0.770869,Duration: 0.233
...
```

9.2.5 模型测试

由于数字病理切片的特殊性，需要对测试数据切分后进行预测，然后对预测结果进行拼接，实现可视化的呈现。以下代码可以完成切片到图像块的切分，并将图像块送入预测模型中：

```
//chapter9/pathology/test.py

import os
os.environ['TF_FORCE_GPU_ALLOW_GROWTH'] = 'true'
os.environ['TF_CPP_MIN_LOG_LEVEL'] = '2'
import tensorflow.compat.v1 as tf
tf.disable_eager_execution()
```

```python
import numpy as np
from PIL import Image
from openslide import OpenSlide
import deeplabv3plus
import config

def load(saver, sess, ckpt_path):
    saver.restore(sess, ckpt_path)
    print("Restored model parameters from {}".format(ckpt_path))

def write(filename, content):
    new_image = Image.fromarray(np.uint8(content * 255.))
    new_image.save(filename, "PNG")

#这部分函数的主要功能是生成预测图像块的位置
def generate_effective_regions(size):
    width = size[0]
    height = size[1]
    x_step = int(width / config.PREDEFINED_SIZE)
    y_step = int(height / config.PREDEFINED_SIZE)
    regions = []
    for x in range(0, x_step):
        for y in range(0, y_step):
            regions.append([x * config.PREDEFINED_SIZE, y * config.PREDEFINED_SIZE, 0, 0, config.PREDEFINED_SIZE - 1, config.PREDEFINED_SIZE - 1])
    if not height % config.PREDEFINED_SIZE == 0:
        for x in range(0, x_step):
            regions.append([x * config.PREDEFINED_SIZE, height - config.PREDEFINED_SIZE, 0, (y_step + 1) * config.PREDEFINED_SIZE - height, config.PREDEFINED_SIZE - 1, config.PREDEFINED_SIZE - 1])
    if not width % config.PREDEFINED_SIZE == 0:
        for y in range(0, y_step):
            regions.append([width - config.PREDEFINED_SIZE, y * config.PREDEFINED_SIZE, (x_step + 1) * config.PREDEFINED_SIZE - width, 0, config.PREDEFINED_SIZE - 1, config.PREDEFINED_SIZE - 1])
    if not (height % config.PREDEFINED_SIZE == 0 or width % config.PREDEFINED_SIZE == 0):
        regions.append([width - config.PREDEFINED_SIZE, height - config.PREDEFINED_SIZE, (x_step + 1) * config.PREDEFINED_SIZE - width, (y_step + 1) * config.PREDEFINED_SIZE - height, config.PREDEFINED_SIZE - 1, config.PREDEFINED_SIZE - 1])
    return regions

#这部分函数用于给生成的图像块加入一圈环境，需要对边界的图像进行特别处理
def generate_overlap_tile(region, dimensions):
    shifted_region_x = region[0] - config.BORDER_SIZE
    shifted_region_y = region[1] - config.BORDER_SIZE
```

```python
            clip_region_x = config.BORDER_SIZE
            clip_region_y = config.BORDER_SIZE
            if region[0] == 0:
                shifted_region_x = shifted_region_x + config.BORDER_SIZE
                clip_region_x = 0
            if region[1] == 0:
                shifted_region_y = shifted_region_y + config.BORDER_SIZE
                clip_region_y = 0
            if region[0] == dimensions[0] - config.PREDEFINED_SIZE:
                shifted_region_x = shifted_region_x - config.BORDER_SIZE
                clip_region_x = 2 * config.BORDER_SIZE
            if region[1] == dimensions[1] - config.PREDEFINED_SIZE:
                shifted_region_y = shifted_region_y - config.BORDER_SIZE
                clip_region_y = 2 * config.BORDER_SIZE
            return [shifted_region_x, shifted_region_y], [clip_region_x, clip_region_y]

    def main():
        image = tf.placeholder(tf.float32, [config.TEST_INPUT_SIZE, config.TEST_INPUT_SIZE, 3])
        image_mean = (image - config.IMG_MEAN) / 255.

        image_batch = tf.expand_dims(image_mean, dim=0)

        raw_output = deeplabv3plus.deeplabv3plus(image_batch, config.NUM_CLASSES, [config.INPUT_SIZE, config.INPUT_SIZE])

        restore_var = tf.global_variables()

        #这里需要输出概率图
        raw_output = raw_output[:, :, :, 1]
        prediction = tf.reshape(raw_output, [config.INPUT_SIZE, config.INPUT_SIZE])

        config = tf.ConfigProto()
        config.gpu_options.allow_growth = True
        sess = tf.Session(config=config)
        init = tf.global_variables_initializer()

        sess.run(init)
        sess.run(tf.local_variables_initializer())

        loader = tf.train.Saver(var_list=restore_var)
        load(loader, sess, config.RESTORE_FROM)

        inference_list = open(config.DATA_LIST_PATH).readlines()
        for item in inference_list:
            image_name = item.split('\n')[0].split('/')[-1].split('.')[0]
```

```python
            print('Diagnosing: ' + config.DATA_DIRECTORY + item.split('\n')[0])
            image_tif = OpenSlide(config.DATA_DIRECTORY + item.split('\n')[0])
            tif_dimensions = image_tif.level_dimensions[config.USE_LEVEL]
            regions = generate_effective_regions(tif_dimensions)
            index = 0
            region_num = len(regions)
            for region in regions:
                shifted_region, clip_region = generate_overlap_tile(region, tif_dimensions)
                index += 1
                if index % 1 == 0:
                    print(' Progress: ' + str(index) + ' / ' + str(region_num))
                input_image = np.array(image_tif.read_region(location=(int(shifted_region[0] * image_tif.level_downsamples[config.USE_LEVEL]), int(shifted_region[1] * image_tif.level_downsamples[config.USE_LEVEL])), level=config.USE_LEVEL, size=(config.TEST_INPUT_SIZE, config.TEST_INPUT_SIZE)))[:, :, :-1]
                total_color_value = np.sum(input_image[clip_region[0]: (config.PREDEFINED_SIZE + clip_region[0]), clip_region[1]: (config.PREDEFINED_SIZE + clip_region[1])]) / (config.PREDEFINED_SIZE * config.PREDEFINED_SIZE)
                if total_color_value > config.WHITE_THRESHOLD:
                    empty_prediction = np.zeros([config.PREDEFINED_SIZE, config.PREDEFINED_SIZE])[region[2]:(region[4] + 1), region[3]:(region[5] + 1)]
                    write(config.PRED_DIRECTORY + image_name + '_' + str(region[0]) + '_' + str(region[1]) + '_prediction.png', empty_prediction.astype(np.int8))
                    continue
                prediction_result = sess.run(prediction, feed_dict={image: input_image})
                prediction_result = prediction_result[clip_region[0]: (config.PREDEFINED_SIZE + clip_region[0]), clip_region[1]: (config.PREDEFINED_SIZE + clip_region[1])]
                prediction_result = prediction_result[region[2]:(region[4] + 1), region[3]:(region[5] + 1)]
                write(config.PRED_DIRECTORY + image_name + '_' + str(region[0]) + '_' + str(region[1]) + '_prediction.png', prediction_result)

    if __name__ == '__main__':
        main()
```

程序的输出如下：

```
Restored model parameters from ./snapshots_deeplabv3plus/model.ckpt-20000
  Diagnosing: /media/swang/My Book/CAMELYON/Test/001.tif
   Progress: 1 / 1980
   Progress: 2 / 1980
   Progress: 3 / 1980
   Progress: 4 / 1980
   Progress: 5 / 1980
```

```
    Progress: 6 / 1980
    Progress: 7 / 1980
    Progress: 8 / 1980
    Progress: 9 / 1980
    Progress: 10 / 1980
...
```

这里给出一些典型的预测结果:

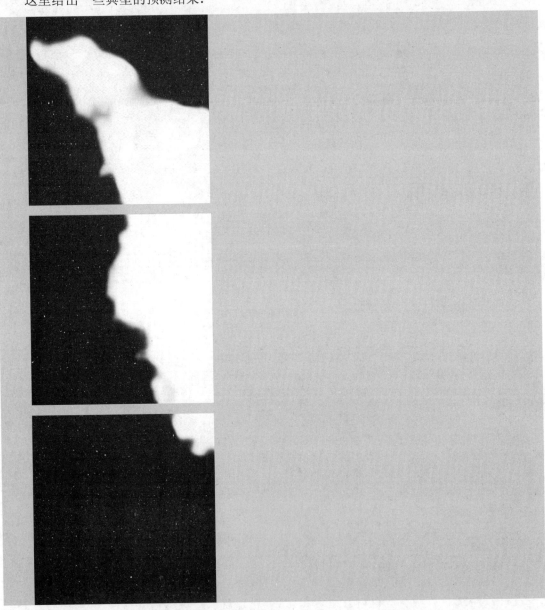

图像块的预测结果将统一被放置于一个文件夹中,对其进行拼接后,可以获得切片级的预测结果缩略图,代码如下:

```
//chapter9/pathology/postprocessing.py

import glob
import numpy as np
from PIL import Image
import config

def image_to_array(input_image):
    im_array = np.array(input_image.getdata(), dtype=np.uint8)
    im_array = im_array.reshape((input_image.size[0], input_image.size[1]))
    return im_array

def write(filename, content):
    new_image = Image.fromarray(np.uint8(content))
    new_image.save(filename, "PNG")

prediction_list = glob.glob(config.PRED_DIRECTORY + '*_prediction.png')
image_list = {}
for prediction_image in prediction_list:
```

```python
            name_parts = prediction_image.split('/')[-1].split('_')
            image_name, pos_x, pos_y = '_'.join(name_parts[:-3]), int(name_parts[-3]), int(name_parts[-2])
            if image_name in image_list:
                image_list[image_name].append([pos_x, pos_y])
            else:
                image_list[image_name] = []
                image_list[image_name].append([pos_x, pos_y])
    for image_name in image_list.keys():
        print('Processing: ' + image_name)
        image_patches = []
        image_list[image_name].sort()
        last_x = -1
        row_patch = []
        for position in image_list[image_name]:
            pos_x = position[0]
            pos_y = position[1]
            image = Image.open(config.PRED_DIRECTORY + '_'.join([image_name, str(pos_x), str(pos_y), 'prediction']) + '.png')
            original_width, original_height = image.size
            if original_width < config.SCALE_RATIO or original_height < config.SCALE_RATIO:
                continue
            image = image.resize((int(original_width / config.SCALE_RATIO), int(original_height / config.SCALE_RATIO)), Image.NEAREST)
            image_patch = image_to_array(image)
            if not pos_x == last_x:
                last_x = pos_x
                if len(row_patch) == 0:
                    row_patch = image_patch
                else:
                    if not len(image_patches) == 0:
                        image_patches = np.column_stack((image_patches, row_patch))
                    else:
                        image_patches = row_patch
                    row_patch = image_patch
            else:
                row_patch = np.row_stack((row_patch, image_patch))
        image_patches = np.column_stack((image_patches, row_patch))
        write(config.RESULT_DIRECTORY + '_'.join([image_name, 'prediction_thumbnail']) + '.png', image_patches)
    print('Prediction saved to ' + config.RESULT_DIRECTORY + '_'.join([image_name, 'prediction_thumbnail']) + '.png')
```

典型切片级的预测结果如下：

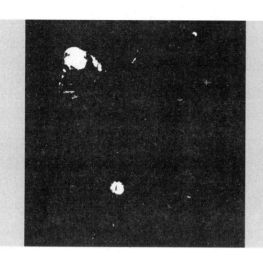

9.2.6 模型导出

与 9.2.5 节的例子相似,乳腺淋巴结转移癌识别的模型训练与测试完成后,可将模型导出,代码如下:

```
//chapter9/pathology/export.py

import os
os.environ["CUDA_VISIBLE_DEVICES"] = ''
os.environ['TF_FORCE_GPU_ALLOW_GROWTH'] = 'true'
os.environ['TF_CPP_MIN_LOG_LEVEL'] = '2'
import tensorflow.compat.v1 as tf
tf.disable_eager_execution()
import deeplabv3plus

def load(saver, sess, ckpt_path):
    saver.restore(sess, ckpt_path)
    print("Restored model parameters from {}".format(ckpt_path))

def main():
    image = tf.placeholder(tf.float32, [None, None, 3])
    image_mean = (image - config.IMG_MEAN) / 255.
    image_batch = tf.expand_dims(image_mean, dim=0)
    raw_output = deeplabv3plus.deeplabv3plus(image_batch, config.NUM_CLASSES,
[config.TEST_INPUT_SIZE, config.TEST_INPUT_SIZE])
    prediction = raw_output[0, :, :, 1]

    config = tf.ConfigProto()
    config.gpu_options.allow_growth = True
    init = tf.global_variables_initializer()
```

```
        with tf.Session(config=config) as sess:
            sess.run(init)
            restore_var = tf.global_variables()
            loader = tf.train.Saver(var_list=restore_var)
            load(loader, sess, config.RESTORE_FROM)
            tf.saved_model.simple_save(sess, 'pathology/0000000001', inputs=
{'input': image}, outputs={'prediction': prediction})

    if __name__ == '__main__':
        main()
```

需要注意的是，这里的预测结果不再是分类，而是灰阶概率图。

本章习题

1. 使用不同的图像分类模型结构（ResNet-18、ResNet-34、ResNet-50、DenseNet、Inception 等）对 ImageNet 及猫狗大战数据进行训练，并对不同模型的表现进行比较。

2. 使用不同的语义分割模型结构（U-Net、DeepLabv3、DeepLabv3+等）对 CAMELYON16 数据集进行训练，比较模型之间的差异。

3. 使用本章中给出的模型导出代码，将 ImageNet、猫狗大战与 CAMELYON16 训练的模型导出。

第 10 章 深度学习推理系统

人工智能不应该只停留在学术研究阶段，一旦其应用于产业化进程中，将会对这个世界产生巨大的影响。在本章中，会将训练好的模型应用于真实的工程化环境中进行上线。一个分布式的深度学习推理系统需要考虑诸多工程化的因素，例如分布式问题和消息队列等，这些问题需要从工程化的角度出发，逐一解决。这套推理系统将融合本书分布式中的所有内容，大家可以体会它们在实际应用中的作用。本章介绍的深度学习推理系统有较强的通用性，能够应用在许多不同的场景中，例如自然图像、车道识别、自动驾驶和医学图像分析等。

10.1 整体架构

在前文中，介绍了深度学习推理系统的构建过程。这里给推理系统起一个好听的名字，叫作 DeepGo。总体来讲，DeepGo 可以分解为调度器模块、工作节点模块与日志模块。调度器用于接收来自消息队列的任务请求，将消息传达到工作节点，以便对任务进行处理，二者将运行日志通过消息队列传递到日志模块进行记录。

DeepGo 的项目代码如下，其中上线了猫狗大战模型：

```
├── README.md
├── log-service
│   ├── Dockerfile
│   ├── config
│   │   ├── __init__.py
│   │   └── env.py
│   └── save_log.py
├── scheduler-service
│   ├── Dockerfile
│   ├── app
│   │   ├── __init__.py
│   │   ├── app.py
│   │   ├── celery_app.py
│   │   └── job
│   │       ├── __init__.py
│   │       └── job_processing.py
```

```
        │   ├── config
        │   │   ├── __init__.py
        │   │   ├── celery_config.py
        │   │   ├── env.py
        │   │   ├── func.py
        │   │   └── var.py
        │   ├── requirements.txt
        │   ├── run.py
        │   └── utils
        │       ├── __init__.py
        │       └── logger.py
        └── worker_service
            ├── Dockerfile
            ├── __init__.py
            ├── app
            │   ├── __init__.py
            │   └── celery_app.py
            ├── config
            │   ├── __init__.py
            │   ├── env.py
            │   └── var.py
            ├── initial.sh
            ├── model
            │   └── tfserving.py
            ├── requirements.txt
            ├── utils
            │   ├── __init__.py
            │   ├── kafka_client.py
            │   ├── log_info.py
            │   ├── logger.py
            │   └── template.py
            └── worker
                ├── __init__.py
                ├── dogcat.py
                └── tasks.py
```

10.2 调度器模块

DeepGo 的调度器的执行逻辑比较简单，即接收来自 Kafka 的任务消息，然后按照主题映射到对应的处理函数，最后调起工作节点模块对其进行处理。这里将调度器的代码划分到 3 个文件夹中：app、utils 与 config，其中文件夹 app 下存放的是核心的处理逻辑，文件夹 utils 下包含一些有用的工具，文件夹 config 下存放的是一系列的配置文件。

为了实现 Kafka 消息的监听，需要定义其订阅的任务消息主题。同时，调度器模块还需要将日志传递到 Kafka，这里还定义了日志消息的主题。将这些信息全部写入 config 下的

var.py 文件中：

```
//chapter10/schedule-service/config/var.py

#猫狗大战任务的消息主题
TOPIC_DOGCAT_REQUEST = 'deepgo.dogcat.request'
#日志的消息主题
TOPIC_LOG_SCHEDULER = 'deepgo.scheduler.log'
```

在文件夹 config 下的 env.py 文件中，还需要定义一些环境变量。这里使用 Kafka 与 Celery，二者的环境信息如下：

```
//chapter10/schedule-service/config/env.py

#coding: UTF-8
import os

#Kafka 配置
KAFKA_HOST = os.environ.get('KAFKA_HOST', '127.0.0.1')
KAFKA_PORT = int(os.environ.get('KAFKA_PORT', 9092))
KAFKA_SERVICE = ['{}:{}'.format(KAFKA_HOST, KAFKA_PORT)]

#Celery 配置
#Worker 在任务执行完后才向 Broker 发送确认，告诉队列这个任务已经处理了，而不是在接收
#任务后及执行前发送
CELERY_ACKS_LATE = True
#定制自己的日志处理程序
CELERYD_HIJACK_ROOT_LOGGER = False
CELERY_DEFAULT_QUEUE = 'default'
#设置优先级
BROKER_TRANSPORT_OPTIONS['priority_steps'] = list(range(9))
```

为了实现任务消息的映射，这里在文件夹 config 下的 func.py 文件中，列举了 Kafka 主题与处理逻辑之间的映射关系，代码如下：

```
//chapter10/schedule-service/config/func.py

from app.job.job_processing import dogcat_app
from config import var as v

#定义 Kafka 主题与处理逻辑之间的映射关系
APP_MAPPING = {
    v.TOPIC_DOGCAT_REQUEST: dogcat_app,
}
```

其中，dogcat_app 定义了猫狗大战模型的核心实现逻辑，将会在后文中进行详细介绍。

在调度器模块中，所用到的工具仅包含日志类，由 utils 下的 logging.py 定义，代码如下：

```python
//chapter10/schedule-service/utils/logging.py

from kafka.client import SimpleClient
from kafka.producer import SimpleProducer, KeyedProducer
import logging
from celery.utils.log import get_task_logger
from config import env, var as v

class KafkaLoggingHandler(logging.Handler):

    def __init__(self, hosts_list, topic, **kwargs):
        logging.Handler.__init__(self)

        self.kafka_client = SimpleClient(hosts_list)
        self.key = kwargs.get("key", None)
        self.kafka_topic_name = topic

        if not self.key:
            self.producer = SimpleProducer(self.kafka_client, **kwargs)
        else:
            self.producer = KeyedProducer(self.kafka_client, **kwargs)

    def emit(self, record):
        #注意这里要把Kafka自己的日志去掉
        if record.name == 'kafka':
            return
        try:
            #使用默认格式
            msg = self.format(record)
            if isinstance(msg, str):
                msg = msg.encode("utf-8")

            #发送消息
            if not self.key:
                self.producer.send_messages(self.kafka_topic_name, msg)
            else:
                self.producer.send_messages(
                    self.kafka_topic_name, self.key, msg)
        except Exception as e:
            print('Failed to send log: {} to kafka, error info: {}'.format(record, e))

    def close(self):
        if self.producer is not None:
            self.producer.stop()
        logging.Handler.close(self)
```

```python
def get_kafka_logger(name, log='logging'):
    if log == 'celery':
        logger = get_task_logger(name)
    else:
        logger = logging.getLogger(name)

    logger.setLevel(logging.INFO)
    kafka_handler = KafkaLoggingHandler(env.KAFKA_SERVICE, v.TOPIC_LOG_SCHEDULER)
    formatter = logging.Formatter('%(asctime)s - %(levelname)s - %(message)s')
    kafka_handler.setFormatter(formatter)
    logger.addHandler(kafka_handler)
    return logger
```

简单来看，上述代码所实现的就是一个 Kafka 的生产者。

接下来便可以开始定义消息监听与处理逻辑了，在 app 目录下，通过 app.py 文件定义一个消息监听器：

```python
//chapter10/schedule-service/app/app.py

#-*- coding: utf-8 -*-
from __future__ import absolute_import
import json
import multiprocessing
from kafka import KafkaConsumer
from config import env, var, func

#调度器本质上是一个消息监听器，通过多线程实现
class Consumer(multiprocessing.Process):

    def __init__(self, topic):
        multiprocessing.Process.__init__(self)
        self.stop_event = multiprocessing.Event()
        self.consumer = KafkaConsumer(
            Bootstrap_servers=env.KAFKA_SERVICE,
            consumer_timeout_ms=10000,
            fetch_max_Bytes=52428800)
        self.consumer.subscribe(topic)
        #根据映射关系找到不同消息主题的处理逻辑
        if topic in func.APP_MAPPING.keys():
            #调用对应主题的处理逻辑
            self.exec_fun = func.APP_MAPPING[topic]
        else:
            pass

    def stop(self):
        self.stop_event.set()
```

```python
    def run(self):
        while not self.stop_event.is_set():
            for message in self.consumer:
                msg = json.loads(message.value)
                #对消息进行处理
                self.exec_fun(msg)
            else:
                self.consumer.close()

def start_service():
    print('DeepGo started successfully. Listening...')
    #这里可以定义不同的任务
    tasks = [
        Consumer(topic=var.TOPIC_DOGCAT_REQUEST),
    ]

    for t in tasks:
        t.start()

    for t in tasks:
        t.join()
```

由 app/job 目录下的 job_processing.py 文件中定义具体的消息处理逻辑，代码如下：

```
//chapter10/schedule-service/app/job/job_processing.py

#-*- coding: utf-8 -*-
from __future__ import absolute_import
import time
import json
from app.celery_app import celery_app
from utils.logger import get_kafka_logger

logger = get_kafka_logger('deepgo.scheduler.' + __name__)

#定义猫狗大战任务的处理逻辑
def dogcat_app(msg, priority=6):
    _logger(msg, 'DogCat')
    job_id = str(msg.get('job_id', ''))
    salt = str(int(time.time()))
    task_name = '{}_{}'.format(job_id, salt)
    #下面是个固定写法，用来调用 Celery 的工作节点
    dogcat = celery_app.signature(
        'worker.tasks.dogcat',
        kwargs={'msg': json.dumps(msg)},
        app=celery_app,
```

```
            priority=9 if priority == 6 else 3,
            task_id='deepgo_{}_task_dogcat'.format(task_name)
        )
        dogcat.apply_async()
        time.sleep(0.3)

#日志记录
def _logger(msg, name):
    try:
        logger.info('[Receive job][{}] submit message: {}'.format(str(msg), name))
    except Exception as e:
        print('Logging exception: {}'.format(e))
        logger.info('Logging exception: {}'.format(e))
```

其中的 Celery 启动逻辑由 app 目录下的 celery_app.py 文件给出，代码如下：

```
//chapter10/schedule-service/app/celery_app.py

from __future__ import absolute_import
from celery import Celery

celery_app = Celery('worker.tasks')
celery_app.config_from_object('config.env')

#启动 Celery
if __name__ == '__main__':
    celery_app.start()
```

写到这里，调度器的代码逻辑已经全部完成，现在可以通过根目录下的 run.py 文件来启动它，代码如下：

```
//chapter10/schedule-service/run.py

#!/usr/bin/env python
from __future__ import absolute_import
from app.app import start_service
import logging

logging.basicConfig( format='%(asctime)s.%(msecs)s:%(name)s:%(thread)d:%(levelname)s:%(process)d:%(message)s',level=logging.INFO)

#调度器模块入口
if __name__ == '__main__':
    start_service()
```

在实践中，为了保证程序的可移植性，一般会将不同的模块打包成 Docker 容器，其 Dockerfile 中的代码如下：

```
//chapter10/schedule-service/Dockerfile

FROM Ubuntu:16.04

ENV KAFKA_HOST 127.0.0.1
ENV KAFKA_PORT 9092

ENV LOG_HOST 127.0.0.1
ENV LOG_PORT 7777

RUN apt-get update -y
RUN apt-get install -y python-pip python-dev

COPY . /scheduler-service
WORKDIR /scheduler-service

RUN pip install -i https://pypi.tuna.tsinghua.edu.cn/simple --upgrade pip
RUN pip install -i https://pypi.tuna.tsinghua.edu.cn/simple -r requirements.txt

ENTRYPOINT ["python3"]
CMD ["run.py"]
```

其中，Python 库依赖如下：

```
//chapter10/schedule-service/requirements.txt

celery==3.1.23
kafka==1.3.5
futures
```

10.3 工作节点模块

DeepGo 通过 Celery 实现任务队列的建立，从而打通了调度器模块与工作节点模块。从原理上讲，Celery 通过 Redis 进行任务队列的存储，从而实现了调度器与工作节点的消息传递。

工作节点模块的启动方式较为特别，通过 Shell 命令定义：

```
//chapter10/worker-service/initial.sh

#!/bin/bash
sleep 30s
cd /worker-service
celery -A worker.tasks worker --concurrency=${1}
```

在启动过程中，它会自动读取 worker 目录下 tasks.py 文件中的任务处理逻辑列表，例如猫狗大战任务。与调度器类似，在工作节点模块中，分别使用 app、utils 与 config 目录来存储 Celery 启动逻辑、工具与配置文件。为了完成深度学习推理任务，这里还建立了一个 model 目录，专门用来存放与深度学习模型相关的函数。

工作节点模块 config 下的 env.py 文件与调度器模块相同，var.py 文件会有一些不同，代码如下：

```
//chapter10/worker-service/config/var.py

#coding: utf-8

#猫狗大战任务结果的消息主题
TOPIC_DOGCAT_RESPONSE = 'deepgo.dogcat.response'

#日志主题
TOPIC_LOG_WORKER = 'deepgo.worker.log'
TOPIC_LOG_SCHEDULER = 'deepgo.scheduler.log'

#模型的输入与输出关键字
INPUT_KEY = 'input'
PREDICT_KEY = 'prediction'
```

在 app 目录下，celery_app.py 文件的定义如下：

```
//chapter10/worker-service/app/celery_app.py

from __future__ import absolute_import
from celery import Celery

celery_app = Celery('worker.tasks')
celery_app.config_from_object('config.env')

if __name__ == '__main__':
    celery_app.start()
```

工作节点模块所用到的工具会更多，除了与调度器模块相同的 logging.py 文件之外，还有记录任务执行过程的 LogInfo 通用类，代码如下：

```
//chapter10/worker-service/utils/log_info.py

#记录任务的执行过程
class LogInfo(object):
    def __init__(self, name, logger):
        super(LogInfo, self).__init__()
        self.name = name
        self.logger = logger
```

```python
    def start_job(self, job_id, msg):
        self.logger.info('[#Start Job][{}] Job_ID: {}, Received Msg: {}'.format(self.name, job_id, str(msg)))

    def progress(self, job_id, msg):
        self.logger.info('[Job Progress][{}] Job_ID: {}, '.format(self.name, job_id, str(msg)))

    def finish_job(self, job_id, success, msg):
        self.logger.info(
            '[#Finish Task][{}] Job_ID: {}, Success: {}, '
            'Return Msg: {}'.format(self.name, job_id, success, msg)
        )
```

由于任务完成后，工作节点需要将结果通过 Kafka 传递出去，所以工具中还包含一个易用的 Kafka 客户端程序，代码如下：

```python
//chapter10/worker-service/utils/kafka_client.py

from __future__ import absolute_import
import json
from kafka import KafkaProducer
from kafka import KafkaConsumer
from kafka.errors import KafkaError
from kiel import clients
from config import env

class Producer():
    def __init__(self, topic):
        self.topic = topic
        self.producer = KafkaProducer(
            Bootstrap_servers=env.KAFKA_SERVICE,
            compression_type='gzip',
            retries=5,
            buffer_memory=67108864,   #64M
            max_request_size=33554432  #32M
        )

    def produce(self, msg, topic=None):
        if topic is None or topic == '':
            topic = self.topic
        try:
            parmas_msg = json.dumps(msg)
            self.producer.send(topic, parmas_msg.encode('utf-8'))
            self.producer.flush()
        except KafkaError as e:
            print(e)
```

```python
class Consumer():
    def __init__(self, topic, groupid):
        self.topic = topic
        self.groupid = groupid
        self.consumer = KafkaConsumer(
            self.topic,
            group_id=self.groupid,
            Bootstrap_servers=env.KAFKA_SERVICE
        )

    def consume(self):
        try:
            for msg in self.consumer:
                yield msg
        except KeyboardInterrupt as e:
            print(e)

def get_producer(topic):
    return Producer(topic)

def get_consumer():
    #返回 Consumer(topic, group_id)
    return KafkaConsumer(
        Bootstrap_servers=env.KAFKA_SERVICE
    )

def get_consumer_async():
    return clients.SingleConsumer(
        brokers=env.KAFKA_SERVICE,
        deserializer=None,
        max_wait_time=1000,  #in milliseconds
        min_Bytes=1,
        max_Bytes=(4 * 1024 * 1024),
    )
```

与此同时，为了简化返回 JSON 构建的过程，可以建立一个通用的消息模板类，代码如下：

```
//chapter10/worker-service/utils/template.py

import json

#通用的返回消息模板
class Template(object):
    def __init__(self, job_id, success=True):
        self.job_id = job_id
```

```
            self.success = success
    def dogcat_template(self, prediction, e=''):
        json_dict = {
            'job_id': self.job_id,
            'success': self.success,
            'prediction': prediction,
            'error_message': str(e)
        }
        return json.dumps(json_dict)
```

做完以上准备工作后，就可以放开手脚来完成任务的处理逻辑了。工作节点模块启动时，需要在 work 目录下的 tasks.py 文件中读取任务列表，代码如下：

```
//chapter10/worker-service/worker/tasks.py

#-*- coding: utf-8 -*-
from app.celery_app import celery_app
from celery import Task
from utils.kafka_client import get_producer
from worker.dogcat import DogCat
from config import env, var

#基本任务类
class BaseTask(Task):

    @staticmethod
    def produce_msg(msg, topic=None):
        BaseTask.producer = get_producer(topic)
        BaseTask.producer.produce(msg, topic=topic)

#以下为固定写法，用于定义 Celery 的任务处理逻辑
@celery_app.task(base=BaseTask, max_retries=3)
def dogcat(msg):
    dogcat_app = DogCat(msg)
    dogcat_result = dogcat_app.get_tasks()
    BaseTask.produce_msg(dogcat_result, topic=var.TOPIC_DOGCAT_RESPONSE)
```

可以看到，基本任务类定义了通用的任务处理逻辑，即接收到消息后，调用相应的逻辑进行处理，而后通过 Kafka 返回相应的处理结果。真正的处理逻辑是在 dogcat.py 文件中进行定义的，代码如下：

```
//chapter10/worker-service/worker/dogcat.py

import json
import numpy as np
from PIL import Image
from utils.template import Template
```

```python
from utils.logger import get_kafka_logger
from utils.log_info import LogInfo
from config import env
from model.tfserving import TFServing

logger = get_kafka_logger('deepgo.worker.' + __name__, log='celery')
log_worker = LogInfo('DogCat', logger)

#猫狗大战模型的核心预测逻辑
class DogCat(object):
    json_validity = True

    def __init__(self, msg):
        super(DogCat, self).__init__()
        try:
            self.dogcat_json_dict = json.loads(msg)
        except Exception as e:
            logger.exception(e)
            self.json_validity = False
        else:
            self.job_id = self.dogcat_json_dict['job_id']
            self.image = self.dogcat_json_dict['image']

    #以下是处理逻辑
    def get_tasks(self):
        try:
            log_worker.start_job(self.job_id,
                                 json.dumps(self.dogcat_json_dict))
        except Exception as e:
            logger.exception(e)
            raise
        if not self.json_validity:
            log_worker.finish_job(self.job_id, False,
                          json.dumps(self._empty_json('Json Format Error.')))
            return self._empty_json('Json Format Error.')
        prediction = None
        print(json.dumps(self.dogcat_json_dict))
        try:
            #调用TensorFlow Serving进行预测
            tf_client = TFServing(env.TF_SERVING_HOST, env.TF_SERVING_PORT)
            img = Image.open(self.image).resize((224, 224))
            prediction = tf_client.predict_new(np.array(img), 'dogcat')
        except Exception as e:
            logger.exception(e)
        template = Template(self.job_id, True)
        result_json = template.dogcat_template(prediction)
        log_worker.finish_job(self.job_id, True, result_json)
```

```
            return result_json

    def _empty_json(self, e):
        empty_template = Template(self.job_id, False)
        return empty_template.dogcat_template(None, e)
```

需要注意的是，在其中的预测部分，调用了 model 目录下的 tfserving.py 文件，以此来跟 TensorFlow Serving 进行通信，代码如下：

```
//chapter10/worker-service/model/tfserving.py

import grpc
from tensorflow_serving.apis import predict_pb2
from tensorflow_serving.apis import prediction_service_pb2_grpc
import tensorflow as tf
from config import var

#与 TensorFlow Serving 进行交互
class TFServing(object):

    def __init__(self, host, port):
        super(TFServing, self).__init__()

        channel = grpc.insecure_channel('%s:%d' % (host, port), options=(('grpc.enable_http_proxy', 0),))
        self._stub=prediction_service_pb2_grpc.PredictionServiceStub(channel)

    def predict(self, image_input, model_name):
        request = predict_pb2.PredictRequest()
        request.model_spec.name = model_name
        request.inputs[var.INPUT_KEY].CopyFrom(
            tf.contrib.util.make_tensor_proto(image_input, shape=[1, ] + list(image_input.shape), dtype=tf.float32))
        try:
            result = self._stub.Predict(request, 5.0)
            prediction = result.outputs[var.PREDICT_KEY].float_val
        except Exception as e:
            raise e
        else:
            return prediction
```

工作节点模块也可以打包进 Docker 容器中，其 Dockerfile 中的代码如下：

```
//chapter10/worker-service/Dockerfile

FROM Ubuntu:16.04

ENV KAFKA_HOST 192.168.31.100
```

```
ENV KAFKA_PORT 9092
ENV TF_SERVING_HOST 192.168.31.100
ENV TF_SERVING_PORT 9000

COPY . /worker-service
WORKDIR /worker-service

RUN apt-get install -y python-pip python-dev
RUN pip install -i https://pypi.tuna.tsinghua.edu.cn/simple --upgrade pip
RUN pip install -i https://pypi.tuna.tsinghua.edu.cn/simple -r requirements.txt

WORKDIR /worker-service
CMD sh ./initial.sh
```

包括以下的依赖库:

```
//chapter10/worker-service/requirements.txt

celery==3.1.23
kafka==1.3.5
requests==2.9.1
pillow==4.3.0
grpc
grpcio
google==1.9.3
tensorflow==1.3.0
tensorflow-serving-api==1.3.0
futures
```

10.4 日志模块

有了前期在日志传递方面的准备,日志模块变得非常轻量化,其在配置文件中仅需要包含 Kafka 的环境信息,然后通过一个函数进行日志的接收和存储,代码如下:

```
//chapter10/log-service/save_log.py

#!/usr/bin/env python
import os
import time
import multiprocessing
from kafka import KafkaConsumer
from config import env

#用于接收日志信息并保存到log文件夹
class Consumer(multiprocessing.Process):
```

```python
    def __init__(self, topics):
        multiprocessing.Process.__init__(self)
        self.stop_event = multiprocessing.Event()
        self.topics = topics
        self.log_path = 'logs/'

    def stop(self):
        self.stop_event.set()

    def run(self):
        consumer = KafkaConsumer(
            Bootstrap_servers=env.KAFKA_SERVICE,
            consumer_timeout_ms=10000,
            fetch_max_Bytes=52428800)
        consumer.subscribe(self.topics)
        if not os.path.exists(self.log_path):
            os.mkdir(self.log_path)

        date = time.strftime("%Y-%m-%d")
        f_all = open(self.log_path + date + '.log', 'a+')
        f_job = open(self.log_path + 'job' + '.log', 'a+')

        while not self.stop_event.is_set():
            for message in consumer:
                n_date = time.strftime("%Y-%m-%d")
                if date != n_date:
                    date = n_date
                    f_all.close()
                    f_all = open(self.log_path + date + '.log', 'a+')
                f_job.write(message.value.decode() + '\n')
                f_job.flush()
                f_all.write(message.value.decode() + '\n')
                f_all.flush()
                f_job.flush()
                if self.stop_event.is_set():
                    f_all.close()
                    f_job.close()
                    break

        consumer.close()

def initial():
    log_dirs = [
        'logs',
    ]
```

```python
    for path in log_dirs:
        if not os.path.exists(path):
            os.makedirs(path)

def main():
    time.sleep(20)
    initial()
    tasks = [
        Consumer([env.TOPIC_LOG_WORKER]),
    ]
    for t in tasks:
        t.start()
    for t in tasks:
        t.join()

if __name__ == "__main__":
    main()
```

也可以将其打包成 Docker 容器，代码如下：

```
//chapter10/log-service/Dockerfile

FROM python:2.7

RUN pip install -i https://pypi.tuna.tsinghua.edu.cn/simple --upgrade pip
RUN pip install -i https://pypi.tuna.tsinghua.edu.cn/simple kafka-python

COPY . /log-service
WORKDIR /log-service
RUN pip install -r requirements.txt

ENTRYPOINT ["python"]
CMD ["save_log.py"]
```

本章习题

1. 参考 DeepGo 的代码架构，在工作节点模块上线 ImageNet 模型。
2. 尝试上线病理图像块分析模型，比较其与分类模型的异同。
3. 尝试在分布式环境中重构、部署和运行 DeepGo。
4. 在特定的研究领域定制属于自己的 DeepGo。

参 考 文 献

参考文献请扫描下方二维码获取。

参考文献

扩展资源二维码

图 书 推 荐

书 名	作 者
深度探索 Vue.js——原理剖析与实战应用	张云鹏
剑指大前端全栈工程师	贾志杰、史广、赵东彦
Flink 原理深入与编程实战——Scala+Java（微课视频版）	辛立伟
Spark 原理深入与编程实战（微课视频版）	辛立伟、张帆、张会娟
PySpark 原理深入与编程实战（微课视频版）	辛立伟、辛雨桐
HarmonyOS 移动应用开发（ArkTS 版）	刘安战、余雨萍、陈争艳 等
HarmonyOS 应用开发实战（JavaScript 版）	徐礼文
HarmonyOS 原子化服务卡片原理与实战	李洋
鸿蒙操作系统开发入门经典	徐礼文
鸿蒙应用程序开发	董昱
鸿蒙操作系统应用开发实践	陈美汝、郑森文、武延军、吴敬征
HarmonyOS 移动应用开发	刘安战、余雨萍、李勇军 等
HarmonyOS App 开发从 0 到 1	张诏添、李凯杰
HarmonyOS 从入门到精通 40 例	戈帅
JavaScript 基础语法详解	张旭乾
华为方舟编译器之美——基于开源代码的架构分析与实现	史宁宁
Android Runtime 源码解析	史宁宁
数字 IC 设计入门（微课视频版）	白栎旸
数字电路设计与验证快速入门——Verilog+SystemVerilog	马骁
鲲鹏架构入门与实战	张磊
鲲鹏开发套件应用快速入门	张磊
华为 HCIA 路由与交换技术实战	江礼教
华为 HCIP 路由与交换技术实战	江礼教
openEuler 操作系统管理入门	陈争艳、刘安战、贾玉祥 等
5G 核心网原理与实践	易飞、何宇、刘子琦
恶意代码逆向分析基础详解	刘晓阳
深度探索 Go 语言——对象模型与 runtime 的原理、特性及应用	封幼林
深入理解 Go 语言	刘丹冰
Spring Boot 3.0 开发实战	李西明、陈立为
Flutter 组件精讲与实战	赵龙
Flutter 组件详解与实战	[加]王浩然（Bradley Wang）
Flutter 跨平台移动开发实战	董运成
Dart 语言实战——基于 Flutter 框架的程序开发（第 2 版）	亢少军
Dart 语言实战——基于 Angular 框架的 Web 开发	刘仕文
IntelliJ IDEA 软件开发与应用	乔国辉
Vue+Spring Boot 前后端分离开发实战	贾志杰
Python 量化交易实战——使用 vn.py 构建交易系统	欧阳鹏程
Python 从入门到全栈开发	钱超
Python 全栈开发——基础入门	夏正东
Python 全栈开发——高阶编程	夏正东
Python 全栈开发——数据分析	夏正东
Python 编程与科学计算（微课视频版）	李志远、黄化人、姚明菊 等
Python 游戏编程项目开发实战	李志远
编程改变生活——用 Python 提升你的能力（基础篇·微课视频版）	邢世通
编程改变生活——用 Python 提升你的能力（进阶篇·微课视频版）	邢世通

续表

书 名	作 者
Python 数据分析实战——从 Excel 轻松入门 Pandas	曾贤志
Python 人工智能——原理、实践及应用	杨博雄 主编，于营、肖衡、潘玉霞、高华玲、梁志勇 副主编
Python 概率统计	李爽
Python 数据分析从 0 到 1	邓立文、俞心宇、牛瑶
从数据科学看懂数字化转型——数据如何改变世界	刘通
FFmpeg 入门详解——音视频原理及应用	梅会东
FFmpeg 入门详解——SDK 二次开发与直播美颜原理及应用	梅会东
FFmpeg 入门详解——流媒体直播原理及应用	梅会东
FFmpeg 入门详解——命令行与音视频特效原理及应用	梅会东
FFmpeg 入门详解——音视频流媒体播放器原理及应用	梅会东
Python Web 数据分析可视化——基于 Django 框架的开发实战	韩伟、赵盼
Python 玩转数学问题——轻松学习 NumPy、SciPy 和 Matplotlib	张骞
Pandas 通关实战	黄福星
深入浅出 Power Query M 语言	黄福星
深入浅出 DAX——Excel Power Pivot 和 Power BI 高效数据分析	黄福星
云原生开发实践	高尚衡
云计算管理配置与实战	杨昌家
虚拟化 KVM 极速入门	陈涛
虚拟化 KVM 进阶实践	陈涛
边缘计算	方娟、陆帅冰
LiteOS 轻量级物联网操作系统实战（微课视频版）	魏杰
物联网——嵌入式开发实战	连志安
动手学推荐系统——基于 PyTorch 的算法实现（微课视频版）	於方仁
人工智能算法——原理、技巧及应用	韩龙、张娜、汝洪芳
跟我一起学机器学习	王成、黄晓辉
深度强化学习理论与实践	龙强、章胜
自然语言处理——原理、方法与应用	王志立、雷鹏斌、吴宇凡
TensorFlow 计算机视觉原理与实战	欧阳鹏程、任浩然
计算机视觉——基于 OpenCV 与 TensorFlow 的深度学习方法	余海林、翟中华
深度学习——理论、方法与 PyTorch 实践	翟中华、孟翔宇
HuggingFace 自然语言处理详解——基于 BERT 中文模型的任务实战	李福林
Java+OpenCV 高效入门	姚利民
AR Foundation 增强现实开发实战（ARKit 版）	汪祥春
AR Foundation 增强现实开发实战（ARCore 版）	汪祥春
ARKit 原生开发入门精粹——RealityKit + Swift + SwiftUI	汪祥春
HoloLens 2 开发入门精要——基于 Unity 和 MRTK	汪祥春
巧学易用单片机——从零基础入门到项目实战	王良升
Altium Designer 20 PCB 设计实战（视频微课版）	白军杰
Cadence 高速 PCB 设计——基于手机高阶板的案例分析与实现	李卫国、张彬、林超文
Octave 程序设计	于红博
Octave GUI 开发实战	于红博
ANSYS 19.0 实例详解	李大勇、周宝
ANSYS Workbench 结构有限元分析详解	汤晖
全栈 UI 自动化测试实战	胡胜强、单镜石、李睿
pytest 框架与自动化测试应用	房荔枝、梁丽丽